时间起源

[比] 托马斯·赫托格（Thomas Hertog）著
邱涛涛 译

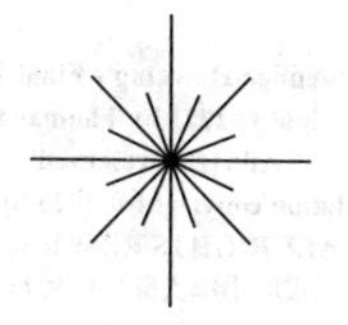

ON THE ORIGIN OF TIME

Stephen Hawking's Final Theory

中信出版集团 | 北京

图书在版编目（CIP）数据

时间起源 /（比）托马斯 · 赫托格著；邱涛涛译
. -- 北京：中信出版社，2023.10
书名原文：On the Origin of Time: Stephen Hawking's Final Theory
ISBN 978-7-5217-5860-3

I. ①时… II. ①托… ②邱… III. ①时间－普及读物 IV. ① P19-49

中国国家版本馆 CIP 数据核字（2023）第 121838 号

时间起源
著者：［比］托马斯 · 赫托格
译者：邱涛涛
出版发行：中信出版集团股份有限公司
（北京市朝阳区东三环北路 27 号嘉铭中心 邮编 100020）
承印者：北京通州皇家印刷厂

开本：787mm×1092mm 1/16　插页：4
印张：23　字数：285 千字
版次：2023 年 10 月第 1 版　印次：2023 年 10 月第 1 次印刷
京权图字：01-2023-2738　书号：ISBN 978-7-5217-5860-3
定价：90.00 元

服务热线：400-600-8099
投稿邮箱：author@citicpub.com

献 给 纳 塔 莉

在关于起源的问题中，隐藏着这个问题的起源。

——弗朗索瓦·雅克曼——

目录

序 —— III

第1章 · 悖论 —— 001

第2章 · 没有昨天 —— 039

第3章 · 宇宙诞生 —— 081

第4章 · 灰烬和烟雾 —— 117

第5章 · 迷失在多元宇宙中 —— 151

第6章 · 没有问题，就没有历史 —— 191

第7章 · 没有时间的时间 —— 243

第8章 · 在宇宙中安家 —— 289

致谢 —— 311

图片来源 —— 315

参考文献 —— 319

注释 —— 321

— 序 —

史蒂芬·霍金办公室的门是橄榄绿色的。尽管它紧挨着嘈杂的公共休息室，但史蒂芬喜欢让它稍微开着一点儿。我敲了敲门并走了进来，感觉自己仿佛被传送进了一个永远沉思的世界。

我看见史蒂芬静静地坐在桌子后面，面对着门口。他的头因为太重而无法抬起，只能靠在轮椅的头枕上。他慢慢抬起眼睛，用表示欢迎的微笑跟我打了个招呼，仿佛他一直在期待着我的到来。他的护士让我坐在他旁边，我瞥了一眼他桌上的电脑。屏幕保护程序的画面一直在屏幕上滚动，那上面写着：大胆前往《星际迷航》未敢踏入之雷池。

那是1998年6月中旬，我们身处剑桥著名的应用数学和理论物理系（DAMTP）迷宫般建筑的深处。DAMTP位于剑桥大学旧普莱斯区的一栋破旧的维多利亚式建筑内，毗邻剑河河畔。近30年来，这里一直是史蒂芬的大本营，是他科学事业的中心。正是在这里，被困在轮椅上、连一根手指都抬不起来的他，却斗志昂扬地要让宇宙服从于他的意志。

史蒂芬的同事尼尔·图罗克告诉我，这位大师想见见我。在那段时间里，作为DAMTP著名的高等数学学位课程的一部分，正是图罗克富有生气的课程激发了我对宇宙学的兴趣。史蒂芬似乎听到了风声，说我的考试成绩很好，因此想看看我是否能成为他手下一名优秀的博士生。

史蒂芬老旧的办公室里满是灰尘，堆满了书籍和科学论文，我却感到惬意舒适。办公室天花板很高，还有一扇大窗户，后来我发现，即使在寒冷的冬天，他也一直开着窗。进门后旁边的墙上挂着玛丽莲·梦露的照片；下面是一张裱了框的签名照，照片上的霍金正与爱因斯坦和牛顿在“进取号”①的全息甲板上玩扑克。在我们右边的墙上挂着两块写满数学符号的黑板，其中一块上是以尼尔和史蒂芬关于宇宙起源的最新理论为基础进行的计算，第二块上的图和公式似乎还是20世纪80年代初写上去的。这是他最后一次的亲笔涂鸦吗？

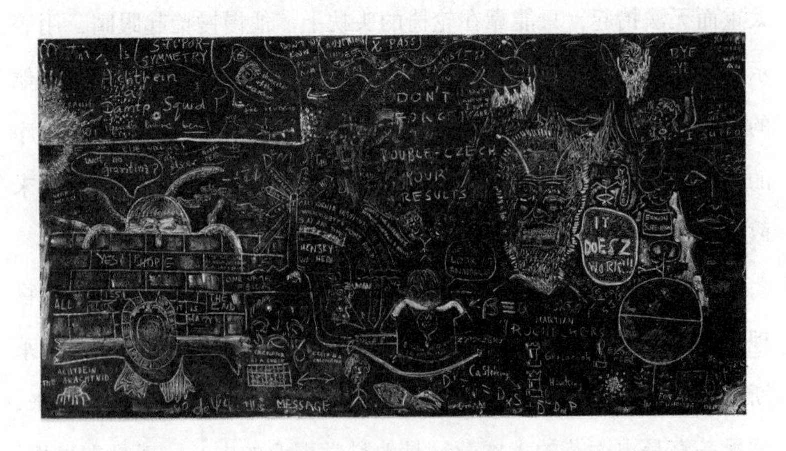

图1　这块黑板挂在史蒂芬·霍金在剑桥大学的办公室里，是他1980年6月召开超引力会议的纪念品。黑板上满是涂鸦、图画和方程式，既是一件艺术作品，又是对理论物理学家心中抽象宇宙的一瞥。霍金位于靠近底部的中间位置，背对着我们[1]（彩色版见插页中的彩图10）

① “进取号”（旧译“企业号”）是《星际迷航》中探索太空的星舰之一。——译者注

轻轻的点击声打破了沉默，史蒂芬开始说话。10 多年前，他在一次肺炎后的气管切开术后已不能自然发声，现在他只能通过计算机模拟出的空洞语音来进行交流，交流的过程缓慢而费力。

他用萎缩的肌肉积聚最后一点儿力量，对一个点击装置施加微弱的压力——这个装置就像一个电脑鼠标一样，被小心地安置在他的右手掌心。安装在轮椅扶手上的屏幕亮了起来，在他的大脑和外界之间建起了一条虚拟的生命线。

史蒂芬使用了一个名为“均衡器”的计算机程序，该程序有一个内置单词数据库和一个语音合成器。他辨认均衡器上的电子词典的行动似乎已经近乎本能，然后有节奏地按下点击器，就好像它在随着他的脑电波跳舞一样。屏幕上的菜单便显示出很多常用单词以及字母表中的字母。该程序的数据库包含理论物理术语，程序还会预估他要选择的下一个单词，并在菜单的最下面一行显示出 5 个选项。不幸的是，单词的选择基于一种简单的搜索算法，它无法区分一般对话和理论物理术语，因而有时会产生滑稽的结果，比如“宇宙微波烩饭”或是“额外的性维度”等。

“安德烈声称”这几个字出现在了菜单下方的屏幕上。我静静等待，心里热切地希望我能理解接下来的一切。一两分钟后，史蒂芬将光标指向屏幕左上角的“讲话”图标，并用他的电子语音说道：“安德烈声称有无限多的宇宙。这太离谱了。”

这就是史蒂芬的开场白。

安德烈就是著名的美籍俄裔宇宙学家安德烈·林德，20 世纪 80 年代早期出现的宇宙暴胀理论的创始人之一。这一理论是对大爆炸理论的改良，它假设宇宙开始于一场短暂的超高速膨胀——暴胀。后来，林德对他的理论进行了夸张的扩展，在扩展版本中，暴胀产生了不止一个宇宙，而是许多个宇宙。

我过去认为宇宙就是存在的一切事物。但这“一切”究竟是多少？在林德的构想中，我们所说的“宇宙”也只不过是一个更大的“多元宇宙”的一小部分而已。他将宇宙想象为一个巨大并且不断膨胀的广阔区域，这一区域中有无数个不同的宇宙，它们远离彼此的视界，正如不断膨胀着的海洋中的一座座岛屿。宇宙学家们争相投身于这趟狂野之旅，而作为他们之中最具冒险精神的人，史蒂芬也对此给予了关注。

“为什么我们要操心其他宇宙呢？”我问道。

史蒂芬的回答令人很难捉摸。“因为我们观察到的宇宙似乎是被设计好的。”他说。他的话随着他的点击而继续：“为什么宇宙是这个样子的？我们为什么会在这里？”

我以前的物理老师们从不会用这种形而上学的话来谈论物理学和宇宙学。

“这不是哲学问题吗？”我试着问。

“哲学已死。”史蒂芬说，他的目光闪烁，准备投入战斗。我并未完全做好准备，但我不禁认为，作为一个已经放弃哲学的人，史蒂芬在他的工作中却自由而创造性地运用起了哲学。

史蒂芬身上有一种魔力。虽然几乎没有一丝动作，但他却给我们的谈话赋予了那么多活力。他流露出我鲜少能见到的个人魅力。他开朗的笑容和富有表情的脸，既温暖又俏皮，甚至让他的机器人声音也听起来富有个性，将我深深地带入他所思考的宇宙奥秘之中。

他掌握了将长篇大论凝练成寥寥数言的技艺，就像德尔斐的神谕一样。这成就了一种独特的思考和谈论物理学的方式，并且正如我将要叙述的那样，也成就了一种全新的物理学。然而这种简洁也意味着，哪怕一个微小的点击操作失误，比如遗漏一个单词——以“not（不）”为例，也会导致沮丧和困惑，这种事的确时有发生。然而在那天下午，我倒不介意沉浸在困惑中，相反我很感激史蒂芬不停地浏览均衡器，这给了我时间来斟酌回应。

我知道，史蒂芬说宇宙似乎是被设计出来的，指的是这样一个令人惊奇的现象：宇宙从暴烈的分娩中诞生，却又被设定得恰如其分，以至于可以在上百亿年后可以维持生命。这个幸运的事实在某种程度上困扰了思想家们几个世纪，因为这感觉像是一场大操纵。就好像生命和宇宙的起源心有灵犀，宇宙自始至终都知道，有一天它会成为我们的家园。我们如何看待这种神秘的意图？这是人类对宇宙提出的核心问题之一，而史蒂芬深感宇宙学理论会对此有所建言。能够破解宇宙设计之谜这一愿景或希望确实驱动了他的大部分工作。

这本身就已经很异乎寻常了。大多数物理学家倾向于避开这些困难的、看起来很哲学的问题。或者，他们相信，有一天人们会发现，原来宇宙这一精巧的建筑遵循的是在万物理论中处于核心地位的一条优美的数学原理。如果是这样的话，宇宙表面上的设计看起来就像是一次幸运的意外，是客观到不近人情的自然规律下的机缘巧合。

然而，无论是史蒂芬还是安德烈都不是普通的物理学家。他们不愿意把筹码押在抽象数学之美上，他们觉得对孕育生命的宇宙这样不可思议的精细调节，触及了物理学根源之处的一个深层次问题。他们不满足于仅仅是应用自然法则，而是要寻求更广阔的物理学视角，包括追问这些法则的起源。这使得他们开始思考宇宙大爆炸，因为这些像法则一样的设计很可能正是在宇宙诞生的时候被制定出来的。而让史蒂芬和安德烈产生强烈分歧的，正是关于宇宙诞生的问题。

安德烈将宇宙想象成一个巨大的、像气球般膨胀的空间。在这个空间中，许多"大爆炸"不断产生新的宇宙，每个宇宙都有自己的物理性质，这就和我们各地都有当地的天气差不多。他认为，当我们发现自己身处一个罕见的、适合生命的宇宙时，我们也不应该感到惊讶，因为还有众多生命无法存在的宇宙，而我们显然不可能存在于其中的任何一个。在林德的多元宇宙中，任何关于宇宙背后存在大设计的想法都是一种幻觉，它源于我们对宇宙的有限看法。

而史蒂芬认为，林德这种从单一宇宙到多元宇宙的宇宙大扩展是一种形而上学的幻想，解释不了任何事情，尽管我感觉到他也无法完全证明这一点。不过不管怎么说，世界上最著名的两位宇宙学家尽管怀有强烈分歧，却还是以如此坚定的信念辩论着这些基本问题，这让我感到有趣，甚至有些兴奋。

"林德难道不是在用人择原理，即我们存在的条件，在多元宇宙中挑选出一个对生命体友好的宇宙吗？"我冒昧地问道。

史蒂芬转动眼睛，看着我，微微动了动嘴，这让我感到很不解。后来我才知道这意味着他不同意。当他意识到我还没有被拉进他的所谓非语言交际圈（他和关系亲近的人是这么交流的）时，他又将目光转向屏幕，开始写一个全新的句子。实际上是两个句子。

"人择原理是个令人绝望的主意。"他写道。随着他的点击，我越来越迷惑。"它否定了我们在科学的基础上理解宇宙基本秩序的希望。"

这很令人惊讶。因为读过《时间简史》，我很清楚早年的霍金经常用人择原理去解释宇宙的一部分问题。史蒂芬本质上是一名宇宙学家，他很早就认为宇宙的大尺度物理性质与生命本身的存在之间有着惊人的相似之处。早在20世纪70年代初，他就提出了一个人择观点——后来被证明是错的——并用以解释为什么宇宙在所有三个空间方向上都以相同的速度膨胀。[2] 对于人择原理在解释宇宙学上的价值，他是否已经改变了观点？

当史蒂芬暂停讨论，去清理他的气管时，我打量了一圈他的办公室。左边整面墙都是书架，上面高高地堆满了被翻译成各国语言的《时间简史》。我很好奇在这本书里，还有哪些内容他已不再赞同。在旁边，我注意到有一排是他以前的研究生的博士学位论文。从20世纪70年代初开始，史蒂芬在剑桥建立了一个著名的思想学派，该学派由一小部分轮值研究生①和博士后学者组成。

这些博士论文题目涉及了物理学在20世纪末遇到的一些最深刻的问题。从20世纪80年代说起，我看到了布赖恩·惠特的《引力：一种量子理论？》以及雷蒙德·拉弗拉姆的《时间和量子宇宙学》。费伊·道克的《时空虫洞与自然常数》将我带回了20世纪90年代初，当时史蒂芬和他的同事们认为，虫洞这座跨越空间的几何学桥梁会影响基本粒子的性质。（后来，史蒂芬的朋友基普·索恩在电影《星际穿越》中使用了虫洞的概念，让库珀重返了太阳系。）费伊论文的右边是史蒂芬最近的弟子玛丽卡·泰勒的《M理论中的若干问题》。在第二次弦论革命期间，玛丽卡曾在史蒂芬手下工作过。在那个时候，弦论演变成了一个更大的网络，被称为M理论，史蒂芬终于开始接受这个想法。

---

① 轮值研究生制是英美大学里常见的研究生培养制度，即低年级的研究生可以在系里不同导师的课题组“轮岗”一段时间，以选择自己认为适合的导师。——译者注

在书架左边放着两本绿色厚封面的旧书：《膨胀宇宙的性质》。这是史蒂芬自己的博士论文，可追溯到20世纪60年代中期，当时贝尔电话实验室巨大的霍尔姆德尔喇叭天线接收到了热大爆炸的第一批回声，该回声以微弱的微波辐射的形式传播。史蒂芬在他的论文中证明，如果爱因斯坦的引力理论是正确的，那么这些回声的存在就意味着时间一定有一个开始。这要如何与我们刚才谈论的安德烈的多元宇宙协调一致呢？

就在史蒂芬论文的右边，我看到了加里·吉本斯的《引力辐射和引力坍缩》。吉本斯是史蒂芬的第一个博士生，那是在20世纪70年代初，美国物理学家乔·韦伯声称听到来自银河系中心的引力波频繁爆发。他所报告的引力辐射的强度如此之高，以至于银河系的质量似乎应该以极快的速度流失而无法维持太长时间。如果这是真的，那么银河系很快将不复存在。史蒂芬和加里被这一悖论迷住了，他们想在DAMTP的地下室建造自己的引力波探测器。他们差一点儿就这么干了，但这个引力波的传言后来被发现是谣传，直到40年后，激光干涉引力波天文台（LIGO）才成功探测到这些难以捉摸的波动。

史蒂芬通常每年都会招一名新的研究生与他一起研究一个高风险、高收益的项目，要么与黑洞——隐藏在视界之后的坍缩恒星——有关，要么与大爆炸有关。他试图交替着安排，让前一名学生研究黑洞，后一名学生研究大爆炸，这样在任何时候，他的研究生队伍都能涵盖他的这两部分研究。他之所以这样做，是因为在他的思维中，黑洞和大爆炸就像阴阳两极——史蒂芬对大爆炸的许多关键性的见解都可以追溯到他最初在黑洞背景下提出的想法。

无论是在黑洞内部，还是在大爆炸时刻，引力的宏观世界都与原子和基本粒子的微观世界真正地融合在了一起。在这些极端条件下，爱因斯坦的引力相对论和量子理论能够同时奏效是最理想的。但它们没有，这被普遍认为是物理学中最大的未解难题之一。举例来说，这两种理论对于因果性和决定论体现出了截然不同的观点。爱因斯坦的理论坚持牛顿和拉普拉斯的旧决定论，然而量子理论则包含了不确定性和随机性的基本元素，只保留了一个简化的决定论成分，大约只占拉普拉斯所认为的决定论概念的一半。当人们试图将这两种物理理论中看似矛盾的原理结合到一个统一的框架中时，就会产生深层次的概念性问题。为了揭露这些问题，史蒂芬的引力小组及其散居在外的研究小组多年来所做的工作比世界上其他任何研究小组都要多。

此时，正如史蒂芬的护士所说，他已经“处理好了”，并开始再次点击。

（那天下午我们谈话的第二次暂停是观看《辛普森一家》其中一集的预审版。史蒂芬在该集出镜，需要在播出前审阅此片。）

“我想让你和我一起研究大爆炸的量子理论……”

看来，我来的这一年，轮到的是“大爆炸”。

“……来处理多元宇宙。”他带着灿烂的微笑看向我，眼睛再次闪烁。就是这样。我们要尝试理解多元宇宙，靠的不是哲学探讨，也不是人择原理，而是将量子理论深深扎根于宇宙学中。他说话的方式就像是在布置一份普通的家庭作业。尽管我从他的脸上可以看出我们已经开始工作了，但我不知道霍金这艘宇宙飞船正在朝哪个方向行进。

“我不行了……”屏幕上显示。

我吓得一愣。我瞥了一眼在办公室角落里的护士，她正静静地看着书。我又回头看了看史蒂芬，据我判断他看起来很好啊。然后他继续点击：

"……我……得……喝……杯……茶……了。"

现在是下午 4 点，这是在英国。

单一宇宙还是多元宇宙？可曾有人设计？这是两个决定命运的问题，即将让我们忙上 20 年。一个又一个的家庭作业式的问题接踵而至，很快，我和史蒂芬发现我们陷入了后来 21 世纪初理论物理界最激烈的争论之一。几乎每个人对多元宇宙都有自己的看法，但没人能完全理解该如何看待它。我在史蒂芬的指导下进行的博士项目后来演变成了一场奇妙而密切的合作，一直持续到 2018 年 3 月 14 日他去世。

我们工作中的关键问题除了大爆炸的本质这一处于核心地位的谜团之外，还包括发现自然法则本身的深层含义。宇宙学到底发现了什么？我们又是如何融入其中的？这样的考虑让物理学远远超出了它的舒适圈。不过，这正是史蒂芬喜欢冒险踏入的领地，也正是在这片领地里，他通过数十年在宇宙学方面的深刻思考而形成的无与伦比的直觉被证明是具有预见性的。

像在他之前的许多学者一样，早年的霍金将物理学的基本定律视为永恒不变的真理。他在《时间简史》中写道："如果我们真的发现了一个完整的理论……我们将真正了解上帝的思想。"然而，10 多年过去之后，在我们第一次见面的时候——林德的多元宇宙还在我们的眼皮底下——我感觉他察觉到了这一立场的漏洞。物理学真的为时间的起源提供了神圣的基础吗？我们需要这样的基础吗？

我们很快就发现，在理论物理学中，柏拉图式的钟摆确实摆得太远了。当我们追溯到宇宙最早的时候，我们会遇到宇宙演化的更深层次，在这个层次上，物理规律本身会发生变化，并以某种元演化的方式进行演化。在原始宇宙中，物理学的规则处在一个随机变化和选择的过程中，类似于达尔文的进化论，而各种粒子、相互作用力，甚至我们认为连时间都会逐渐消失在大爆炸中。更为深刻的是，史蒂芬和我发现，大爆炸不仅是时间的开始，也是物理定律的起源。我们的宇宙起源学的核心是关于起源的一个新的物理理论，我们后来认识到，它同时也包括了理论的起源。

与史蒂芬一起工作不仅是去往时空边界的旅程，也是进入他的内心深处，叩问史蒂芬何以成为史蒂芬的旅程。我们的共同追求让我们越来越亲密。他是一个真正的探索者。在他身边的人必然会受到他的决心和他认识论乐观主义的影响，会认为我们能够解决这些神秘的宇宙问题。史蒂芬让我们觉得，我们是在创作自己的创世故事，而在某种意义上，我们也的确是这样。

物理学也真有趣！和史蒂芬在一起，你永远不知道工作何时结束，庆功宴何时开始。他对理解世界永不满足的热情与他对生活的热情和冒险精神正相适配。2007年4月，在他65岁生日的几个月后，他乘坐一架特别配备的波音727飞机，参与了一次零重力飞行，他把这次飞行看作太空之旅的前奏，而他乘坐欧洲之星列车穿越英吉利海峡来比利时看我的行为可把他的医生吓了个半死。

与此同时，尽管他永远失去了他的自然声音，而且连一根手指都动不了，他还是成了我们这个时代最伟大的科学传播者。他深深地感受到，我们是一个宏伟计划的参与者，这一计划写在天上，正等着我们去完成。受此鼓舞，他与全世界的观众分享了他的发现所带来的喜悦。在我们合作期间，他写了一本书——《大设计》，反映了我们在那个时候的困惑。在这本书中，史蒂芬坚持人择原理、多元宇宙和万物终极理论的理念，并以此对抗上帝创造宇宙的理念。不过，《大设计》也包含了新宇宙学范式的雏形，这将在几年后我们的工作中得以明确。在史蒂芬去世前不久，他告诉我，是时候写一本新书了。于是就有了这本书。在接下来的几章中，我将会叙述我们返回大爆炸的旅程，以及这一旅程如何最终让霍金抛弃多元宇宙，并代之以一个关于时间起源的亮眼的新观点。这一观点在精神和本质上深刻地体现了达尔文的进化论思想，并提供了一个关于宇宙大设计的全新的理解。

美国物理学家吉姆·哈特尔经常参与我们的工作，他是史蒂芬的长期合作者，在20世纪80年代初，他与史蒂芬开创了量子宇宙学的先河。多年来，这对搭档真正掌握了通过量子透镜来观察宇宙的方法。甚至他们之间的语言也体现了他们的量子思维，仿佛他们的脑回路就与众不同。例如，宇宙学家所说的“宇宙”通常是指恒星、星系和我们周围的广阔空间，但吉姆或史蒂芬所说的“宇宙”指的是充满不确定性的抽象量子宇宙，包含所有可能的历史，并以某种形式叠加。但正是他们彻底的量子观使宇宙学中真正的达尔文式的革命最终成为可能。晚年的霍金确实非常认真地对待量子理论，并决定将它纳为己用，用它来重新思考最大尺度上的宇宙。量子宇宙学自那时开始就一直被史蒂芬所引领，直至其生命结束。

在我们合作了一段时间后，史蒂芬手上剩余的力气也丧失了，无法再按下他用来交谈的按钮，于是他转而在眼镜上安装了一个红外传感器，通过轻微地抽动脸颊来激活该传感器。但最终这种表达也变得很困难。尽管人们对聆听他声音的需求激烈增长，但交谈却变得缓慢，从每分钟几个字放缓到每个字几分钟，然后基本上就慢慢停止了。[3]这位世界上最著名的科学布道者无法说话了。但史蒂芬不会就此放弃。通过多年的密切合作，我们在心智上的联系不断加深，并逐渐超越了语言交流。我会绕过均衡器、传感器和点击器，出现在他面前，清晰地展现在他的视野中，并通过不断提问来探究他的思想。当我的论点与史蒂芬的直觉产生共鸣时，他的眼睛便会明亮起来。我们就这样用我们多年来建立的共同语言和相互理解来建立起联系。正是在这些“对话”中，史蒂芬最终的宇宙理论才得以缓慢而稳定地诞生。

当形而上学的思考开始崭露头角时，科学就会走到紧要关头，无论我们是否喜欢这样。在这样的岔路口，我们学到了一些深刻的东西，不仅包括自然的运作方式，还有使我们的科学实践成为可能和富有价值的条件，以及我们的发现可能培养出的世界观。是什么使得宇宙恰好适合生命？物理学为理解这一问题而进行的探索，把我们带到了一个关键的岔路口。因为它的核心是一个比科学更重要的人文主义问题，即关于我们的起源问题。在这个对生命体友好的宇宙中，作为地球管理者的人类究竟意味着什么，史蒂芬对这一问题有着独特而影响深远的考量，其核心就包含在他关于宇宙的最终理论中。仅凭这一点，他的理论就可能终将成为他最伟大的科学遗产。

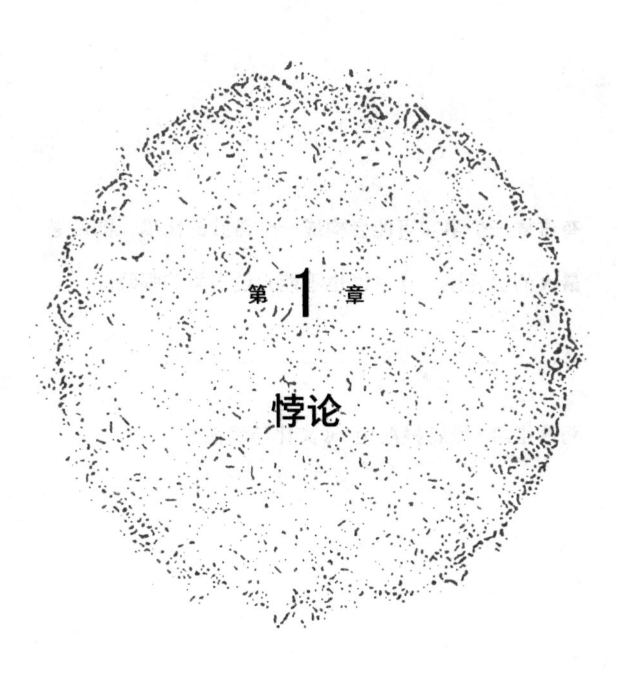

第1章

悖论

有这样一个事实可能会构成一个奇妙的比喻：即使是最大的望远镜，其目镜也不能大过人类的眼睛。

路德维希 · 维特根斯坦，《文化与价值》

20 世纪 90 年代末是宇宙学发现的黄金 10 年之巅峰。宇宙学，这门敢于在整体上研究宇宙起源、演化和命运的科学，长期以来一直被视为一个天马行空的领域，但在这段时期终于成熟了。精密的卫星和地面仪器给出了引人注目的观测结果，让全世界的科学家都兴奋不已。这些观测正在改变我们对宇宙的认知，就好像宇宙在和我们交谈一样。这些观测结果也是对理论学家提出的猜想的现实检验，告诉他们要收敛一下不切实际的猜想，充实自己的模型，以给出可检验的预言。

在宇宙学中，我们会探索过去发生的事情。宇宙学家们是时间旅行者，望远镜就是他们的时光机。当我们观察深空时，我们会回溯到时间深处，因为来自遥远恒星和星系的光要走上数百万年甚至数十亿年才能到达我们眼中。早在 1927 年，比利时神父兼天文学家乔治 · 勒梅特就曾预言，若考虑很长的时间跨度，空间是会膨胀的。但直到 20 世纪 90 年代，先进的望远镜技术的出现才使得追踪宇宙膨胀的历史成为可能。

宇宙的历史让人感到有些意外。例如，1998 年，天文学家发现在大约 50 亿年前，空间的扩张开始加速，可是所有已知的物质形式都会互相吸引，因此扩张速度应该减缓才对。从那以后，物理学家们一直在想，这种奇怪的宇宙加速度是不是由爱因斯坦的宇宙学常数驱动的。这是一种看不见、摸不着的暗能量，它会导致引力相互排斥而不是吸引。一位天文学家打趣说，宇宙看起来就像洛杉矶：包含 1/3 的物质、2/3 的能量。

显然，如果宇宙现在正在膨胀，那么它在过去一定是受到挤压的。如果你倒推宇宙历史——当然，这只是一个数学练习——你就会发现，所有的物质曾经都非常密集地聚集在一起，而且那时非常热，因为物质被挤压在一起时会发热并产生辐射。这种原始状态被称为热大爆炸。始于 20 世纪 90 年代黄金时期的天文学观测已经将宇宙的年龄——从大爆炸时刻起流逝的时间——定为 138 亿年，误差范围是 2 000 万年。

出于对宇宙诞生之谜的好奇，欧洲空间局（ESA，简称欧空局）于 2009 年 5 月发射了一颗卫星，完成了有史以来最详细、最雄心勃勃的夜空扫描。它的目标是寻找大爆炸遗留下来的热辐射中一种神秘的涨落模式。宇宙诞生时产生的热量在不断膨胀的宇宙中旅行了 138 亿年之后，今天到达我们这里的时候已经非常低了：温度为 2.725 K，约 –270 摄氏度。在这个温度下，辐射主要位于电磁波谱的微波波段，因此残余的热量被称为宇宙微波背景（CMB）辐射。

欧空局在捕捉古老热量方面的努力在 2013 年达到顶峰，当时世界各大报纸的头版上都出现了一幅类似点彩画的奇特斑点图像。图 2 就是这幅图像，它显示了整个天空的投影，极为详细，包含数百万像素，这些像素代表了空间中不同方向的残余CMB辐射的温度。对

CMB 辐射如此详细的观测提供了大爆炸后 38 万年宇宙样貌的快照，当时宇宙已经冷却到几千度，这个温度足以将原始辐射释放出来。从那时起，原始辐射在宇宙中便一直畅行无阻了。

图 2　由欧洲空间局的普朗克卫星拍摄的热大爆炸余辉的天图，该卫星以量子力学先驱马克斯 · 普朗克的名字命名。不同灰度的斑点代表了古老的宇宙微波辐射从天空不同方向到达我们时的轻微温度差异。乍一看，这些涨落似乎是随机的，但一项密切相关的研究表明，图上不同区域之间存在着相互联系的模式。通过这些研究，宇宙学家可以重建宇宙的膨胀历史，从而模拟星系的形成，甚至预测其未来

CMB 的天图证实，大爆炸的残余热量几乎均匀分布在整个空间中，尽管不是完全均匀。图像中的斑点代表了微小的温度差异，即不超过十万分之一度的微小涨落。这些微小的变化，无论多么微小，都至关重要，因为它们描绘了最终形成星系的种子。如果热大爆炸在任何地方都是完全均匀的，今天的星系将不复存在。

这幅古老的 CMB 快照代表着我们的宇宙学视界：我们无法往回看得更远了。但是，我们可以从宇宙学理论中收集到一些关于更早时期宇宙运行过程的信息。正如古生物学家从化石中了解到地球上

的生命曾经是什么样一样，宇宙学家可以通过破译刻印在这些涨落“化石”中的模式，拼凑出在这张余热图被拓印在天空中之前，宇宙中可能发生的事情。这就把CMB变成了一块宇宙学的罗塞塔石碑，使我们能够追溯宇宙更早的历史，甚至可以追溯到宇宙诞生后的一秒钟。

而我们从中学到的东西也很有趣。我们将在第4章中看到，CMB辐射的温度差异表明，一开始宇宙快速膨胀，然后减速，而最近（大约50亿年前）又开始加速。在很长的时间和很广的空间尺度上，减速似乎反倒成了一种例外，而不是规律。这是宇宙中看似偶然的对生命体友好的特性之一，因为只有在膨胀放慢的宇宙中，物质才会聚集并形成星系。如果不是在过去的膨胀过程中出现了长时间的近乎停顿，就不会有星系和恒星，也就不会有生命。

实际上，在物理学家第一次将我们存在的条件纳入现代宇宙学考量的时候，宇宙的膨胀历史就位于问题中心了。这一时刻发生在20世纪30年代初，当时勒梅特在他的一本紫色笔记本[①]上描绘了一个他所谓的“踌躇”的宇宙，它的膨胀历史很像一次颠簸之旅，这跟70年后的观测不谋而合（见插页彩图3）。考虑到宇宙的可居住性，勒梅特接受了宇宙在膨胀过程中长时间停顿这一想法。他知道，对附近星系的天文观测表明，最近宇宙的膨胀速率很高。但当他以同样的速度回溯宇宙的演化时，他发现这些星系在不超过10亿年前一定会相互重叠在一起。当然，这是不可能的，因为地球和太阳的年龄比这个时间古老得多。为了避免宇宙历史和太阳系历史之间的明显冲突，他设想了一个膨胀得非常缓慢的过渡时期，给恒星、行

---

① 勒梅特经常在笔记本的一头写下科学见解，在另一头写下宗教上的反思，并在中间留出几页空白，似乎是为了避免将科学和宗教混在一起。

星和生命留足发展的时间。

自勒梅特的开创性工作以来，物理学家们在几十年里发现了更多这样的"幸福巧合"。从原子和分子的行为到最大尺度的宇宙结构，如果宇宙的任何基本物理性质发生哪怕一个微小的变化，它的宜居性都会大打问号。

比如说引力，这个塑造和支配着大尺度宇宙的作用力。引力是极弱的：需要整个地球的质量才能刚好保持我们的脚站在地面上。但是，如果引力再强一点儿的话，恒星就会更加明亮，因此也会在更年轻的时候消亡，没有时间让复杂的生命在其周围任何一颗被其热量加热的行星上进化出来。

再比如说大爆炸余辉辐射温度十万分之一的微小差异。如果这些差异稍大一点点，比如说取万分之一，宇宙结构的种子大部分都将成长为巨大的黑洞，而不是拥有大量恒星的宜居星系。相反，若是差异更为微小——百万分之一或更小——就不会产生任何星系了。热大爆炸则恰到好处，它以某种方式将宇宙带上了一条对生命体极其友好的道路，而结果直到几十亿年后才会显现出来。为什么会这样？

宇宙中这种幸福巧合的其他例子比比皆是。我们生活的宇宙有 3 个大的空间维度。3 这个数有什么特别之处吗？确实有。哪怕再增加一个空间维度都会使原子和行星轨道变得不稳定。地球将螺旋式地落入太阳的怀抱，而不是在其周围的稳定轨道上按部就班地运行。具有 5 个或更多大空间维度的宇宙则存在更大的问题。而只有两个空间维度的世界可能无法为复杂系统提供足够的存活空间，如图 3 所示。三维空间对生命体来说似乎刚好合适。

图 3 在只有二维空间的宇宙中，生命似乎很难形成，更不用说维持了。平常的狩猎和进食方式都行不通

此外，宇宙的化学性质也不可思议地刚好适合生命存在，这些化学性质是由基本粒子以及它们之间作用力的性质决定的。例如，中子比质子要重一点儿，中子与质子的质量比为 1.001 4。如果相反，则宇宙中的所有质子都会在大爆炸后不久衰变为中子。但是没有质子就没有原子核，因此就没有原子，也就不会产生化学结构。

另一个例子是恒星中碳的产生。我们知道，碳对生命至关重要。但宇宙并非生来就有碳，碳是在恒星内部发生的核聚变中形成的。20 世纪 50 年代，英国宇宙学家弗雷德·霍伊尔指出，恒星中由氦到碳的高效合成取决于束缚原子核的强核力和电磁力之间的微妙平衡。如果强力再强一点点或是弱一点点，哪怕只改变百分之几，那么核子的束缚能就会发生变化，危及碳的结合，从而危及碳基生命的形成。霍伊尔觉得这太奇怪了，以至于他说宇宙看起来就像一个"骗局"，仿佛"一个超级智慧体在瞎捣弄物理、化学和生物学定律"。[1]

但在这些造就生命的精细调节中，最令人感到不解的一种与暗能量有关。我们测量到的暗能量密度值非常小，竟然是许多物理学家认为较自然的数值的 $1/10^{123}$。然而，正是因为暗能量密度这么小，宇宙才得以在暗能量能够聚集足够的力量加速其膨胀之前"踌躇"

了大约80亿年。早在1987年，史蒂文·温伯格就指出，如果暗能量密度稍微大一点儿，比如说取较自然的数值的$1/10^{121}$，那么它的排斥效应就会更强，而且会更早出现，这样宇宙也不太可能形成星系。[2]

简言之，正如史蒂芬在我们的第一次谈话中强调的那样，宇宙似乎是为了让生命成为可能而设计的。著名作家、理论物理学家保罗·戴维斯在谈到宇宙的"金发姑娘"因素时说："就像金发姑娘和三只熊的故事中的粥①一样，宇宙在许多有趣的方面似乎'正好'适合生命。"[3]虽然这并不意味着宇宙就应该充满生命，但这些现象表明，使宇宙得以如此宜居的这些审慎的调节绝不是这个世界表面上的性质。相反，它们深深地铭刻在物理定律的数学形式中。一大批粒子的质量和性质，支配它们相互作用的力，甚至宇宙的整体组成——所有这些似乎都是为支持某种形式的生命而量身定做的——反映了用以定义物理学家所称的自然法则的数学关系的特定特征。因此，宇宙学中的设计之谜在于，物理学的基本定律似乎是专门为促进生命的出现而设计的，就好像存在一个隐藏的计划，它将我们的存在与宇宙运行的基本规则编织在一起。这看起来不可思议，然而事实就是这样！这个密谋究竟是什么呢？

现在，我要强调的是，对于理论物理学家来说，这是一个非比寻常的难题。通常，物理学家使用自然法则来描述各种现象或预测实验结果。他们还试图推广现有的法则，以便将更广泛的自然现象纳入解释范围。但关于设计的这些问题让我们走上了一条截然不同

① 这个故事讲的是，金发姑娘来到三只熊的家里，她先看到三碗粥，第一碗太烫了，第二碗太凉了，第三碗的温度刚刚好。然后她又看到三张床，第一张太硬了，第二张太软了，第三张的硬度刚刚好。后来，"金发姑娘"就被用来指程度刚刚好。——编者注

的道路。它们促使我们反思这些法则的深层本质，以及我们如何与其体系相匹配。现代宇宙学令人激动之处在于，它提供了一个科学框架，在这个框架中，我们有望阐明这一最大的谜团。因为宇宙学是物理学的一个特殊领域，在这里，我们试图解决的问题的内在一部分就是我们自己。

历史上，世界表面上的设计就一直被视为自然运行具有其潜在目的的证据。这一观点可以上溯至亚里士多德，他也许是有史以来最有影响力的哲学家。亚里士多德也是一位敬业的生物学家，他观察到，现实世界中的许多过程似乎充满了意图。他认为，如果缺乏理性的生物做事具有计划性，那么就必然有一个终极之因从整体上来指导宇宙。亚里士多德的目的论论证很有说服力、合乎逻辑且令人满意，并且在某种程度上得到了经验的证实：我们周围的世界到处都是终极之因起作用的例子，从一只鸟收集树枝筑巢，到一条狗在花园里挖洞找骨头。因此，亚里士多德的目的论观点在近两千年的时间里屹立不倒，基本上没有受到质疑，这并不奇怪。

但在16世纪，在欧亚大陆边缘的某个地方，一小群学者的工作引发了现代科学革命。哥白尼、笛卡儿、培根、伽利略和同时代的人强调，我们的感官会背叛我们。他们采纳了一句拉丁语格言：*Ignoramus*，字面意思是“我们不知道”。这种观点的转变产生了深远的影响。有些人甚至认为这是人类居于这个星球上近20万年来最具影响力的一次转变。此外，它的意义还没有全部显现。至少在学术界，科学革命的直接结果是抛弃了亚里士多德根深蒂固的目的论世界观，代之以自然受理性法则支配的思想，这些理性法则运作于此时此地，而且是可以被我们发现和理解的。事实上，现代科学的本质是，在承认了自己的无知之后，我们可以通过实验和观察，以及开发数学模型把这些观察结果归纳成一般理论或“法则”，从而获得新的知识。

然而矛盾的是，科学革命使宇宙对生命体为何如此友好的这个谜加深了。在科学革命之前，人类对世界的概念是以某种统一为基础的：有生命的世界也好，无生命的世界也罢，都被认为是由一个包罗万象的目标所引导的，无论这一目标是否神圣。世界的设计被视为一个宏大的宇宙计划的表现，这一计划自然地赋予了人类一个特权角色。例如，由亚历山大城的天文学家托勒密在其著作《天文学大成》中提出的古代世界模型，不仅以人类为中心，还以地球为中心。

但随着科学革命的到来，生命与物理学宇宙之间关系的基本性质变得迷惑重重。在过去的近 5 个世纪中，我们对所谓客观、不近人情、永恒的物理定律竟几乎完全与生命体相适配这一事实的不解，就清晰地展现了这种迷惑。因此，尽管现代科学成功地废除了天与地之间的旧二分法，但它在有生命和无生命的世界之间制造了一道可怕的新裂痕，使人类对自己在宇宙大计划中所处地位的看法变得难以捉摸。

事实上，通过回溯“有法则存在”这一概念的深层根源，我们也许能够更好地理解人类对自然法则本体论的看法是如何形成的。最早关于法则支配自然的想法出现于前 6 世纪，属于泰勒斯创建的爱奥尼亚学派，该学派活动于米利都，即今天的土耳其西部。米利都是希腊爱奥尼亚地区最富有的城市，是位于米安德尔河流入爱琴海的入海口附近的一个天然港口。在那里，传说中的泰勒斯就像现代科学家一样，喜欢揭开世界的表面看问题，以便在更深层次上认识这个世界。

图 4　来自米利都的古希腊哲学家阿那克西曼德的浮雕。26 个世纪前，阿那克西曼德为重新思考世界这一漫长而曲折的科学道路奠定了第一块基石

泰勒斯有一个学生，名叫阿那克西曼德，他创造了希腊人所称的“质询自然”（*περι φυσεως ιστορια*），因此便有了物理学。阿那克西曼德也被尊为宇宙学之父，因为是他第一个将地球想象成一颗行星，即地球是一块自由飘浮在空荡荡的空间中的巨大岩石。他推断，地底下并不是无尽的厚土，也没有巨大的圆柱，而是和我们在头顶上所看到的一样的天空。通过这种方式，他赋予了宇宙以深度，将其从一个上面有天、下面有地的封闭盒子变成了一个开放的空间。这一概念性的转变使人们能够想象天体从地球下面经过，为希腊天文学铺平了道路。此外，阿那克西曼德还写了一篇题为《论自然》的论文，这篇论文已经失传，但被认为包含以下片段：[4]

> 万物皆源于彼此，化为彼此，一切跟随所需；
>
> 因为在时间之神的训示下，它们赐予彼此以公平，弥补彼此之盈亏。

在这几句话中，阿那克西曼德表达了这样一种革命性的观点，即自然既不随意，也不荒诞，而是受某种形式的法则支配。这是科学的基本假设：在自然现象的表面之下，隐藏着一个抽象但合乎逻辑的秩序。

阿那克西曼德并没有详细说明自然法则可能采取何种形式，只是将其与规范人类社会的公民法进行了类比。但他最著名的学生毕达哥拉斯提出，世界秩序以数学为基础。毕达哥拉斯学派给数字赋予了神秘的意义，并试图通过数来构建整个宇宙。他们认为世界可以用数学语言来描述，这一观点得到了柏拉图的采纳和支持，柏拉图把它作为自己真理观的支柱之一。柏拉图将我们的经验世界比喻为一个具有完美数学形式的、更加高级的真实世界的影子，而这一真实世界离我们所感知的世界相当遥远。因此，古希腊人后来相信，即使我们不能轻易触摸或看到世界的根本秩序，我们也可以通过逻辑和理性去推断它。

古人的理论尽管可能令人印象深刻，但他们对自然的推测无论是在实质内容上，还是在方法或风格上，都与现代物理学几乎没有共同之处。一方面，早期希腊人几乎完全基于美学基础和先验假设进行推理，很少或者根本没有对其进行检验。他们完全没有这一概念。因此，他们对“物理学”以及事物规律的概念与现代科学理论毫无相似之处。已故的史蒂文·温伯格在其最后一本书《给世界的答案》中指出，从当代的观点来看，最好不要把早期希腊人当成物理学家或科学家，甚至哲学家，而要当成诗人，因为他们的方法论与今天的学术实践有着根本的不同。当然，现代物理学家也从他们的理论中看到了美，大多数现代物理学家在研究中也对美学考量很敏感，但这些考量不能替代我们用实验和观测的手段对理论的验证，毕竟实验和观测才是科学革命的关键创新。

尽管如此，柏拉图将世界数学化的构想仍将被证明具有巨大的影响力。20 个世纪之后，当现代科学革命开始时，其主要参与者正是出于他们对柏拉图计划的信仰，去寻求一种用数学关系来支撑物理世界的隐秘秩序。伽利略写道："这本伟大的自然之书，只有那些知道它所用语言的人才能阅读。而这种语言就是数学。"[5]

艾萨克·牛顿，一名炼金术士、神秘主义者，虽性格难处，却是有史以来最有影响力的数学家之一，他用《自然哲学的数学原理》巩固了数学方法在自然哲学研究中的地位，这本书可以说是科学史上最重要的书。在 1665 年瘟疫肆虐、剑桥大学闭校期间，牛顿为这本书的写作开了个好头。作为一名新科文学学士，牛顿回到了他母亲在林肯郡的家和苹果园。在那里，他思考了微积分、引力和运动，并用棱镜散射光线，表明白光是由彩虹的颜色组成的。但直到很久以后的 1686 年 4 月，牛顿才将《自然哲学的数学原理》(以下简称《原理》) 交由皇家学会出版，其中包括三条运动定律和万有引力定律。后者也许是最著名的自然法则，它指出两个物体之间的引力与物体的质量成正比，并与距离的平方成反比。

牛顿在《原理》中证明，无论是神圣的天堂还是我们周围不完美的人类世界，其运作方式均以同样的普遍性原理为基础，这标志着在概念上和精神上与过去的决裂。人们有时认为是牛顿统一了天地。他将行星的运动表述成一系列数学方程式，改变了以往对太阳系的所有图形化的描述，标志着从魔法时代向现代物理学的转变。牛顿的体系提供了后来所有物理学家都遵循的一般范式。与古希腊人的"物理学"不同，当代物理学家对牛顿的物理学感到非常亲切。

牛顿定律的一个著名的成功案例是 1846 年海王星的发现。早先的天文学家发现天王星的轨道与牛顿引力定律预言的轨道略有偏离。法国人于尔班·勒维耶试图解释这一难以消除的差异，他大胆地提出，天王星的轨道之所以偏离，是因为一颗未知的、更遥远的行星，它的引力稍微影响了天王星的轨迹。利用牛顿定律，勒维耶预测出这颗未知行星在天空中应该所处的位置，以解释天王星在轨道上的偏离——前提是牛顿定律是正确的。天文学家很快就发现了海王星，距离勒维耶所指的位置不到一度。这成了 19 世纪科学界最引人注目的时刻之一。人们说勒维耶"在笔尖下"发现了一颗新行星。[6]

几个世纪以来，牛顿定律不断取得诸如此类的惊人成功，这似乎证实了牛顿定律是一个普遍的、决定性的真理。早在 18 世纪，法国数学家约瑟夫·路易·拉格朗日就说过，牛顿很幸运地生活在人类历史上能够发现自然规律的独特时期。事实上，牛顿本人似乎只是没有去阻止这一新神话的出现。他沉浸在神秘主义的传统中，将自己发现的定律的优雅数学形式视为上帝思想的体现。

这种自然规律的数学表述也就是当今物理学家所说的"理论"。物理理论的实用性和预言能力来自这样一个事实：它们以抽象的数学方程来描述现实世界，人们可以操纵这些方程来预言将发生的事情，而不需要实际观测或做实验。这确实行得通！从海王星的发现到引力波的测得，再到对新基本粒子及其反粒子的预言，物理学定律的数学基础一再指向新的、令人惊讶的自然现象，这些现象后来都被人们观察到了。出于对这种预言能力的敬仰，诺贝尔奖获得者保罗·狄拉克把寻找有趣、美丽的数学原理作为研究物理学的首选方式，这是出了名的。他说，数学"会牵着你的手"，"去发现新的物理理论"。[7] 今天的弦论学家在寻找最终的统一理论时，大多采用了狄拉克的格言——他们有时会禁不住先辈们的煽惑，将其理论体系中的数学之“美”作为其“真”的保证。不止一位弦论的先驱曾深情地表示，弦论的数学结构太过美丽，很难想象它与自然无关。

然而，在更深层次上，我们仍然不太理解为什么理论物理可以如此成功。为什么自然界要顺应于这一系列在其背后运作的微妙的数学关系？这些定律到底意味着什么？它们又为何采取这样的形式？

在这一点上，大多数物理学家继续追随柏拉图的脚步。他们倾向于将物理学定律视为永恒的数学真理，它们不仅存在于我们的头脑中，而且运作于超越物理世界的抽象现实中。例如，他们通常认为引力定律或量子力学是某个终极理论的近似，该终极理论存在于尚未被发现的某处。因此，虽然在现代科学时代，物理定律首先以工具的形式出现，用以描述所发现的自然界规律，但自牛顿确定其数学根源以来，它们就有了自己的灵魂，获得了一种超越物理世界的实在性。对 20 世纪初的法国博学家亨利·庞加莱来说，无条件相信柏拉图的定律是做一切科学研究必不可少的前提。

庞加莱的愿景虽然很有趣，也很重要，但也令人费解。柏拉图的理念中这些远在天边的法则到底是如何结合在一起来支配一个物理宇宙的，而且还是这么一个对生命体友好的美好宇宙？而关键是，宇宙大爆炸的发现，意味着这不仅仅是一个哲学问题。事实上，如果大爆炸真的是时间的起源，那么庞加莱的理论最好是对的，因为如果是物理定律决定了宇宙如何开始，人们就会认为它们一定存在于时间之外。有趣的是，大爆炸理论将看似纯粹形而上学的思考拖入了物理学和宇宙学领域。这一理论将一些有关物理定律最终是什么的假设推到了我们面前。

最后，物理学定律以某种方式超越自然世界的这一想法可能还有一个风险，即它会使这些定律对生命超乎寻常的适应性的根源变得完全神秘莫测。坚持这一想法的物理学家只能寄希望于，那个终极理论核心处强大的数学原理有朝一日能够解释它们有助于生命产生的特性。当今的柏拉图主义者对大设计之谜的答案是，这将成为一个数学必然性的问题：宇宙之所以如此，是因为大自然别无选择。从某种程度上说，这是一个答案，它有点儿像亚里士多德的终极之因的感觉，只是伪装成了现代理论物理学的样子。此外，且不谈这种终极理论仍是一个遥远的梦想，即使我们真的发现了如此强大的数学原理，它也很难解释为什么宇宙对生命体恰好如此友好。任何一种柏拉图式的真理都无法弥合在现代科学诞生之初产生的无生命世界和有生命世界之间的鸿沟。相反，我们不得不断定，生命和智慧只是在一个基本上没有人情味的理想数学现实中的幸福巧合，没有更深层次的意义了。

关于物理学和宇宙学设计问题的这些柏拉图式倾向，虽说没有明显的错误，却与自达尔文以来的生物学家们在生命世界中所看到的设计方式大相径庭。

在生物世界中，目标导向的过程和看似有目的的设计似乎无处不在。事实上，正是这些现象构成了一开始亚里士多德的目的论自然观的基础。生命有机体是极其复杂的，即使是一个活细胞，也包含五花八门的分子成分，它们出色地配合以完成许多任务。在更大的生物体中，大量的细胞协同工作，以构建精细的、有功能性的结构，如眼睛和大脑。在查尔斯·达尔文之前，人们无法理解物理和化学过程怎么能够产生如此惊人的功能复杂性，于是他们引入了一位设计师来解释。18 世纪的英国牧师威廉·佩利（William Paley）用手表的运转机制来比拟这些生命世界中的奇迹。佩利认为，就像一块手表一样，生物世界中设计的痕迹太明显了，不容忽视，而“设计就必须有设计师”。[8]但达尔文颠覆性的进化论将这种目的论思维从生物学中干脆利落地消除了。达尔文的深刻见解是，生物进化是一个自然过程，而简单的机制——随机变异和自然选择——就可以解释生命体中看似被设计的过程，无须引入设计者的角色。

在加拉帕戈斯群岛，达尔文发现了各种各样的雀科鸟，它们的喙的大小和形状各不相同。地雀类的喙很结实，能有效地敲碎坚果和种子，而树雀类的喙是尖尖的，很适合抓取昆虫。这些以及达尔文旅途中收集的其他数据向他表明，不同种类的雀鸟是有联系的，并在其特定生态位的影响下随着时间的推移而进化。1837 年，达尔文乘坐小猎犬号考察船前往加拉帕戈斯，刚出航不久，他在一本红色笔记本上画了一棵不规则分枝的树的简单草图。这张关于一棵祖先树的草图，引出了他那个深刻而迅速发展的理论，即地球上的所有生物都具有关联性，且是由一个共同的祖先——图中的树干——进化而来的。这种进化是通过对随机变异的复制基因进行逐步渐进的环境选择来进行的（见插页彩图 4）。

达尔文主义的核心思想是，大自然不会展望未来——它不会预测我们需要什么才能生存。相反，任何趋向性，如喙的形状变化或长颈鹿脖子长度的逐渐增长，都是由环境选择压力引起的，环境选择压力会在很长时间范围内起作用，来放大有用的特征。

20 多年后，达尔文写道：“生命及其蕴含之力能，最初由造物主注入到寥寥几个或单个类型之中；当这一行星按照固定的引力法则持续运行之时，无数最美丽与最奇异的类型，即是从如此简单的开端演化而来，并依然在演化之中；生命如是之观，何等壮丽恢弘！”[①][9]

达尔文进化论颠覆了佩利的观点，它证明了这块手表并不需要瑞士制表师。它对生命世界进行了彻底的进化论描述，在这个世界中，表观上的设计——包括其遵循的规律——被理解为在自然过程中涌现[②]的性质，而不是某些超自然创世之行为的结果。

然而，尽管生物法则如此壮丽恢弘，但人们通常认为它没有物理学法则那么基本。因涌现而产生的类似法则的范式虽然可能会持久，但没有人认为它们是永恒的真理。此外，在生物学中，决定论和可预测性的奠基性作用要小得多。牛顿运动定律是属于决定论范畴的：它们允许物理学家根据物体今天（或过去任何时刻）的位置和速度，预测未来任何时刻物体的位置。而在达尔文的体系中，生物系统中突变的随机性意味着几乎没有任何事物可以提前确定，甚至连某一天可能涌现出什么规律也无法确定。这种决定论的缺乏给生物学注入了一种回顾性的元素：人们只能通过回溯时间来理解生物进化。达尔文的理论并没有详细描述从最早的生命到今天多样而复杂的生物圈的实际进化路径。它不能预言生命之树，因为那不是，也不可能是它的目的。相反，达尔文的天才之处在于他对一般组织性原则的描绘，同时将特定的历史记录留给了系统发育学和古生物学。也就是说，达尔文的进化论认识到，我们所知道的生命是规律和特定历史的共同产物。它的效用在于，它使科学家能够从我们今天对生物圈的观察和共同祖先的假设出发溯及既往，构建生命之树。

---

① 引自《物种起源》，达尔文著，苗德岁译，译林出版社（2013）。——编者注

② 涌现（emerge），又译突现、呈展或演生，指系统内各组分相互作用而产生单个组分所没有的性质与特点的现象。——编者注

达尔文的雀鸟就是一个很好的例子。如果达尔文按照从古到今的方向推理，试图从有生命前地球的化学环境出发，预测加拉帕戈斯群岛上的各种雀鸟物种，那么他将一败涂地。不能仅仅根据物理和化学定律来推断雀鸟或栖息于我们这个星球上的任何其他物种的存在，因为生物进化过程中的每一个分支都是一场运气的游戏。一些偶然的结果受到环境条件的青睐，由此被固定下来，通常会在后面的进化阶段产生戏剧性的后果。这些被定格的偶发事件有助于确定后续进化的特征，甚至可能形成新形式的生物学规律。例如，一些集体的分支产生了有性生殖生物体，而孟德尔遗传定律的诞生就来源于这样的结果。

在图 5 中，我画出了基于核糖体RNA（核糖核酸）序列分析得到的生命系统发育树的现代版本，展示了细菌、古菌和真核生物三个域及其在树底部的共同祖先。这棵树上的一切，从它的分子基础

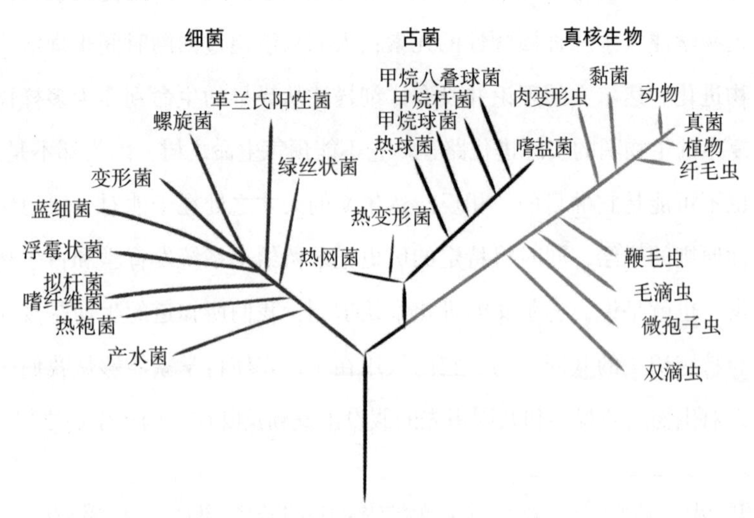

图 5　包含了生命体的三个域的生命之树。树的底部是它们最终的共同祖先LUCA，它是可进化出地球上所有生命的、离我们最近的生命形式

到它的雀类分支，都浓缩了数十亿年来化学和生物迂回复杂的探索历史，使生物学成为一门以回顾性为主的科学。正如进化生物学家斯蒂芬·杰伊·古尔德所说："如果我们将生命史的磁带'倒带'并重新播放，所进化出来的物种、身体构造和表型可能会完全不同。"[10]

生物进化的这种内在的随机性也扩展到了历史的其他层面，从非生物起源到人类历史都有。像达尔文一样，历史学家在解释历史进程中偶然的意外时，是将描述"如何"和解释"为什么"这两件事区分开来的。为了描述"如何"，历史学家像生物学家一样进行事后推理，并重建从一个时间节点到给定结果的具体事件序列。然而，要解释为什么，则需要人们像物理学家一样思考，并朝着时间流逝的方向努力，以识别出一些符合因果性及决定论的关联，这种关联会预测出某一特定的历史路径，而不是其他。对历史的肤浅解读往往看似对事情为什么以这种方式而不是那种方式发生提供了一种符合因果性及决定论的解释，但更细致的分析就会揭示出处于历史岔路口相互竞争的力量之间错综复杂的网络，再加上大量的突发事件，使得这条历史路径扑朔迷离，当然也不是非走不可。这迫使人们只能去描述"如何"，而不是"为什么"。

透过我的办公室窗户，我能看到一片树林，它的位置就在滑铁卢战场以南几英里①。1815 年 6 月 17 日，在决定性战斗的前夕，拿破仑·波拿巴命令他的将军埃曼努尔·格鲁希追击普鲁士军队，以防止他们与占据北部阵地的英联军会师。格鲁希恪尽职守，带领法军精锐部队向东北进军，但未能发现普鲁士军队。翌日清晨——就在

① 1 英里约为 1.6 千米。——编者注

我能看到的这片树林中——他听到远处法军加农炮的低沉声音，意识到战斗已经开始。在关键的几分钟里，他犹豫了一下是否要违抗拿破仑的命令，回头支援留在那里的法军。但他选择继续前进，去追击普鲁士军队。格鲁希当时的决定是一次非同寻常的“定格偶发事件”，不仅影响了战斗的结果，也影响了欧洲历史的进程。

再举一个例子，考虑一下 4 世纪基督教在罗马帝国的兴起。306 年君士坦丁大帝登基时，基督教不过是一个默默无闻的教派，正与当时的众多其他教派争夺影响力。为什么基督教会占领罗马帝国并成为普遍的信仰？历史学家尤瓦尔·赫拉利在其著作《人类简史》中认为没有符合因果性的解释，基督教在西欧影响力的主导应被视为又一次“定格偶发事件”。赫拉利声称“如果我们能够将历史倒回，将 4 世纪重演 100 次，我们会发现基督教占领罗马帝国的机会只有几次”，这与生物学上古尔德的观点遥相呼应。但基督教的定格偶发事件产生了深远的后果。其中之一是，一神论鼓励人们相信上帝是创世主，并为所创造的世界制订了合理的计划。难怪 12 个世纪后，当现代科学终于在基督教的欧洲出现时，早期科学家将他们的研究视为一种宗教追求，为我们仍在努力解决的大设计之谜设定了一个大背景。

总的来说，从人类历史到生物学以及天体物理演化，历史上的每一个节点都有无数条道路，这意味着决定论的解释只能是粗枝大叶的。在进化的任何阶段，决定论和因果性都只塑造了大致的结构趋势和性质，通常是基于在复杂程度较低的对象上起作用的规律。例如，充满偶发性意外的人类历史，到目前为止，除了几次到太阳系其他天体的短途旅行外，大部分都是在地球范围内上演的。考虑到产生人类生命的物理和地质环境，这种行星范围内的限制并不奇怪，而且是可以预测的，但它几乎没有告诉我们人类历史上任何一个时代的任何具体情况。

同理，门捷列夫元素周期表上化学元素的顺序和周期表的结构基本上是由较低层面的粒子物理定律决定的。但地球上元素的具体丰度则取决于引发地球演化，以及演化中出现的无数偶发事件。

再到生物化学层面，考虑这样一个规则，即地球上所有生命都基于DNA（脱氧核糖核酸），且基因都由以A、C、G和T为缩写的4个核苷酸组成。DNA分子这种特定的基石可能是我们星球上自然发生过程的偶然结果。但是，生命为了维持自身所必须掌握的基本计算能力则位于更深层次，很可能需要根据基本的数学和物理原理来决定遗传信息分子载体的广泛结构特性。1948年，匈牙利裔美国数学家约翰·冯·诺伊曼通过构建自我复制自动机理论证明了这一点。在沃森和克里克发现DNA结构的5年前，冯·诺伊曼发现了生命为了生存必须克服的关键计算问题，并提出了一种巧妙的结构——该结构似乎是唯一可能实现复制能力的结构。他画的结构一看就知道是DNA。

进化不断地建立在大量的定格事件链之上。较低的复杂性水平为更高水平的进化创造了环境，但这仍然为令人吃惊的意外留下了太多的空间，以至于极不可能的路径常常成为现实，同时决定论也失效。无数分支事件的偶然结果为进化注入了一个真正的涌现因素。它们增加了较低层次法则中未包含的大量结构和信息，更高层次的与法则类似的新范式就出现于这些结构和信息中，并且经常出现。例如，虽然今天没有一位严肃的科学家相信生物学中存在着特殊的、没有物理化学起源的“生命力”，但仅靠物理层面并不能决定地球上的生物学法则有哪些。

*　*　*

1859 年 11 月 24 日，查尔斯·达尔文出版了他的代表作《物种起源》。仅仅 18 天后，他就收到了天文学家约翰·弗雷德里克·威廉·赫歇尔爵士的来信。赫歇尔是天王星发现者的儿子，他对达尔文进化论图景里的任意性表示怀疑，称他的书不过是“乱七八糟的法则”。[11] 然而，这正是它的力量所在。达尔文理论的美妙之处在于，它综合了生命世界中随机变异和环境选择相互竞争的力量。达尔文发现了生物学中“为什么”和“如何”之间的黄金节点，将因果性解释与归纳性推理结合在一个自洽的方案中。他表明，尽管生物学本质上具有历史性和偶然性，但它可以成为一门真正富有成效的科学，可以增进我们对生命世界的理解。

达尔文主义推进了科学革命，并将其扩展到一个目的论观点似乎无懈可击的领域——生命世界。但它所显现出的世界观与现代物理学的世界观有着天壤之别。这种差异在它们对大设计之谜的不同看法中表现得最为明显。一方面，达尔文主义为生命世界中大设计的形态提供了完全进化论式的理解。而另一方面，物理学和宇宙学则首先着眼于永恒的数学规律的本质，以解释是什么使得向生命的过渡成为可能。生命科学领域的学者和物理学家都经常将达尔文进化论“乱七八糟”的方案与物理学定律严格、不可变通的特性进行对比。人们认为在物理学的底层起支配作用的，不是历史和进化，而是永恒的数学之美。勒梅特认为宇宙在膨胀的深刻见解，显然为宇宙学引入了浓重的进化论思想。然而，在涉及表面的大设计之根本起源的更深层次上，插页彩图中勒梅特和达尔文的草图（分别为彩图 3 和彩图 4）似乎显露出截然不同的世界观。自科学革命以来，正是这一观念上的鸿沟将生物学和物理学割裂开来。

从史蒂芬最早期的科学事业开始，如何弥合这一裂痕的问题就一直萦绕在他的脑海中，但真正的研究计划直到 20 世纪末才形成。此时，他的大部分研究工作都围绕着宇宙设计之谜展开。他对这一问题的关注，不亚于对从内部改变宇宙学的关注。

让我们再回到这段宇宙学发展的黄金时期。宇宙正在加速膨胀，这一意外的观测发现与其他同样令人惊讶的理论发展都表明，物理学定律可能根本不是板上钉钉的事。越来越多的证据表明，至少物理定律的某些性质可能不是数学上的必然，而是一种偶然，它们反映了宇宙从热大爆炸冷却下来的一种特殊方式。从粒子的种类到相互作用力的强度，再到暗能量的占比，很明显，宇宙适宜生命体存在的特质可能并不像出生证明一样一开始就被刻进它的基本架构中，而是隐藏在热大爆炸深处的古老进化的结果。

不久，弦论学家开始设想一个多样化的多元宇宙，即一个巨大的、快速膨胀的空间，由多个岛宇宙拼凑而成，每个岛宇宙都有自己的物理学定律。宇宙这一宏大的扩展彻底改变了人们对宇宙学精细调节的观点。多元宇宙的支持者并没有哀悼他们唯一能预测世界模样的终极理论梦想的破灭，而是试图通过将宇宙学转变为一种环境科学（尽管它这个环境非常之大！）来扭转这一令人尴尬的失败。一位弦论学家将多元宇宙中物理定律的局部特征比作美国东海岸的天气："变幻莫测，几乎总是很可怕，但偶尔也很可爱。"[12]

我们可以从科学史中感受到这种变化的重要性。1597 年，德国天文学家约翰内斯·开普勒在古老的柏拉图多面体的基础上提出了一个太阳系模型，柏拉图多面体包括 5 个正多面体，其中以立方体最为著名。开普勒设想将 6 颗已知行星的近似圆形轨道附着在围绕太阳旋转的不可见球面上。然后，他假设这些球面的相对大小是由以下条件决定的：每个球面（除了最外层土星的那一个）正好卡在其中一个正多面体的内部，同时每个球面（除了最内层水星的那一个）又正好卡在其中一个正多面体的外部。[①]开普勒画的图（图 6）对这一结构做了说明。当开普勒将这 5 个几何实体按正确的顺序一个里面套着一个，并紧紧卡在一起时，他发现嵌于其中的球面之间的间隔与每个行星到太阳的距离相对应，其中土星沿着最外层多面体的外接球面运转，不同行星轨道的相对半径保持不变。以这一理论为基础，他预测行星的总数就是 6 颗，还预测了它们轨道的相对大小。对于开普勒来说，行星的数目和它们到太阳的距离是自然界深层次数学对称性的表现。他的《宇宙的奥秘》实际上是在试图将古代柏拉图关于球体和谐的梦想与 16 世纪关于行星围绕太阳转的见解真正调和起来。

在开普勒的时代，人们普遍认为太阳系就是整个宇宙了。没有人知道每颗闪烁的星星其实也是一个太阳，有自己的行星系统围着它转。因此，认为行星轨道就是最基本的物理定律是很自然的。而如今我们知道，行星的数目和它们与太阳的距离都没有什么特别的意义。我们明白，行星在太阳系中的排列并不是独一无二的，甚至也不是特殊的，而只是原始太阳周围一群旋转的气体和尘埃经过特定的历史过程而形成的。在过去的 30 年里，天文学家观测到了成千上万种行星系，它们的轨道结构千差万别。有些恒星周围有像木星那么大的行星，在数天内就能绕恒星转一圈，有些恒星周围则有 3

---

① 具体来说，按照开普勒的设想，从太阳开始往外，依次是水星球面、正八面体、金星球面、正二十面体、地球球面、正十二面体、火星球面、正四面体、木星球面、立方体，最后是土星球面。

个乃至更多温度适宜、类似地球的行星，还有些行星系中有两颗恒星，日夜交替混乱，并有许多其他奇怪的天体现象。

如果我们真的生活在多元宇宙中的话，那么我们宇宙中的物理定律就会遭遇与太阳系中的行星轨道同样的命运。若想追随开普勒的脚步，为孕育生命的精细调节过程寻找更深入的解释，那注定徒劳无功。在多元宇宙中，这些法则的生命体友好特性只是在热大爆炸中出现的一些随机过程的偶然结果，这些随机过程产生了我们这个特殊的岛宇宙。多元宇宙的支持者认为，当今的柏拉图主义者一直在盯着一个错误的方向。他们认为，迫使宇宙适于生命体居住的并不是深刻的数学真理，而只是宇宙某个部分的一个极好的天气。对宇宙大设计的任何想象，都是幻觉。

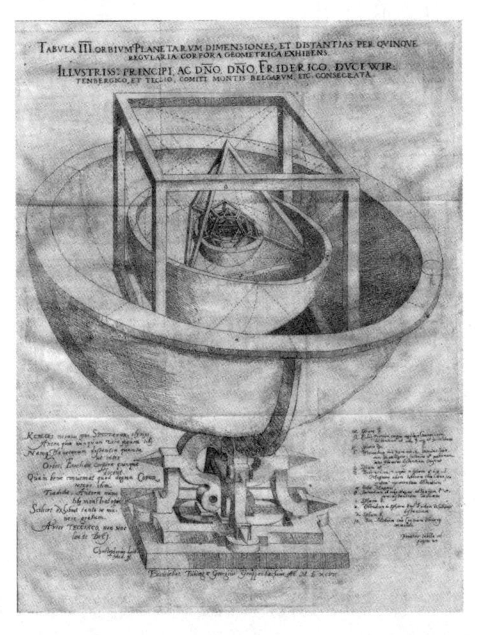

图 6　约翰内斯·开普勒在其第一部主要天文学著作《宇宙的奥秘》中提出了太阳系的柏拉图式模型，将行星的（圆形）轨道的大小与 5 个正多面体联系了起来。从开普勒的图中可以清晰地看见 4 个行星球面以及正十二面体、正四面体和立方体

然而，当我讨论到霍金最终理论的核心时，这个推理中还隐藏着一个至关重要的问题：多元宇宙本身就是柏拉图式的构造。多元宇宙理论假设某种永恒的元法则支配着整个宇宙，但这些元法则并没有指明我们应该位于众多宇宙中的哪一个之中。这是一个问题，因为如果没有一条规则将多元宇宙的元法则与我们岛宇宙中的局域法则联系起来，这个理论就会陷入一个悖论的螺旋中，使我们根本无法进行可验证的预测。多元宇宙的宇宙学从根本上是不确定、不明晰的。它缺乏关于我们在那张神奇的宇宙拼图中的行踪的关键信息，因此，它无法预测我们应该看到什么。多元宇宙就像一张没有个人识别密码的借记卡，或者更糟糕，像一个没有指南的宜家储物间。从深刻的意义上讲，该理论未能说明在这茫茫宇宙中，我们是谁，以及我们为什么在这里。

然而，多元宇宙论者不会轻易放弃。他们提出了一种修补这一理论的方法，这一提案如此激进，以至于从诞生起就震撼了科学界。这就是人择原理。

1973 年，“人择原理”进军宇宙学。天体物理学家布兰登·卡特是史蒂芬在剑桥的同学，他在克拉科夫的一次纪念哥白尼的会议上提出了这一原理。这是一个不寻常的历史转折，因为在 16 世纪，哥白尼迈出了将人类从宇宙中的核心地位降级的第一步。[13] 4 个多世纪后，卡特同意哥白尼的观点，即我们人类不是宇宙秩序的中心。不过他推断说，如果我们认为自己在任何方面，尤其是在对宇宙的观察方面都没有任何特殊性的话，我们不也是误入歧途了吗？也许我们发现宇宙是这个样子，正是因为我们身处其中的缘故？

卡特说得有道理。在我们不存在的时间或地点，我们肯定不会观察到任何东西。早在20世纪30年代，像勒梅特和美国天文学家罗伯特·迪克这样的科学家就已经思考了宇宙需要具备哪些特性才能支持智慧生物的存在。比方说，无论是智慧生命还是其他的生命形式，都依赖于碳元素，而碳是由恒星中的热核燃烧聚变而成的，这一过程需要数十亿年。膨胀宇宙若非包含数十亿光年的空间，则无法提供数十亿年的时间。因此勒梅特和迪克总结道，我们不应该对我们生活在一个古老而庞大的宇宙中感到惊讶。膨胀的宇宙中出现了一个可以让由碳组成的天文学家们工作的最佳时期，而这必然会影响他们所能看到的东西。

这些结论与我们在日常生活中考虑选择偏倚[①]时得出的结论没有本质区别，但卡特更进了一步——应该说是一大步。他认为，选择效应不仅会出现在我们这个单一宇宙中，而且会出现在多元宇宙中。他认为人择原理在起作用，这一规则凌驾于支配多元宇宙的、没有人情味的元法则之上，体现了宇宙中生命所需的最佳条件，并以“行动”来选择众多宇宙中哪一个应该属于我们。

这确实是一个激进的想法。卡特的人择原理再一次将生命体置于特权地位，把它放到诠释宇宙的核心，从而使我们后退了5个世纪，回到了哥白尼之前。这一想法设定了某种为人偏爱的事物形态，包括生命、智力，甚至意识等，甚至有和目的论——亚里士多德的观点——相勾连的嫌疑，而后者已经被科学革命推翻了，反正我们认为是这样。

因此，难怪当卡特在1973年首次提出他的宇宙学人择原理时，他的想法被人们嗤之以鼻，当作是无稽之谈。毕竟，当时对于不管

---

① 选择偏倚指被选择到研究样本中的对象同未进入样本中的对象之间存在着特征上的差异，从而影响研究结果代表性的现象。——译者注

什么样的多元宇宙，顶多只有些零零散散的理论依据。但来到 20 世纪末，当事情出人意料地峰回路转时，多元宇宙理论获得了广泛认同，卡特的人择思想迅速复活，并抓紧机会在这一巨大的宇宙拼图中弄清我们的位置。人择原理渐渐被视为多元宇宙理论的个人识别密码，将其从抽象的柏拉图式大厦转变为具有解释物理现象之潜力的真正理论。

多元宇宙爱好者宣称，他们已经找到了宇宙设计之谜的第二个可能答案——第一个可能答案是，这只是一个巧合，是处于存在问题之核心、非常深刻但（迄今为止）仍保持神秘的数学原理产生的一个幸运结果。而来自人择多元宇宙学的新答案是，表面上的设计是我们这个“局域”宇宙环境的属性：我们居住在一个罕见的对生命体友好的宇宙中，该宇宙位于一个由许多岛宇宙组成的巨大宇宙拼图中，被人择原理挑选了出来。这一发展令人兴奋不已。林德宣称：“宇宙和我们自身是在一起的。我无法想象一个自洽的宇宙理论可以忽视生命和意识。”[14] 斯坦福大学（该校可以给人以大胆想象的底气）的强硬派弦论学家伦纳德·萨斯坎德在其《宇宙景观》（*The Cosmic Landscape*）一书中将客观的元法则与主观的人择原理一起描绘为基础物理学的新范式。

粒子物理学泰斗史蒂文·温伯格也表示，人择思路预示着宇宙学新时代的黎明即将到来。他在 20 世纪 60 年代末提出的大统一思想，即认为电磁力和弱核力是一体的，形成了粒子物理学标准模型的基础。此后，标准模型的一些预测已经被验证到了不低于小数点后 14 位的惊人精度，使其成为物理学史上被检验得最精确的理论。温伯格认为，要更深层地理解标准模型为何会采用目前的特定形式，我们在正统物理学的数学原理之外，还需要一条完全不同的原理作为补充。“科学史上的大多数进步都以发现自然奥秘为标志，”他在剑桥的题为“生活在多元宇宙中”的讲座中告诉我们，“但在某些历史转折点，我们做出的发现关乎科学本身，以及我们认为什么样的理论是可以接受的。我们可能正处于这样一个转折点……多元宇宙使人择思路合法化，成为物理理论的新基础。”[15] 在这里，温伯格呼吁的世界观呼应了一种二元论。我们有物理法则或元法则，我们正在发现它们，但它们是冰冷的，没有人情味。然而除此之外，我们还有人择原理，它以自己的神秘方式将（元）法则与我们所体验的物理世界联系起来。

但反对的声音也一直很强烈。多年来，人择原理已成为理论物理学中最具争议的问题。有些人对此明确表示反对。宇宙暴胀的发现者之一、普林斯顿大学的保罗·斯坦哈特宣称：“暴胀理论是在自掘坟墓。”“这就像是自暴自弃。”加州大学的诺贝尔奖得主戴维·格罗斯直言不讳地说。还有人认为，所有关于我们在宇宙中地位的讨论都还为时过早。2019 年夏天，另一位富有远见的理论学家尼马·阿尔卡尼-哈默德对一位弦论学家说道：“现在考虑这些问题还太早。”[16] 现代科学革命为物理学的二元论埋下了种子，而在时隔 5 个世纪后，这样的说法着实令人诧异。

令史蒂芬沮丧的是，大多数理论学家保持了沉默，并继续忽视这一问题——他们仍然迷失在数学中。大多数理论物理学家过去认为，现在也依然认为，对宇宙为何如此适于生命居住的深层根源的探究超出了他们的学科范围。他们宁愿相信，当我们发现了支配多元宇宙的弦论主方程以后，这个问题就会以某种方式消失。有一次在DAMTP 喝茶时，从不怕挑起纷争的史蒂芬抱怨起了这件事。“我很惊讶，”他说，“这些人（弦论学家）竟会如此眼光狭隘，不去认真探索宇宙是如何以及为什么变成这个样子的。”[17] 史蒂芬认为，要阐明大设计的奥秘，仅仅发现抽象的数学元法则是不够的。对他来说，寻找统一的物理学理论与我们的大爆炸起源密不可分。他认为，如果我们认为它“仅仅”是另一个实验室问题，终极理论的梦想是无法实现的，必须将其放在宇宙学演化的背景下研究才可以。在史蒂芬追求宇宙新绘景的过程中，数学只是他的仆人而非主人。因此，霍金同意人择原理支持者的观点，即更好地理解宇宙支持生命的特性很重要，而且在此过程中，单纯的柏拉图主义是不够的，需要范式的转变，需要我们对物理学的理解方式以及对宇宙的研究发生根本性的改变。[18] 然而，他也越来越怀疑，人择思路可能不是我们在发展过程中所需要的这一革命性转变。他对人择原理能否作为新宇宙学范式的一部分的主要担忧并不只在于其定性的性质。生物学和其他历史性的科学充斥着更为定性的预测。对他来说真正的问题是，人择思路偏离了预言和证伪这样一个科学的基本过程。

这一过程被奥地利裔英国科学哲学家卡尔·波普尔全面地讨论过。波普尔认为，科学之所以成为获取知识的唯一有效的方法，是因为科学家们在现有证据的基础上，通过理性论证，一次又一次地达成共识。波普尔意识到，科学理论永远无法被证明是正确的，但它可以被证伪，这意味着它可以被实验反驳。但是——这是波普尔的关键点——这种证伪过程要成为可能，前提是我们需要理论上的假设来做出明确的预测，这样如果发现相反的结果，那么理论的至少一个前提就会被证明不适用于自然。这是科学的运转方式的核心所在，因为这种情况是不对称的：确认一个理论预言可以支持但不能证明一个理论，而证伪一个预言即可以证明这个理论是错误的。

在科学中，一个假设失败的可能性总是隐隐存在，这也是科学前进的一个必备因素。

图 7　2001 年 8 月，马丁 · 里斯（站在史蒂芬左边）在他位于英国剑桥的农舍里召开了一次会议，讨论人择原理在基础物理学和宇宙学中可能有的价值。正是在这次会议的间隙，史蒂芬和本书作者（第三排，史蒂芬后面）开始认真讨论如何用量子宇宙观取代宇宙学中的人择观点。里斯的会议汇集了很多我们的同事，他们在我们的合作过程中发挥了关键作用，包括尼尔 · 图罗克（蹲坐在最左边）、李 · 斯莫林（坐在右边），还有安德烈 · 林德，他站在中间一排的最右边。林德的左边是吉姆 · 哈特尔，他站在伯纳德 · 卡尔身后，几乎被挡住了。还有若姆 · 加里加、亚历克斯 · 维连金和加里 · 吉本斯

但人择原理将这一过程置于一个不牢靠的基础之上，因为人们关于是什么构成适宜生命居住的宇宙的个人标准为物理学注入了一种主观因素，从而损害了波普尔的证伪过程。在多元宇宙中，你的人择观点可能会选择适用这套法则的区域，而我的人择偏好可能会选择适用完全不同的法则的另一片区域。这样一来，我们就没有一个客观的规则来断定哪一个才是正确的了。

这与达尔文进化论大不相同，后者巧妙地避免让任何类似人择推理的东西进入生物学。外星生命不管存在与否，更不管其进化方式如何，在达尔文的理论中都没有起到任何作用。达尔文主义也没有允许我们挑选任何特定的物种在生物学事件中扮演特殊的角色，无论是狮子、智人还是其他物种。恰恰相反，达尔文主义植根于我们与生命世界其他部分之间的关系，并认可所有的互联关系。达尔文的一个重大见解是，智人与生命世界中的其他一切共同进化。他在《人类的由来》中写道："我认为我们必须承认，即使是具备了所有高贵品质的人……在他的身体中仍然烙着他卑微出身的印记，这印记不可磨灭。"这与卡特在宇宙学中的人择原理有着多么深刻的不同啊，后者运作于宇宙的自然演化之外，仿佛它是个脱离一切的附加物。

从关注证伪的波普尔主义的角度看，人择多元宇宙与 17 世纪德国博学家戈特弗里德·莱布尼茨的宇宙论几乎没有什么不同。莱布尼茨在他的作品《单子论》中提出，存在无限多的宇宙，每个宇宙都有自己的空间、时间和物质，而由于全善的上帝的选择，我们所生活的世界是所有可能的世界中最好的一个。

因此，科学界发现自身在人择原理的价值这一点上一直存在分歧，这也是完全可以理解的。美国物理学家兼作家李·斯莫林在他批评弦论的精彩著作《物理学的困惑》中曾一针见血地指出："一旦不可证伪的理论比其可证伪的替代者更受青睐，科学的进程就会停止，知识的进一步增长也不再可能。"这也是史蒂芬在办公室和我第一次谈话时所担心的，人们一旦接受了人择原理，就放弃了科学所拥有的基本的可预测性。

我们已经陷入了一个僵局。人择原理的本意是在浩瀚的宇宙拼图中确定“我们是谁”，并以此作为桥梁，将抽象的多元宇宙理论和我们作为这一宇宙的观察者所获得的经验相连接。然而，它未能在维护科学实践的基本原则的情况下做到这一点，这使得多元宇宙学不具有任何解释能力。

这便带来了一个引人注意的现象：总体上来说，自现代科学革命以来，在探索表观上的大设计——它支撑了整个物理现实世界——的深层根源方面，我们竟然几乎没取得什么进展。诚然，我们现在对宇宙的膨胀历史了解得非常详细，我们了解了引力如何塑造了大尺度宇宙，我们也了解了尺度远小于质子大小的物质的精确量子行为。这种对物理的详细理解，虽说本身具有巨大的意义，但也更凸显了深层的大设计之谜。宇宙为何如此适合生命居住的这个问题持续造成混乱，使科学界和公众都陷入了分裂。在我们对生命世界的理解，以及对使生命成为可能的潜在物理条件的理解中，始终存在着一个深刻的、概念上的分歧。为什么在大爆炸时便已确定的数学定律最后却适合生命生存？我们又应该从这一事实中领悟到什么？生命世界和非生命世界之间的裂痕似乎比以往任何时候都更深。

物理学家说，多元宇宙将一个悖论压在了我们肩上。多元宇宙学的建立基于宇宙暴胀，即宇宙在极早期阶段经历了一次短暂的快速膨胀。一段时间以来，暴胀理论得到了大量的观测支持，但它有一个令人为难的趋势，即它并非产生了一个宇宙，而是产生了许多宇宙。因为它没有说明我们应该在哪一个宇宙里——它缺少这些信息——所以该理论失去了对于我们应该看到什么的预言能力。这是一个悖论。一方面，我们对早期宇宙的最佳理论表明我们生活在一个多元宇宙中。而另一方面，多元宇宙又使这一理论失去了大部分的预言能力。

事实上，这并不是史蒂芬第一次面对这样神秘的悖论。早在1977年，他就明确指出了一个与黑洞命运有关的类似难题。爱因斯坦的广义相对论预言，对于任何落入黑洞的物质，几乎所有关于它的信息都永远隐藏在里面。但史蒂芬发现，量子理论为这一事件增加了一个悖论式的转折。他发现，黑洞表面附近的量子过程会让黑洞辐射出轻微但稳定的粒子流，包括光粒子。这种辐射——现在被称为霍金辐射——太微弱，我们无法探测到，但它的存在本身就会带来问题。[19]因为如果黑洞辐射能量，那么它必然会收缩并最终消失。当黑洞辐射出它最后一盎司的质量后，隐藏在里面的大量信息会怎么样？史蒂芬的计算表明，这些信息将永远丢失。他认为，黑洞就是一个终极垃圾桶。然而，这种情况与量子理论的一个基本原理相矛盾，即物理过程可以转换和扰乱信息，但永远不会不可逆转地抹杀信息。于是我们又得出一个悖论：量子过程导致黑洞辐射并丢失信息，但量子理论认为这是不可能的。

与黑洞的生命周期有关的悖论，以及与我们在多元宇宙中的地位有关的悖论，成了过去几十年中最令人烦恼和争论最激烈的两个物理学难题。它们关乎物理学中信息的本质和命运，因此触及了关于物理理论最终是什么这一问题的核心。这两个悖论都出现在所谓的半经典引力的背景下，这是由史蒂芬和他的剑桥小组在20世纪70年代中期开创的引力理论，它将经典理论和量子思想结合在了一起。当人们将这种半经典思想应用于极长的时间尺度（黑洞的情况）或极远距离（多元宇宙的情况）时，就会出现悖论。这些悖论体现了当我们试图让20世纪物理学的两大支柱——相对论和量子理论——协同运作时所产生的深刻困难。它们在这里就像一些令人费解的思想实验，理论学家们通过这些实验将他们关于引力的半经典思想推到了极致，以了解引力到底在何处以及如何失效。

思想实验一直是史蒂芬的最爱。在放弃哲学之后，史蒂芬仍然喜欢探索一些深层次的哲学问题：如时间是否有开始，因果关系是不是根本，等等，还有最具野心的问题，即我们作为“观察者”如何融入宇宙体系中。他通过将这些问题作为理论物理学中巧妙设计的实验来探索它们。史蒂芬的三个标志性发现都来自精心设置的巧妙的思想实验。第一个是他在经典引力框架下提出的一系列大爆炸奇点定理；第二个是他 1974 年在半经典引力框架下发现的黑洞辐射；第三个是他关于宇宙起源的无边界设想，也是在半经典引力框架下。

现在，虽然有人可能认为黑洞悖论仅仅具有学术意义——因为霍金辐射的具体细节不太可能被测量到——但多元宇宙悖论则直接影响到我们的宇宙学观测。这一悖论的核心在于现代宇宙学中生命世界和物理宇宙之间的关系令人担忧。霍金想要通过发展对宇宙的完全量子视角来重新认识这一关系，而多元宇宙悖论成了他的灯塔。他的终极宇宙理论是一种彻底的量子理论，它重新描绘了宇宙学的基础，是霍金对物理学的第四大贡献。这个理论背后的宏大思想实验在某种意义上已经进行了 5 个世纪，而我们即将踏上实现它的旅程。

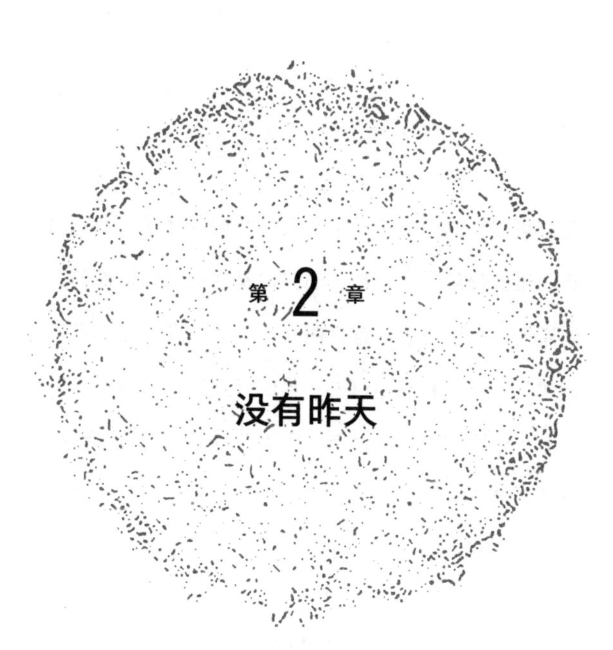

第2章

没有昨天

我们可以把时空比作一个开口的圆锥形杯子。我们沿着圆锥的母线向上走到顶部，便是沿着时间流逝的方向运动。我们绕着圆锥打圈儿，这便是在空间中穿行。如果我们想象着回到过去，我们就到达了杯底。这里是第一个时间点，它没有“昨天”，因为已经没有空间留给它的“昨天”了。

乔治·勒梅特，《原始原子的假设》

1957 年 4 月，为了纪念阿尔伯特·爱因斯坦逝世两周年，比利时广播系统播出了一个采访[1]，在采访中，乔治·勒梅特回忆起当他第一次告诉爱因斯坦他发现宇宙膨胀时对方的反应。那是在 1927 年 10 月的布鲁塞尔，当时世界上许多最著名的物理学家都赶来参加在这里举行的第 5 届索尔维物理学年会。这位 33 岁的神父兼天文学家并未参加该会，但在会议间隙接触了爱因斯坦。然而，当他提出爱因斯坦的广义相对论预言空间会膨胀，因此我们应该看到星系远离我们时，爱因斯坦却有些犹豫不决。在采访中，勒梅特回忆道："在就技术上说了几句赞许之词后，他（爱因斯坦）总结说，从物理角度来看，这对他来说'很讨厌'。"

勒梅特并不气馁，他认真对待自己的发现，认为膨胀意味着宇宙一定开始于他所说的"原始原子"：这是一个密度惊人的微小颗粒，它会逐渐解体，并创造出物质、空间和时间。

为什么爱因斯坦会强烈反对宇宙存在开端这样的想法？因为他觉得这会破坏物理学的基础。他认为勒梅特的原始原子或任何其他种类的大爆炸起源，会成为上帝干预自然运作的一个切入点。20 世纪 30 年代初，爱因斯坦在和勒梅特长时间散步的过程中，曾敦促勒梅特寻找一个办法避免宇宙开端，因为“这让我想起了基督教中关于创世的教义”。他认为，如果宇宙学理论给了宇宙一份出生证明的话，那么这一证明究竟由谁或什么东西签署，在这一问题上它将永远无话可说，而这便浇灭了以科学为基础、从最基本的层面理解宇宙的所有希望。

这位比利时教士试图安抚爱因斯坦，辩称“原始原子的假设是与超自然的创世假说相对立的”[2]，但徒劳无功。事实上，勒梅特将研究宇宙的起源视为扩展自然科学研究范围的绝佳机会。

爱因斯坦与勒梅特关于宇宙膨胀终极原因的对决触及了宇宙表观上的设计之谜的核心。他们的争论在许多方面都是 70 年后林德与霍金之对决的前身。当勒梅特将大爆炸设想为“超自然的创世假说的对立面”时，他是怎么想的？为了理解这一点，我们需要仔细研究这两位科学家的想法。

现代宇宙学的理论基础是爱因斯坦的相对论。这让我们回到了 19 世纪末 20 世纪初，那时物理学家拥有牛顿的引力和运动定律以及詹姆斯·麦克斯韦的电、磁和光理论，这些理论与热理论一同支撑起了工业革命。从这些 19 世纪的物理理论中产生的世界观与我们对现实的直观印象是一致的，它涉及粒子和场，在固定的空间中传播，并由一个宇宙时钟——可以说是宇宙大本钟①——所引导。因此，难怪那时的物理学家以为他们对自然的描述正日趋明朗，物理学很快就会完成。

然而，在 1900 年，爱尔兰裔苏格兰物理学家威廉·汤姆森注意

① 大本钟是英国议会大厦上的钟塔，是伦敦乃至英国著名的标志性建筑。——译者注

到“有两朵乌云已露端倪”。[3] 他是 19 世纪经典物理学的巨人之一，更为人熟知的名头是开尔文勋爵。开尔文所指的一朵乌云与光在通过以太时的运动有关，另一朵则与热物体发出的辐射量有关。尽管如此，大多数物理学家仍然认为这些只是有待完成的细节，物理理论的大厦仍然是坚实的。

然而不到 10 年，这座大厦便土崩瓦解。对开尔文这两处“细节”的解决引发了两场全面革命，即相对论和量子力学。更重要的是，这两场革命将物理学推向了两个截然不同的方向，这带来了一片新的乌云，时至今日仍笼罩在物理学前沿的上空：这就是宏观世界和微观世界如何相匹配的问题。

究竟是关于光的什么性质，撼动了 19 世纪物理学的基础？答案是光的速度。严格的实验表明，光总是以每秒 186 282 英里（每秒 299 792 千米）的速度移动，与观察者相对于光源的运动无关。显然，这一事实与日常经验并不相符：如果你坐在一辆行驶中的火车上测量火车的速度，你得到的速度值（结果是零）明显与你站在车外测量的火车速度不同。光速不变也与 19 世纪时人们根深蒂固的思想背道而驰。人们认为光波是由以太携带的，以太是一种神秘的充满空间的介质。但如果是这样的话，相对于以太以不同速度移动的观察者应该会看到光波以不同的速度经过以太。但实验表明并非如此，这足以让当时在瑞士专利局工作的阿尔伯特·爱因斯坦怀疑以太并不存在。

爱因斯坦明白，如果我们观察到的光总是以相同的速度传播，那么相对于彼此运动的观察者必然有着不同的距离和时间的概念。毕竟，速度等于距离除以时间。根据爱因斯坦的说法，并不存在所谓的“宇宙大本钟”，我们每个人都有自己的时钟，而且，虽然我们所有的时钟都一样准，但当我们彼此相对运动时，它们会以稍微不同的速度走动，所测出的相同两个事件之间的时间间隔也有所不同。距离也是如此，一位观察者的尺子可能与另一位的略有不同。对时间和距离的测量并没有普适的标准。这是爱因斯坦 1905 年提出的狭义相对论的核心所在。“相对论”这个名字指的正是这种革命性的想法，即空间、时间和同时性的概念并不是一成不变的客观实在，而是始终与某一观察者的视角联系在一起的。

人们可能会想知道，一个观察者与另一个观察者所测量到的距离的差别到底去了哪里。它真的消失不见了吗？不完全是。它们转化为了一段时间。你可以看到，在爱因斯坦的相对论性宇宙中，穿越空间的运动与穿越时间的运动混合在一起。当我看着我姐姐停着的跑车时，我发现它的所有运动都是穿越时间的。但如果她开车加速离开，那它在时间上的一小部分运动就会转化为在空间上的运动。我姐姐的钟就会比我的慢一点儿。虽然这并不能让她成为“来自光明的年轻女士”①，但这确实会导致她在返回时出现轻微的时间上的错位。当穿越时间的运动完全转为穿越空间的运动时，运动速度就会达到最大。这就是光速——宇宙中速度的极限。宽泛来说，若在空间中以光速运动，就不会留下任何在时间上运动的痕迹。如果一个光粒子有一块手表，它根本就不会走。

这些洞见让爱因斯坦的理论摆脱了根深蒂固的牛顿的世界观。在牛顿的世界观里，空间是一个固定的舞台，所有的事件都在这里上演；时间是一个笔直的箭头，稳步而一致地从无限的过去一直走向无限的未来。在牛顿的思想中，没有什么能影响到空间的坚固性

---

① 出自阿尔法城乐队的歌曲《光明女士》。歌词大意：有位女士叫光明，步速如飞光莫赢。一日离家出门走，哪知归来更年轻。——译者注

和时间的线性流动性。此外，时间和空间之间也没有相互关联。根据牛顿的说法，时间一直存在，而且永远都会存在，与任何可能存在也可能不存在的空间无关。

爱因斯坦的狭义相对论在空间和时间之间建立了密切的关系，从而挑战了这一切。1908 年，德国数学家、爱因斯坦在苏黎世理工学院曾经的老师赫尔曼·闵可夫斯基完成了爱因斯坦对空间和时间的重新概念化，并发表了著名的宣言："从此，空间和时间本身都将退到阴影中，只有两者的某种结合才能继续拥有意义。"[4] 闵可夫斯基将三个空间维度和一个时间方向融合成了一个单一的四维实体：时空。

为了描绘这个四维组合，在时空图中，我们通常隐去三个空间维度中的一个或两个，画出剩下的一两个，以及时间的维度。图 9 是闵可夫斯基的第一幅时空图，其中他只保留了一个空间维度，沿着水平方向，而时间沿着竖直方向。该结构揭示了狭义相对论如何重新定义我们与宇宙的关系。如果作为观察者的我们处在标记为 O 的点上，那么在互相相反的方向上从过去以光速传到我们这里的信号，以及从 O 点辐射到未来的信号，就会划出两条在点 O 相互交叉的线，把时空分为 4 个不同的部分。观察者的过去是以入射至点 O 的光线轨迹为边界的三角形时空区域。该区域包含所有已经发生的、可能影响观察者之所见的事件。观察者的未来是以离开点 O 的光线为边界的三角形区域，其中包含观察者可以影响的一切。稍后我们将看到在水平平面上包含第二个空间维度的时空图。在这样的图中，每一点的过去和未来的光线轨迹都描绘出两个锥体，两个锥体的顶点在该点接触，并朝相反的方向张开。这种在每一时空点上的光锥结构是相对论物理学的关键所在。人们过去认为，过去和未来只是在现在这个时间上交会在一起。但狭义相对论告诉我们，对于作为观察者的你来说，它们只在一个点上互相接触，这个点标记着你在宇宙中的具体位置。

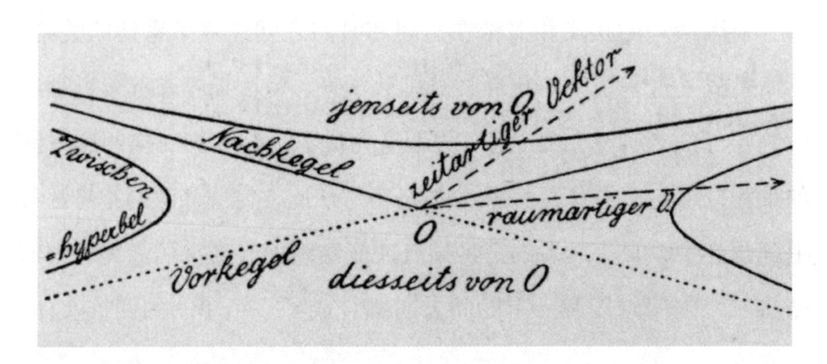

图 9　赫尔曼·闵可夫斯基首张将空间与时间统一为时空的草图，摘自他 1908 年出版的《空间与时间》(*Raum und Zeit*) 一书。时间以及一维空间由虚线箭头，或曰“矢量”表示。一个箭头指向时间方向（zeitartiger，类时矢量），而一个指向空间方向（raumartiger，类空矢量）。观察者位于点 *O*。*O* 点的未来时空区域（jenseits von O）以“后锥”（Nachkegel）为边界，而 *O* 点的过去时空区域（diesseits von O）则以“前锥”（Vorkegel）为边界

在牛顿的世界里，时间和空间是泾渭分明而绝对的，宇宙中的速度也没有限制。人们认为，我们至少在原则上可以立即进入任何一处空间。在爱因斯坦的相对论世界中，我们开始意识到我们可进入的空间其实很少。在空间和时间上，我们可观测的宇宙都局限在我们过去光锥内的区域中。既然大爆炸只过去了 138 亿年，这就意味着存在一个宇宙的视界，这是一个极限距离，在这个距离之外，无论望远镜技术有多么先进，宇宙或多元宇宙中发生的任何事情我们都无从知晓。

即使在我们的宇宙视界内，我们也只能收集到有限的时空区域内的信息。图 10 展示了地球上的观测者过去光锥内的区域，这些区域是可以直接到达的。首先，对光的天文学观测给我们带来了过去

130 多亿年间有关光锥表面附近区域的信息。其次，对陆地上的化石、宇宙中的粒子和其他空间残骸的观测使我们能够回溯过去大约 46 亿年间光锥的内部。但是，在这两者之间有很大一片区域（图 10 中的浅色阴影）是我们无法直接访问的。

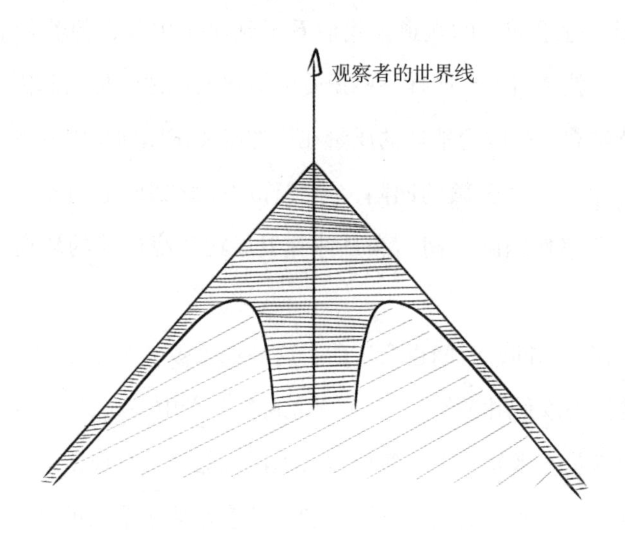

图 10　我们过去的光锥及其中的深色阴影区域（代表我们可以直接访问的区域）

1907 年，爱因斯坦开始重新思考牛顿的万有引力定律，以使我们对引力的描述也符合他新的时空相对论观点。这将是一个相当大的挑战，是一场数学探险，他后来将其描述为“一次漫长而孤独的穿越沙漠的旅程，在黑暗中寻找人们能感觉到但无法表达的真理”。[5] 但功夫不负有心人，1915 年 11 月，在第一次世界大战的黑暗日子里，爱因斯坦终于提出了他的广义相对论，这是一种新的引力理论，且与他的狭义时空相对论相自洽。这将成为他影响力最大的科学成就。

广义相对论用几何术语描述了引力——或者说，它实际上描述了时空本身的几何。[6] 该理论认为引力是时空结构因质量和能量而弯曲的表现。例如，该理论认为，地球围绕太阳运动，并不是因为有一种神秘的力量穿过那么远的距离发生作用，以某种方式牵引着地球，而是因为太阳的质量稍微扭曲了它附近空间的形状。这种扭曲形成了一种类似山谷的形状，将地球（和其他行星）引导至围绕着太阳、近乎椭圆的轨道。我们看不到这个山谷，但我们感觉得到——这就是引力！同样，根据爱因斯坦的说法，你的脚能在地面上保持站立，是因为地球的质量在你的身体试图向下滑动的空间形状中产生了一个轻微的凹陷，导致你的脚感到向上的压力。也正是这一凹陷使国际空间站和月球等卫星在环绕地球的轨道上运行良好。

不仅是空间，时间也会弯曲，这一现象被《星际穿越》等电影的导演们加以利用并夸大了。在《星际穿越》中，约瑟夫·库珀和其他机组人员在米勒星上短暂停留后返回飞船时，发现留下来的船员罗米利已经变老了 23 岁多了。显然，米勒星附近黑洞的巨大质量使得来访的宇航员身上的时间流逝得更加缓慢了。

爱因斯坦广义相对论的强大之处在于，它将物质、能量及时空形状之间奇妙的相互关系封装在一个数学方程中，即

$$G_{\mu\nu} = \frac{8\pi G}{c^4} T_{\mu\nu}$$

这个方程式不难理解。方程的右边是一个时空区域内的所有物质和能量，用 $T_{\mu\nu}$ 表示。左边描述了该区域的几何，即 $G_{\mu\nu}$。中间的等号就是奇迹发生的地方：它以数学上的精准性告诉我们，左边的时空几何（$G_{\mu\nu}$）与右边给定的物质和能量结构（$T_{\mu\nu}$）是如何联系在一起的。而根据爱因斯坦的理论，这种关系就是我们所感受到的引力。因此，引力并不是作为一种独立的力进入爱因斯坦理论的，而

是从物质和时空形状之间的相互作用中涌现的。正如美国物理学家约翰·阿奇博尔德·惠勒所说："物质告诉时空如何弯曲，时空告诉物质如何运动。"[7]

简而言之，广义相对论为时空注入了生命。该理论将时空从牛顿理论中亘古不变的、超出我们理解范围的状态转变为一个可塑的物理场。顺便说一句，物理学中的场——填满空间的不可见物质——这一概念的提出，可以追溯到 19 世纪杰出的英国实验学家迈克尔·法拉第。不久之后，麦克斯韦利用场阐述了他的电磁学理论。物理场中最著名的例子可能是磁场，磁铁用它来对外界施加影响。今天，物理学家不仅使用场来描述力，还使用它来描述各种各样的粒子。粗略说来，我们认为粒子是更深层次的、填充于空间中的场的致密结晶。而爱因斯坦的天才之处在于将时空本身定义为引力所对应的物理场。

过了没多久，支持广义相对论的证据便纷至沓来。第一个证据来自太阳系内部，与水星的路径有关。19 世纪中叶，勒维耶在笔尖上发现海王星的同时，也注意到了水星的轨道与牛顿引力定律所预言的略有偏差。不出所料，勒维耶认为水星的轨道可能会受到另一颗更接近太阳的行星的影响，他甚至为这颗行星取了一个名字叫"火神星"。但"火神星"从未被发现过。因此，1915 年，爱因斯坦开始根据他的新引力理论重新计算水星的轨道，并发现它完美地解释了水星的反常现象。这一发现被他称为他一生中最强烈的情感体验——"就像大自然开口说话了一样"。[8]

但广义相对论真正的突破发生在 1919 年，当时英国天文学家亚瑟·爱丁顿爵士出海前往位于西非海岸的葡属普林西比岛，测量日全食期间恒星的位置。如果爱因斯坦是正确的，即质量使时空弯曲的话，那么经过像太阳这样的大质量天体附近的星光就不应该沿直线传播，而是会发生偏移，从而导致恒星在天空中的位置发生轻微的变化。令人惊讶的是，爱丁顿和他的团队发现的正是如此：恒星发生了偏移。《纽约时报》报道了爱丁顿的观测结果，并取了个耸人听闻的标题："天上的光竟会拐弯，令科学家们都兴奋不已"，这让爱因斯坦蜚声全球，成为推翻牛顿的天才。[9] 曾一度被奉为绝对真理的牛顿定律，如今只成了一个暂时性的近似。而一位英国天文学家证实了一位德国物理学家的理论这件事，甚至被认为是不久之前在第一次世界大战中兵刃相对的两个国家的和解之举。

太阳周围的光线弯曲程度很小——只有几弧秒，这是因为按照天文学标准，太阳的引力场还算很弱。但几乎整整 100 年后，在 2019 年春天，世界各大媒体的头版登出了一幅壮观的类似笑脸的图片，该图片展示了光线偏转最极端的情况。一个国际天文学家团队可谓现代版的爱丁顿探险队，他们制造了一个地球大小的虚拟望远镜，即"事件视界望远镜"，它包括分布于全球的 8 个射电望远镜，从格陵兰岛一直到南极洲。这些望远镜精密协作，达到了能够在月球上辨认出一颗网球这样的空间分辨率。利用事件视界望远镜及其分辨能力，天文学家将梅西耶 87——距地球约 5 500 万光年的室女座星系团中的一个大星系——的中心放大，然后将像素以数字化的方式拼接在一起。这时便出现了一个暗盘，周围环绕着一圈光晕，这表示一个巨大的黑洞正在吸收物质（见图 11）。

图 11 中的暗圆盘表明中心区域的时空扭曲非常强烈，经过那里的光线不仅被偏转，甚至被困在里面。围绕着它的光环是物质和气体在消失在黑洞中时被加热而产生的。这个黑洞的旋转方式使得从黑洞下面到达我们的光线能量被增强，因此下面更亮一些。这是我

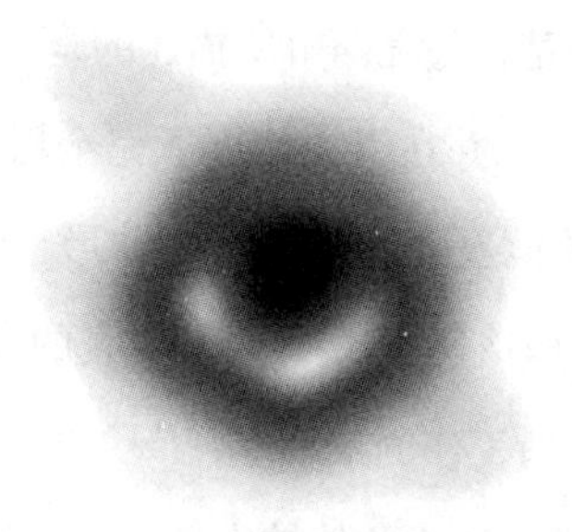

图 11　黑洞的第一张照片。2019 年，事件视界望远镜拍摄到的这张照片令全世界都为之着迷。中心的“阴影”并不比我们的太阳系大，但包含大约 65 亿个太阳的质量。它位于梅西耶 87 星系的中心，该星系距地球约 5 500 万光年。光环来自落入黑洞的物质，而在阴影处，空间扭曲强到把所有光线都吸入其中

们的近邻处质量较大的黑洞之一，它有 65 亿个太阳的质量，被压缩在太阳系大小的区域中。

实际上，广义相对论已经预言了黑洞应该存在。就在爱因斯坦发表了具有里程碑意义的论文几个月后，德国天文学家卡尔·施瓦西找到了该理论中核心方程的第一个解，该解描述了一个异常致密、完美球对称、质量为 M 的物体外部强烈弯曲的时空几何。因为彼时正值“一战”期间，施瓦西在俄国前线服役，因此他把自己的解写在一张明信片上，寄给身在柏林的爱因斯坦。爱因斯坦当然很高兴，并热情地将此解呈给了普鲁士科学院。

施瓦西的几何包含一个非常特殊的表面，它的位置离质心距离很近，为 $2GM/c^2$。[10] 在这个表面上，空间和时间似乎互换了角色。多年来，人们一直对此大感困惑。爱因斯坦认为这是这个解在数学上产生的怪异结果，没有什么物理上的意义。而施瓦西本人则认为空间和时间在某种程度上终结于这个表面。

但在 20 世纪 30 年代，笼罩在施瓦西几何之上的迷雾开始烟消

云散。[11] 人们逐渐清楚，施瓦西解所描述的是一个巨大的完美球状恒星因燃料耗尽而灭亡，并在引力作用下完全坍缩之后时空的最终形状。[12] 当然，真正的恒星并不是完美的球形，因此大多数物理学家仍然怀疑这种“引力坍缩后的星体”是否真的存在。直到 20 世纪 60 年代，在罗杰·彭罗斯工作的推动下，广义相对论迎来复兴，此后引力坍缩星体这一物理实体才开始被人理解，而惠勒也创造了“黑洞”一词来描述它们。彭罗斯是伦敦大学伯克贝克学院的一名纯数学家，他引入了一整套全新的精巧工具来处理广义相对论的复杂几何，并证明：所有质量足够大的恒星，无论其初始形状或成分为何，在寿命结束时都会坍塌成黑洞。这意味着，黑洞应该是宇宙生态系统不可或缺的一部分，根本不是什么数学上的怪胎。在 1969 年的一篇论文中，彭罗斯写道：“我只想呼吁人们认真对待黑洞，并对其重要性进行全面详细的研究。在我们所观察到的现象的产生过程中，谁又能说黑洞不会发挥重要作用呢？”[13] 事实证明，这些话是具有先见之明的。在接下来的几十年里，支持黑洞存在的天文观测证据不断积累，天文学家最终在 2019 年首次拍摄到了这些神秘天体的朦胧照片。彭罗斯曾预言宇宙中黑洞应该无处不在，这最初只是一个纯粹的理论上的发现。55 年后，他因此获得了 2020 年诺贝尔物理学奖。

让彭罗斯获得诺贝尔奖的 1965 年发表的论文 [14] 只有 3 页长，几乎没有方程式，但它有一幅描绘坍缩中的恒星如何形成黑洞的插图（见图 12）。该图引人入胜，颇具达·芬奇的风格。该图给出了两个空间维度，并展示了它们如何与时间维度相融合。我们可以看到，在远离该天体的地方，未来光锥向两侧张开，这意味着光束可以像人们所预料的那样射向或远离恒星。在坍缩的恒星附近，恒星的质量使空间弯曲，从而导致光锥向内弯折。随着坍缩的进行，出现了一个特殊的面，在这个面上光锥弯折得如此之剧烈，以至于即使是以光速向外射出的光线，也只能在到恒星中心恒定距离处徘徊。由于没有东西能比光传播得更快，因此其他任何东西都无法逃脱它的引力。坍缩的恒星创造了一个与宇宙其他部分格格不入的时空区域——黑洞。

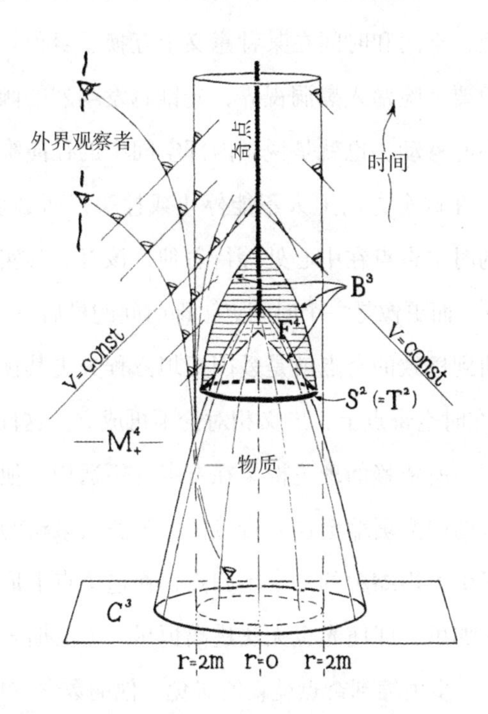

图 12　罗杰·彭罗斯 1965 年发表的一幅恒星坍缩形成黑洞的插图。恒星收缩时，它周围空空如也的空间里出现了一个奇怪的表面，如图中央的黑环所示。在这个表面上，即使是光也无法逃离恒星。彭罗斯用纯数学的推导证明，无论这种捕获光的表面形状如何，它的出现都预示着黑洞的形成不可避免。黑洞中心有一个奇点，其周围环绕着一个圆柱形的事件视界。在黑洞内部，未来光锥倾斜到了极致，这意味着我们只能继续朝着奇点方向移动。然而，这种倾斜也意味着外面的观察者永远看不到坍缩的最后阶段，更不用说看到黑洞内部的奇点了

施瓦西几何中的那个特殊表面将内部的无法逃逸区与宇宙其他部分分隔开，该表面曾在广义相对论的发展早期引起过非常多的困

惑。今天，它被称为黑洞的事件视界，它大致对应于图 11 中黑盘的边缘。事件视界就像一个单向膜，物质、光和信息可以通过它进入，但任何东西都不能通过它离开。黑洞确实是个终极的密室。

很少有物理学家相信我们能在一个大黑洞的事件视界上看到或感受到多少东西，但该视界对黑洞的因果结构有着巨大的意义。在视界的内表面，空间和时间在某种意义上互换了身份。如果一个勇敢的宇航员想要冒险踏入黑洞视界，光锥越发剧烈的倾斜意味着他只能继续向中心移动。也就是说，内部空间中的径向维度具有时间维度的属性，在这个方向上人不能停止或掉头，而必须向前移动。曲率无限大的时空奇点在中心处等待着他，该奇点其实并不是空间上的某个地方，而更像是一个时间点，即时间的最后一刻。

这个扭曲到极致的奇点就是爱因斯坦方程失去其预言能力的地方（时刻）。在时空奇点上，广义相对论不再成立。这件事很令人费解。若是彭罗斯所依赖的理论框架在奇点处不适用，他又是怎么能够证明大恒星的引力坍缩会产生奇点的？彭罗斯策略的精妙之处就在于他确定了引力坍缩中的一个不归点，在这个点上形成了他所谓的陷俘面，在那里，即使光也无法逃离恒星。彭罗斯表明，陷俘面一旦形成，进一步坍缩到奇点就在所难免。他的数学技巧非常强大，以至于尽管无法真的去跟踪一颗恒星坍缩到底的过程，他也能够预测这一结果。

那么，当两个黑洞进入彼此的影响范围并开始相互绕转时，又会发生什么呢？广义相对论预言，这种相互作用会产生引力波，即时空的振荡型扰动，以光速在宇宙中传播。在这里，爱因斯坦方程就派上了用场：爱因斯坦方程指出，两个相互环绕的黑洞会形成一个周期性变化的质量分布，时空会对其做出反应，并形成自己的周期性扰动。这些涟漪就是引力波。

作为几何上的涟漪，引力波携带着大量的能量。这会耗尽相互环绕的黑洞系统中的能量，导致它们螺旋向内下落，最终合并形成一个更大的黑洞。这种合并是迄今为止宇宙中最为暴力的事件。两个黑洞的单次碰撞可以产生一次引力波爆发，其功率比可观测宇宙中所有恒星辐射的所有光的功率之和还要大。尽管如此，黑洞碰撞时产生的几何波的幅度还是非常小，因为时空结构非常坚硬。[15] 这就是为什么引力波的爆发尽管威力巨大，却很难被探测到。

此外，由于引力波不会与粒子发生相互作用，因此引力波爆发会直接穿过地球，从而极难探测。除了短暂地使标尺伸缩一点儿，时钟稍微快一点儿或慢一点儿外，引力波就好像身披隐形斗篷一样在行星间穿梭。为了探测引力波涟漪引起的短暂变化，你需要一个几英里长的标尺，并且测量距离的精度要高到可分辨比单个质子的直径还要小的距离。这听起来像是不可能实现的任务。然而，两个科学家团队，美国的LIGO团队和欧洲的Virgo（室女座引力波探测器）团队，已经完全做到了这一点，成就了一项令人惊叹的工程。这两个团队使用激光和大量复杂的工程来监测 3 对几英里长的L形真空管的长度，这 3 对真空管被放在地球表面上 3 个相隔很远的位置。经过数年的等待和倾听，2015 年 9 月 14 日，LIGO团队两个L形管的支架突然开始振动，起初非常轻微，后来慢慢变得更快、更强烈，直到几秒钟后，振动再次减弱。利用爱因斯坦的理论，物理学家得以将这种短暂的振动模式追溯到 10 亿年前一对黑洞（每个黑洞约为30个太阳质量）在向内旋进和合并过程中产生的引力波爆发。5 年来，人们已经探测到近百次这样的引力波爆发，这表明正如彭罗斯所料，黑洞确实是宇宙生态系统中不可或缺的一部分。

引力波的观测和发现，证实了爱因斯坦广义相对论中最后一个伟大的预言。它在许多方面象征着该理论的成熟，因为它标志着一个新的开始，也标志着一个时代的结束。爱因斯坦理论最初是用一个抽象的数学方程来描述空间、时间和引力，但随着对引力波的观测，它发展成为一种研究宇宙的全新方式。在伽利略首次将望远镜指向恒星的 4 个多世纪后，天文学家们有了一种新的感知方式，他们可以利用这种感知方式来揭示由黑洞、暗物质和暗能量主导的宇宙黑暗面。目前在全球范围内运行的引力波天文台，正是通过感知时空本身的几何结构、捕捉一个多世纪前由爱因斯坦赋予生命的引力场的微小振动，来探索我们的宇宙。

回到广义相对论的探索阶段。爱因斯坦很快意识到，他的理论可能体现了关于整个宇宙的一种全新的观点。1917 年，他写信给位于莱顿的荷兰著名天文学家威廉·德西特，信中写道："我想解决这样一个问题，即能否从相对论的基本思想出发，一直推算到结论，并确定整个宇宙的形状。"[16]

爱因斯坦提出，空间的整体形状就像一个球体表面的三维版本，即所谓的超球面。超球面很难想象，因为对于弯曲空间，我们一般会想象成嵌入正常三维欧氏空间中的二维曲面。但把曲面嵌入更大的空间中只是为了看起来直观一些。19 世纪的数学家已经表明，曲面的所有几何性质，如直线和角度等，都可以从内定义，而不必以曲面上方或下方的任何东西为参考。[17] 同样，三维超球面的弯曲形状也不需要外部参考点。它就是一个超球面。

与球体表面一样，三维超球面没有中心，也没有边界。在超球面上，无论你身处何处，空间看起来都是一样的。然而，在爱因斯坦的宇宙中，空间的总体积是有限的。因此，就像地球表面积是有限的一样，在一个超球面宇宙中，若将空间划分成具有一定大小的区域，那么不同区域的数目也是有限的。实际上，如果你在爱因斯坦的宇宙中一直沿着一条直线前进，那么你最终会从你离开的相反方向回到家，就像你在地球上方一直向前飞行，却可以环绕地球一圈一样。而且在你回来之后，什么都不会改变，因为爱因斯坦将他的宇宙设计成一个不随时间变化的宇宙。为了实现这一结果，他甚至在他的方程中添加了一个额外的项，他称之为宇宙学项，并用希腊字母λ表示，我们今天称之为宇宙学常数。爱因斯坦的项描述了空间中的一种暗能量，在宇宙的最大尺度上，它会显现出其效应，产生某种反引力，或者称为宇宙斥力。爱因斯坦发现，对于一个特定大小的超球面，所有物质的引力和宇宙学项产生的斥力可以完美平衡，给出一个既不膨胀也不收缩的宇宙，它存在于从过去到未来的永恒之中。这就是他所追求的宇宙，也是他认为的唯一一个符合他理论中更深层的物理意义的宇宙。

爱因斯坦通过一个方程式征服整个宇宙的壮举向我们生动地展示，广义相对论可以把我们带到牛顿定律无法触及的地方。他的静态超球面时空将宇宙的整体形状和大小与它所包含的物质和暗能量的总量联系起来，这表明他的理论确实有潜力为那些古老的问题提供神奇的答案。从某种意义上说，通过把宇宙看作一个整体来处理，爱因斯坦把古代世界模型无法涵盖的外界折叠进了现代科学的领域。尽管他的宇宙模型后来被证明有很大的错误，但他开创性的探索标志着现代相对论宇宙学的诞生。

然而直到10余年之后，勒梅特才发现，相对论的真正宇宙学含义远远超出了爱因斯坦和其他人的想象。

乔治·勒梅特是一个有趣、和蔼可亲的人。[18]他于1894年出生在比利时南部的沙勒罗瓦市。由于“一战”爆发，他不得不放弃大学工程课程去服兵役。1914年8月德国入侵比利时时，年轻的乔治志愿加入比利时军队的步兵部队，并参加了在法国边境打响的伊瑟河战役。这场战役持续了两个月，最终比利时军队涌入该地区并阻止了德国的前进。据说在形势稍微安稳一些的时候，勒梅特就通过阅读一些物理学经典著作，包括庞加莱的《宇宙起源假设的启示》等，试图在战壕里放松一下。家族里传说他曾指出军事弹道手册中的一个数学上的错误，这还惹怒了一位陆军教官。

肩负着双重使命感，勒梅特战后进入了鲁汶天主教大学学习物理，同时入读了马林神学院。在那里，他获得了红衣主教梅西耶的特许，学习爱因斯坦的新相对论理论。1923年，他成为神职人员，然后穿过英吉利海峡，与爱丁顿一起在剑桥大学天文台工作。

勒梅特酷爱阅读哲学和物理学著作。他很可能受到了18世纪苏格兰哲学家大卫·休谟的思想的启发，结合数学理论和天文观测开辟出了一种科学方法。休谟在他的代表作《人类理解研究》中指出，经验是知识的基础。休谟在承认数学的力量的同时，也告诫人们不要去做脱离现实世界的抽象推理：“如果我们先验地进行推理，任何东西都可能产生任何东西。一颗鹅卵石的下落可能会熄灭太阳，或者浇灭一个人想要控制轨道中的行星的愿望。谁知道呢？”休谟强调经验是我们所有理论的基础，并以此奠定了科学实践基础——一个植根于实验和我们对宇宙的观测的归纳过程。

本着类似的精神，勒梅特将他的观点总结如下：“每一个想法都以某种方式来自现实世界，正如谚语所云，‘没有任何智慧不是先存在于感觉之中的’。[19] 诚然，源于实际的想法必须超越实际，遵循自然的思路，遵循基本的智力活动规律。但这也许是物理学的奇异性给我们的最有价值的教训之一：这种思路必须是可控的，它不能失去与实际的联系，它必须让自己与实际情况相符合。和许多其他领域一样，在这个领域，我们必须在如梦幻般但是会误入歧途的理想主义与狭隘、刻板的实证主义之间找到一个令人满意的平衡点。”[20]

随后，勒梅特从英国的剑桥搬到了美国马萨诸塞州的剑桥，在哈佛大学天文台工作，在 1925 年 1 月，他在华盛顿见证了那场“大辩论”的尾声。辩论的问题是，自中世纪以来就为人所知的天空中的旋涡星云，究竟是银河系中的巨大气体云，还是遥远的独立星系。美国天文学家埃德温·哈勃和他的同事们用当时世界上最强大的望远镜——位于帕萨迪纳附近威尔逊山上的新胡克 100 英寸望远镜，将两个星云（仙女座星云和三角座星云）的一部分分解成不同的恒星，然后利用这些恒星中脉冲造父变星的特征来估计它们的距离。[21] 令他们惊讶的是，计算出的距离是将近 100 万光年。如此远的距离说明它们早就远离了我们银河系的边界，并证实了它们确实是独立的星系。哈勃望远镜的观测一下子就使宇宙的直径扩大了 1 000 倍。

甚至，大多数星云似乎都在远离我们而去。早在 1913 年，在科罗拉多大峡谷附近的洛厄尔天文台 [22] 工作的天才天文学家维斯托·斯里弗就注意到，大多数旋涡星云的光谱都向光波波长更长的方向移动。[23] 当人们看到离自己远去的光源发出的光的时候，就会出现这种频率移动，这种现象被称为多普勒频移。我们对声波产生的多普勒频移很熟悉——想想救护车驶过时警笛声的变化就知道了。同样的现象也适用于光波，光源离我们远去会导致光的整体颜色变红，这在宇宙学中被恰如其分地称为红移。到了20世纪20年代中期，斯里弗已经测量了至少42个旋涡星云的光谱，发现只有4个正在靠近银河系，而有38个正在远离银河系，其速度可能高达1 800千米/秒，远大于当时已知的任何其他天体的速度。事后看来，斯里弗在如图13所示的表中列出的星云速度，是我们最早发现的宇宙膨胀迹象。[24]

TABLE I.

RADIAL VELOCITIES OF TWENTY-FIVE SPIRAL NEBULÆ.

Nebula.	Vel.	Nebula.	Vel.
N.G.C. 221	− 300 km.	N.G.C. 4526	+ 580 km.
224	− 300	4565	+1100
598	− 260	4594	+1100
1023	+ 300	4649	+1090
1068	+1100	4736	+ 290
2683	+ 400	4826	+ 150
3031	− 30	5005	+ 900
3115	+ 600	5055	+ 450
3379	+ 780	5194	+ 270
3521	+ 730	5236	+ 500
3623	+ 800	5866	+ 650
3627	+ 650	7331	+ 500
4258	+ 500		

图13　宇宙膨胀的最早证据。图中展示的是维斯托·斯里弗于1917年发表的25个旋涡星云（星系）的径向速度。速度负值对应于正在靠近我们，而速度正值对应于正在远离我们

1925年，在回到鲁汶后，勒梅特意识到了斯里弗观测结果的意义。据说当时他比包括爱丁顿和爱因斯坦在内的任何人都更了解广义相对论。勒梅特发现爱因斯坦创造的静态宇宙非常不稳定。它看起来就像针头向下立在桌面上保持平衡的针一样，只要轻轻一推，它就会开始动。勒梅特的天才之举是，他抛弃了已经根深蒂固的宇宙永恒不变的观念，从广义相对论中解读出了它呼之欲出的观点：

宇宙在膨胀。爱因斯坦理论由于将质量和能量与时空形状捆绑在一起，不可避免地会导致空间随着时间的推移而发生变化，并且这不仅仅是局部的，而是整体的，是在整个宇宙尺度上都在变化。勒梅特总结道，爱因斯坦出于他对宇宙应该如何存在的哲学偏见，设计了一个静态世界，并用它推翻了自己方程式最戏剧性的预言。在 1927 年的一篇影响深远的论文中，勒梅特预言了空间的膨胀，这篇论文确立了广义相对论理论与整个物理宇宙的行为之间的根本联系。[25] 而他自己则以特有的轻描淡写的方式回忆道："我碰巧比大多数天文学家更像数学家，比大多数数学家更像天文学家。"[26]

图 14　乔治 · 勒梅特在比利时鲁汶大学授课

勒梅特知道，膨胀的宇宙与普通的爆炸大相径庭。爆炸会在一个特定的位置起爆。例如，如果你从远处观察一颗正在爆炸的恒星，那么当你把目光移向恒星和移开恒星的时候，空间看起来是不一样的。但对于一个膨胀宇宙来说，情况并非如此。膨胀中的宇宙既没有中心也没有边界，因为是空间本身在伸展。如果硬说与前者有什么相同点的话，那就是，这是空间的爆炸。“星云（星系）就好像一个气球表面的微生物，”勒梅特详述道，“当气球膨胀时，每一个微生物都觉得其他微生物在后退，它便认为自己处在中心处——但那仅仅是认为。”1930年，一幅关于勒梅特这一比喻的卡通插图被刊登在了荷兰的一家报纸上（见插页彩图2）。

当光波从一个“微生物”传播到另一个“微生物”处时，其波长会随着空间的拉伸而拉伸，因此不断地使光的颜色变红。这使得遥远的星系看起来似乎在远离银河系，尽管它们实际上没有移动。因此，星云光谱的红移并不是像斯里弗和哈勃所认为的那样，是由于星系的真实运动而产生的真正的多普勒频移，而仅仅是空间本身膨胀的结果。我试图在图15中说明这一点。因为我在一张纸上只能容纳这么多维度，所以我再次隐去了两个空间维度，只留下一个，这里用一个环形来描述。环的内外空间并不是宇宙的一部分，只是为了好看。所以我们有一个一维的环在拉伸，随着时间的推移，这个环的半径越来越大。我们可以看到，这使得星系之间的距离变大了。

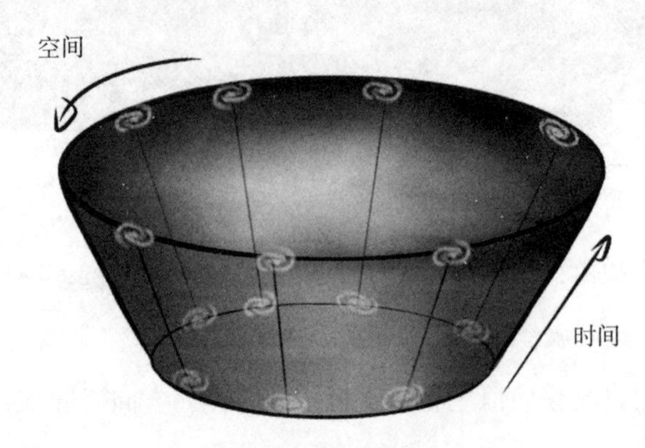

图15 一个随时间膨胀的一维环形宇宙的示意图。空间的膨胀使得星系彼此远离，虽然它们实际上并未移动。由于这种表观上的运动，我们观察到的来自星系的光看起来发生了红移

我们所观察到的红移程度取决于我们接收到的光在多久以前——也就是在多远处——发出。勒梅特计算出，如果宇宙以恒定的速度膨胀，那么星系的视退行速度 v 和它与我们的距离 r 之间必然存在一个线性关系。他在 1927 年发表的论文中用“方程（23）”给出了这一关系，即

$$v = Hr$$

这一关系表示，星系退行的视速度 v 应该和它们与我们的距离 r 成正比。这一关系式中的比例因子 H 可衡量宇宙的膨胀速率。为了寻求对其预言的观测佐证，勒梅特查阅了斯里弗对 42 个星云样本的红移测量结果，以及哈勃对它们的（高度不确定的）距离测量结果。勒梅特估计，每隔 300 万光年的距离，星系的退行速度就会快上大约每秒 575 千米。[27]

这一发现开创了自牛顿以来宇宙学最大的范式转变①。然而，当时几乎没有人注意到这一点，勒梅特收到的少数几个反馈也并未包含多少鼓励。勒梅特将他的论文副本寄给了爱丁顿，爱丁顿却把它弄丢了。而为了让宇宙保持静止乱改自己理论的爱因斯坦也不想再考虑这个问题。事实上，在第 5 届索尔维会议上，他与勒梅特曾有过一次短暂会面，双方有过一番激烈的交锋。[28] 在会面中，爱因斯坦向勒梅特指出，他的方程给出的描述膨胀宇宙的解在 4 年前已经被来自圣彼得堡的年轻数学家亚历山大 · 亚历山德罗维奇 · 弗里德曼（Alexander Alexandrovich Friedmann）发现，而弗里德曼不久后便去

① 范式转变是美国科学哲学家托马斯 · 库恩在其著作《科学革命的结构》中提到的术语，意思是一个领域内的基本思维、视角、研究模式等的转变。——译者注

世了。[29] 对爱因斯坦（以及弗里德曼）来说，这样的解只是从相对论中诞生的数学怪胎，对真实宇宙没有任何意义。静止的宇宙看起来才更完美，更令人愉悦。因此据我们所知，在弗里德曼去世、爱因斯坦否认、爱丁顿对勒梅特的发现视而不见的情况下，20 世纪 20 年代末，地球上只有一个人意识到，什么才是广义相对论最深远的预言。

但勒梅特没有放弃，他开始研究宇宙的成长过程。他在位于鲁汶的家里工作，那里以前是一家酿酒厂，他探明了一个三维超球面 [30] 在被不同数量的物质和暗能量填充时大小的变化。插页彩图 1 中展示了他发现的这些宇宙的范围，根据广义相对论，每个宇宙都在不断膨胀和演化。这些由勒梅特于 1929 年或 1930 年在黄色坐标纸上精心计算而得的图表，成了 20 世纪最杰出的科学文献之一。它们与主流世界观的分道扬镳具有史诗般的意义，它们确实改变了世界。

1929 年，哈勃用威尔逊山上那台仍旧任由他使用的强大望远镜，为距离–速度的线性关系提供了有力的实验证据，以至于这一关系——勒梅特 1927 年论文中的方程（23）——后来被称为哈勃定律 [31]，尽管事实上哈勃并没有提到膨胀，也至死没有相信对观测结果的相对论解释 [32]。但抛开这一点，这一观测结果确实也是惊世之作。哈勃得到了米尔顿·赫马森的帮助，他曾是一名赶骡人，也是最后一批没得到大学学位就进入该领域研究的天文学家之一，他为捕捉遥远星云的微弱光线做出了英雄般的巨大努力。据说，为了测量单个星云的光谱，赫马森仔细观测了整整三个晚上。

哈勃和赫马森的伟大观测成了相对论宇宙学的转折点。1930 年 1 月，爱丁顿在皇家天文学会召开了一次会议来讨论这一问题，并被人提醒了勒梅特 1927 年发表过的文章，他下令立即在《皇家天文学会月报》上刊登其英文译本。面对天文学的证据，爱因斯坦也承认了这一点。他立刻接受了宇宙膨胀，并抛弃了添加到方程中来让宇宙保持不变的λ项。他说，他对这一项一直有一种不好的感觉，认为它严重损害了他的理论的数学美。对于他这一新的没有累赘的理论，他写信给美国天文学家理查德·托尔曼说："这真让人感到无比满意啊。"[33]

然而矛盾的是，勒梅特对此又持有截然不同的观点。他认为爱因斯坦的项是该理论的一个很精妙的补充，当然这一补充不是为了设计出一个静态宇宙（这是爱因斯坦的动机），而是为了解释与一无所有的空间相关的能量。在这一点上，爱丁顿同意勒梅特的观点，他一度宣称："我宁愿回到牛顿理论，也不愿意放弃宇宙学常数。"[34]爱因斯坦从几何角度推理，将这一项添加在了方程的左边，但爱丁顿和勒梅特认为这是方程右边宇宙能量的一部分。他们认为，如果时空是一个物理场的话，那么它难道不应该有自己的内在属性吗？宇宙学常数正是其内在属性：它使时空充满能量和压强。正如一碗牛奶含有一定量的能量（由其温度决定）一样，宇宙学常数项让空无他物的空间中充满了大量的暗能量和暗压强，其数量则由常数的数值决定。勒梅特写道："有了这一项，一切都好像真空中有了非零的能量一样。"[35]

宇宙学常数会产生反引力效应，是因为它充斥于空间的压强是负的。负压并不奇怪，这就是我们常说的张力，就像拉伸的橡皮筋中的力一样。在爱因斯坦理论中，负压导致"负引力"或反引力，这就是宇宙加速膨胀的原因。

然而当空间伸展的时候，它的内在属性是不变的。因此，与正常物质或辐射的能量不同，时空中的暗能量不会随着膨胀的进行而被稀释，甚至在空间变大时还可能成为宇宙演化的决定性因素。在勒梅特的图（见插页彩图 1）中，靠底端的曲线所对应的超球面宇宙情况还不是这样。在这类宇宙中，空间中具有的暗能量密度很小，因此引力总体上是吸引的，宇宙大小的变化就像一颗棒球被抛到空中的轨迹一样：一开始在增大，但在暗能量的反引力积累起来并施加影响之前就已达到了最大值，然后再坍缩，变成“大挤压”。但如果宇宙学常数的值再大一些的话，它就可以抵消物质的引力，大大地改变宇宙演化的进程。暗能量足够多的宇宙，其膨胀路径会从类似棒球的轨迹转变为类似不断加速的太空火箭。这正是勒梅特在其图表靠上部的曲线中展示的行为。

事实上，除了考虑空无一物的空间的性质，勒梅特还有第二个保留常数的理由。这个理由同样有趣，我在第 1 章中已有暗示。这与宇宙的宜居性有关。通过仔细调整λ的数值，他可以得到一个膨胀速度非常缓慢的宇宙，因而星系、恒星和行星等都可以在其中形成。这个徐行中的宇宙是目前为止勒梅特提出的最适于生命存在的宇宙：它对应于插页彩图 1 中那条唯一的趋近水平的曲线。（不过，如果勒梅特继续往下计算的话，哪怕是这个宇宙，最终也会开始加速。）

勒梅特和爱因斯坦在他们的余生里都在为这个“小λ”争论不休，从未达成一致。当他们围着加州理工学院的雅典娜神殿餐厅散步时，记者们跟了上去，并写道，无论他们去哪里，“小羊羔”①都会跟着他们。爱因斯坦在后来与勒梅特就此话题的通信中做出让步，称如果他“能够证明其存在，这将会非常重要”。[36] 这是他能重新考虑他那声名狼藉的常数项的最大限度。不到 80 年后，我们迎来了一个真正引人注目的进展，其中包括对一种爆炸性恒星（被称为超新

① λ的英文拼法为 lambda，其前四个字母 lamb 有羊羔之意。——译者注

星）的光谱的高精度天文观测。这将证明勒梅特是正确的：我们确实生活在一个缓慢行走的宇宙中，尽管它的缓行期在几十亿年前就已经结束。[37]

然而，在插页彩图 1 勒梅特的图中，最令人难以理解的“细节”或许隐藏在左下角，在那里，他写了“$t = 0$”，即时间零点。

你可以看到，勒梅特在 1927 年最初提出的膨胀宇宙并没有一个开始。相反，勒梅特假设在无限远的过去，宇宙就已经在从一个近乎静止的状态缓慢、渐变地演化。而到了 1929 年，他已经意识到，在遥远的过去的这种安排很像是爱因斯坦那根针头朝下取得平衡的针，所以他放弃了这一设想，而选择了一个真正的开始。勒梅特得出的结论是，膨胀意味着宇宙的过去一定与现在天差地别。“我们需要一个彻底修改我们宇宙观的理论，”他认为，“那就是宇宙进化的‘烟花’理论。”[38]

他大胆超越爱因斯坦理论，将宇宙的起源设想为一个超级重的原始原子，其壮观的解体过程将产生我们今天所看到的浩瀚宇宙。“我们站在冷却的余烬中，看到太阳的缓慢衰落，并试图回忆起世界起源处已消逝的光辉。”他在他的专题论文《原始原子的假设》中这样写道。为了寻找宇宙激烈的诞生过程的“化石”遗迹，勒梅特对宇宙射线产生了兴趣，他把这看作那个上古火球留下的象形文字。为了破解它们的轨迹，他在他的职业生涯后期购买了最早的电子计算机之一博勒斯 E101，这是他在 1958 年的布鲁塞尔世博会上看到的。在他的学生的帮助下，他将这台计算机搬上了鲁汶大学物理系的顶楼，并建立了学校第一个计算中心，这件事广为人知。[39]

尽管膨胀宇宙的思想在 20 世纪 30 年代初已被广泛接受，但任何有关宇宙有一个开端的讨论都遭到了极大的质疑。“现在的自然秩序有一个开端，这个念头令我反感，”爱丁顿断言，“作为一名科学家，我根本不相信宇宙是从一次爆炸开始的。这感觉好像有什么未知的东西正在做着我们不知道的事情。”[40]

爱因斯坦最初也否定了宇宙有开端的想法。就像他对施瓦西球形黑洞内部奇点的看法一样，他认为时间零点是勒梅特以完全对称、均匀的方式膨胀的宇宙中的一个奇怪之处。他推断，由于真实的宇宙不是完全均匀的，当你将膨胀的宇宙向回追溯时，宇宙中的万物开始的时间点会彼此错开，这样就成了宇宙收缩和膨胀的循环，而不是直接开始。他发现这在哲学上更令人满意。勒梅特回想起了他们在 1957 年的谈话：“在加利福尼亚州帕萨迪纳的雅典娜神殿餐厅，我再次见到了爱因斯坦。他谈起了他对宇宙在某些条件下不可避免有个开端这一性质的怀疑，并提出了一个非球对称宇宙的简化模型。我毫不费力地计算出了该模型的能量张量，表明爱因斯坦所认为的（避免开始的）漏洞是不成立的。”[41] 然而勒梅特对宇宙开端的必然性似乎与爱因斯坦有着同样的感觉，他指出：“从美学的角度来看，这很不凑巧。一个不断膨胀和收缩的宇宙具有令人无法抗拒的诗一般的魅力，让人联想到传说中的凤凰。”[42]

然而，宇宙是什么样就是什么样。尽管相对论宇宙学的开拓者们具有哲学和美学的倾向，但相对论宇宙学本身却强烈地指向了一个真正的开端，并且从来未曾改变。也就是说，时间零点——勒梅特所谓的“没有昨天的那一天”——成了广义相对论中的又一个奇点，在这一点处时空曲率变得无限大，爱因斯坦方程也随之失效。因此，说来也奇怪，大爆炸既是相对论宇宙学的基石，又是它的致命弱点——它不可避免，但看起来又无法理解。

这一状况让人非常摸不着头脑。如果时间是从大爆炸开始的，那么关于在此之前发生了什么的所有问题都将显得毫无意义。哪怕猜测是什么造成了大爆炸也没有意义，因为原因先于影响，并且需要一个时间的概念。在时间起源处，基本因果关系看起来似乎瓦解了，这是爱丁顿和爱因斯坦与勒梅特的辩论的核心所在。爱丁顿和爱因斯坦非常不情愿思考宇宙的开端，因为似乎有个真正的开端就意味着需要某种超自然的力量来干预自然的进化过程。整个20世纪，越来越多的证据表明宇宙正是以一种对生命进化非常有利的方式起源的，在这种情况下，这种不情愿感变得越来越强烈。事后看来，爱丁顿和爱因斯坦的怀疑也是情有可原的！

爱因斯坦和爱丁顿对宇宙开端的观点深深植根于从牛顿开始的古老决定论，它与爱因斯坦的经典广义相对论是相符合的。在这个方案中，任何开端都需要初始条件，其精细调节程度与从中演化出来的宇宙相同。一个在演化后期变得很复杂的宇宙需要在早期具有相同复杂程度的初始条件。一个看起来专为孕育生命而设计的宇宙需要在一开始具有同样适合生命诞生的初始条件。这就好像是有一只"上帝之手"卷入其中，让我们这个被精细调节的、适宜生命居住的宇宙运转起来。

但勒梅特领先了决定论一大步。他提出采用量子的起源观点来打破因果链，并在《从量子理论的角度看世界起源》一文中解释了他的立场。该文发表于 1931 年 5 月的《自然》杂志上。[43] 勒梅特这篇宇宙史诗般的短评是 20 世纪最大胆创新的科学论文之一，它不超过 457 个单词，但可以被视为大爆炸宇宙学的宪章。据我所知，他在这篇短评中首次提出，相对论和量子理论这两大革命有着深刻的联系，宇宙的起源应该是科学的一部分，它受我们可以理解的物理定律支配，只不过这些尚未被发现的定律将会是量子理论和引力的混合物。勒梅特认为，我们必须将量子理论和相对论融合在一起，因为后者表明宇宙诞生之初会发生一场大爆炸，而前者对大爆炸又很重要。他设想，这种统一将提供一种强大而深入的综合，从而将宇宙的起源融入自然科学领域中。后来的事实表明，这些观点富有先见之明，今天的物理学家们喜欢说，大爆炸就是终极的量子实验。

量子理论给物理学注入了无法避免的不确定性和“模糊性”的元素。勒梅特推测，在宇宙早期的极端条件下，甚至连空间和时间都会变得模糊和不确定。“在宇宙的开始，空间和时间的概念将完全没有任何意义，”他在他的大爆炸宣言中写道，“只有当最初的‘量子宇宙’被划分为足够多的量子时，空间和时间才开始有意义。”他又神秘而令人费解地补充道：“如果这个提议是正确的，世界的开始要比空间和时间的开始稍早一点儿。”

但量子不确定性要怎样解决大爆炸带来的因果关系难题呢？勒梅特想到的是，随机量子跳跃可以从一个简单的原始原子产生一个复杂的宇宙。如果今天宇宙的复杂性是其胚胎进化过程中无数定格事件的结果，而不是一开始就完美安排好的初始条件的必然结果，那么宇宙有开端的这一整套想法不就更容易接受了吗？勒梅特在《自然》杂志上的那篇短评的结尾处在考虑量子起源的含义时写道：“很明显，初始量子本身无法涵盖整个演化进程。世界的故事也不需要像留声机唱片里的歌曲那样全被刻录在第一个量子里……相反，同一个开端可能会演化出非常不同的宇宙。”

事实上，由于量子起源的想法看起来除掉了时间起源带来的麻烦，勒梅特将其视为他的新宇宙学的中心支柱，尽管他从未写下一个原始原子的方程式来证实他的观点。勒梅特在他的大爆炸宣言中所思考的宇宙开端的直观图像是极其简单的，他设想的原始原子就像一个抽象的、浑然一体的、处于原始状态的宇宙蛋。这让我想起了罗马尼亚雕塑家康斯坦丁·布兰库希的作品《世界之初》（见插页彩图 6）。

英国量子物理学家保罗·狄拉克是原始原子假说的早期支持者。他甚至更进一步，推测早期宇宙中的量子跳跃可以完全取代我们对初始条件的需求。会不会在量子起源中，因果性就消失了？在一个量子世界，也就是我们这个世界中，"第一原因"的神秘性也消失了？

保罗·狄拉克于 1923 年以学生身份来到剑桥，与勒梅特同一年，他也希望能跟随爱丁顿学习相对论。但他被分配到另一个方向，该方向将他引入了粒子的量子理论，他后来在这一领域中形成了几乎无与伦比的深刻见解。狄拉克发现了以他的名字命名的方程式，将爱因斯坦的狭义相对论与量子理论统一起来，并预言了反物质的存在，这为他赢得了 1933 年的诺贝尔奖。后来，他成为剑桥大学第 15 位卢卡斯数学讲席教授。不过，狄拉克是一个怪人，出了名地害羞和安静，一些同事说他几乎没有存在感。在 20 世纪 70 年代末，有一次，史蒂芬和他的妻子简邀请狄拉克夫妇在星期天下午到家里喝茶。史蒂芬那时的研究助理唐·佩奇正与他们住在一起，并帮助参与史蒂芬的日常护理。他决定留下来倾听这两位 20 世纪物理学巨人之间的对话，但似乎他们谁都没说一句话。

位于佛罗里达州塔拉哈西的狄拉克档案馆中有一幅漂亮的勒梅特铅笔画像，这是 1930 年勒梅特在剑桥大学卡皮查俱乐部演讲时一位听众所画的。这幅画如图 16 所示，还附有一个说明：“但我不相信上帝的手指在搅动以太。”根据狄拉克的回忆（在他于 1971 年写的一段附言中），“在勒梅特的演讲中，有很多跟量子不确定性的作用有关的讨论”。狄拉克和勒梅特都发现，量子力学中有一种方法能解开由关于宇宙之初的决定论观点带来的因果论症结，即追溯当今宇宙复杂性的根源，一直追溯到随宇宙诞生而产生的随机量子跳跃。从某种意义上说，这些跳跃把宇宙学演化变成了一个真正的创造性过程。

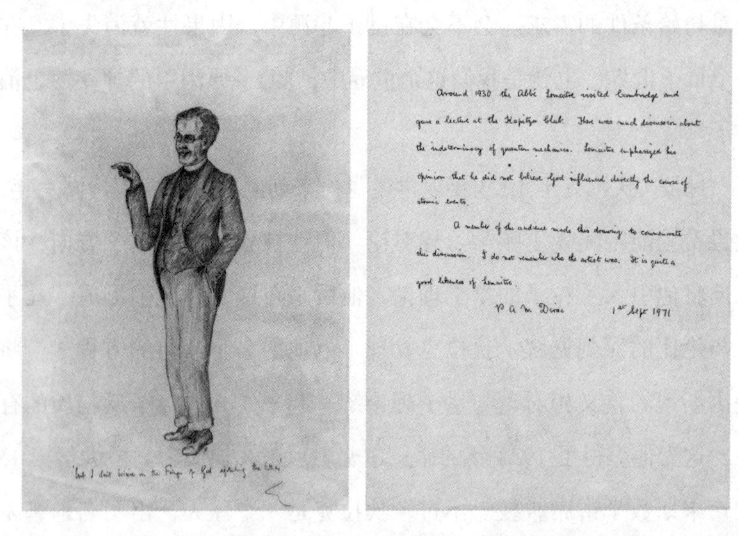

Around 1930 the Abbé Lemaître visited Cambridge and gave a lecture at the Kapitza Club. There was much discussion about the indeterminacy of quantum mechanics. Lemaître emphasized his opinion that he did not believe God influenced directly the course of atomic events.

A member of the audience made this drawing to commemorate the discussion. I do not remember who the artist was. It is quite a good likeness of Lemaître.

P A M Dirac　　1st Sept 1971

图 16　这幅乔治 · 勒梅特的画像是 1930 年他在剑桥大学做演讲时由一位听众所绘的。下方的注释清楚地表明，勒梅特认为上帝没有理由干预宇宙大爆炸。他认为原始原子假说是一个纯粹的科学问题，以物理理论为基础，最终要通过天文观测来验证。40 年后，保罗 · 狄拉克写下了右图中的附言

1939 年，在爱丁堡皇家学会，狄拉克因获得斯科特奖发表了一次演讲。在盘点了近 10 年来激动人心的重大发现后，他回到了勒梅特的原始原子假说：“新的（膨胀宇宙的）宇宙学在哲学上可能会比相对论或量子理论更具革命性，尽管目前人们很难意识到它的全部

含义。”[44] 又过了 70 年，在摆脱了一些偏见之后，我和史蒂芬的合作之旅才真正使这些哲学含义浮出水面。

*　*　*

当时，能够证实原始原子假说或类似假说的观测仍然远在天边。经历过 20 世纪 30 年代初的鼎盛时期后，宇宙学有点儿像科学上的一潭死水，其特点是数据严重不足、推测天马行空。宇宙学家则获得了不靠谱的名声，“经常出错，但从不质疑”。

实际上，在 20 世纪 50 年代，大爆炸理论几乎从公众视野中消失了。1949 年，英国天体物理学家弗雷德·霍伊尔在英国广播公司（BBC）的一次广播采访中，大声反对勒梅特的理论。他创造了“大爆炸”一词以示嘲讽，并将该理论描绘为“一个无法用科学术语描述的非理性过程”。霍伊尔抓住一切机会将大爆炸宇宙学描绘为一种和谐主义者①努力追求的伪科学。霍伊尔附和爱丁顿的观点，他表示：“对于宇宙的起源，不可能有任何因果性的解释，实际上不可能有任何类型的解释。将大爆炸宇宙学紧紧搂在科学的怀抱里，这种狂热显然源于对《创世记》第一页的深深执念，是宗教中最强烈的原教旨主义。”[45] 他建议：“无论何时，只要有人使用‘起源’一词，他说什么你都不要相信！”[46]

霍伊尔与赫尔曼·邦迪和托马斯·戈尔德合作，提出了一个与大爆炸竞争的宇宙模型——稳恒态理论，该理论在 20 世纪 50 年代成了大爆炸理论的一个有力的竞争者。稳恒态理论认为，尽管宇宙

① “和谐主义者”指试图让宗教与科学和谐共存的人。——编者注

一直在膨胀，但它保持着恒定的平均密度，因为不断有物质被创造出来，形成新的星系，充斥着因老一代星系的远离而不断被腾出来的空间。在大爆炸宇宙学中，大多数物质都是在原始热浪中产生的，而在稳恒态宇宙中，物质的产生是一个缓慢而持久的过程。霍伊尔的稳恒态宇宙既没有开始也没有结束，这有点儿像多元宇宙的迷你版，只是其不断产生的是新的星系而非宇宙。

然而与此同时，身材魁梧的苏联物理学家乔治·伽莫夫（朋友们称他为"吉吉"）对热大爆炸不寻常的环境进行了更深入的研究。伽莫夫是一个活泼有趣的人物，他有能力结识各行各业的人，从托洛茨基和布哈林到爱因斯坦和弗朗西斯·克里克，而且还经常是在一些重大场合中。[47] 伽莫夫在乌克兰城市敖德萨长大，在圣彼得堡学习，在那里他跟亚历山大·弗里德曼学习了广义相对论。苏联对科学研究的干预让伽莫夫感到沮丧，因此他和妻子试图从克里米亚半岛南端划船穿过黑海，逃离乌克兰，前往土耳其。开始一切都很顺利，但海上旅行两天后，他们遇上了风暴，并被卷回了克里米亚。但伽莫夫夫妇并没有放弃。1933 年，当尼尔斯·玻尔邀请伽莫夫出席在布鲁塞尔召开的第 7 届索尔维会议时，他们抓住机会移民去了美国。

伽莫夫既不是数学家，也不是天文学家，而是一位核物理学家，他将最初几分钟时膨胀的宇宙想象成一个巨大的核反应堆。伽莫夫与拉尔夫·阿尔弗和罗伯特·赫尔曼合作，他们假设宇宙大爆炸非常炽热，研究组成我们及我们周围万物的那些化学元素是否也曾经在这个宇宙原始烤箱中被炙烤。他推断，如果原始宇宙的密度和温度都高到连原子核都无法存在，那么元素周期表一开始将会空无一物，除了第一种元素氢，它只是一个单质子粒子。整个宇宙将充满一种超致密的热等离子体，伽莫夫称之为“伊伦”（Ylem），以表示“物质”的希腊语ύλη命名。这种等离子体中含有原子的基本组成部分——电子、质子和中子，它们自由移动，且浸在热辐射中。但当宇宙膨胀并冷却时，中子和质子便会结合形成复合原子核。首先形成的是氘核，这是一种重氢元素，由一个质子和一个中子组成，它再与更多的质子和中子融合形成氦。伽莫夫及其团队将核物理定律与空间的膨胀过程相结合，计算出原始宇宙中的核聚变将会在大爆炸后的 100 秒左右开启，在几分钟后结束。那时宇宙膨胀会让温度降低到 1 亿度，这个温度低到足以关闭宇宙核反应堆。他们发现，这个短暂的时间窗口足以将宇宙中约 1/4 的质子转化为氦原子核，还有少量较重的元素，如铍和锂等。伽莫夫及其团队预言的这些轻元素的相对丰度与天文学家迄今的测量结果非常吻合。今天，这被视为热大爆炸理论的关键检验之一。[48]

图 17　乔治·伽莫夫在这个君度酒酒瓶的标签上写上了YLEM字样，以纪念他 1948 年与拉尔夫·阿尔弗关于宇宙在热大爆炸的炽热中合成原子核的工作。Ylem在中古英语中指原始的物质，人们认为所有物质都由它创造出来

然而，伽莫夫的工作中还隐藏着一个更重要的预言——如果它能被证实的话。阿尔弗、伽莫夫和赫尔曼意识到，原子核合成过程中释放出的热量今天应该仍然存在，并像残余辐射的海洋一样充满整个空间。毕竟，它还能去哪里呢？它也只能分布在这个宇宙中了。他们的计算表明，宇宙数十亿年的膨胀会将热辐射温度冷却到约 5 开尔文，即 –267 摄氏度。这种冷辐射会让宇宙发光，且主要频段是在电磁波频谱的微波频段。因此在今天，宇宙，也就

是全部的空间，应该充斥着微波。这是一个非常重大的发现：伽莫夫和他的合作者发现了热大爆炸时期的一个“化石”遗迹，而且，只要我们用对微波敏感的“眼睛”来观察深空，它应该触手可及。

事实的确如此。热的物体会辐射，宇宙也不例外。1964年，两位美国物理学家阿尔诺·彭齐亚斯和罗伯特·威尔逊偶然发现了宇宙微波背景辐射，简称CMB。彭齐亚斯和威尔逊并不知道伽莫夫的工作，他们在新泽西州霍尔姆德尔的贝尔电话实验室校准一个巨型微波喇叭天线（该天线原本被用来跟踪回声号气球卫星）时，发现天线发出持续的嘶嘶声，该现象他们无法解释。他们无论朝天空的哪个方向转动天线，都会得到完全一样的噪声，波长为7.35厘米，昼夜不停。他们与当地研究宇宙学的朋友讨论，很快意识到天线的嘶鸣有一个很棒的原因：它接收到了热大爆炸微弱的残余辐射——这份“电报”来自由勒梅特最初设想、伽莫夫后来证认的时间之初。

彭齐亚斯和威尔逊对古老微波辐射的发现震惊了全世界。科学界终于意识到宇宙膨胀真的具有长期效应，这意味着遥远的过去与现在真的是天差地别。这一认识从根本上改变了关于宇宙起源的争论。几乎在一夜之间，宇宙膨胀的最终原因，这个30年前让爱因斯坦和勒梅特一争高下的谜团，被移至理论宇宙学的中心，并一直保持至今。

1966年6月17日，就在勒梅特去世的三天前，他在医院得知了CMB的发现。一位密友告诉他，证明他的理论正确性的“化石”遗迹终于被发现了。据报道，他回答道：“我很高兴……现在我们有证据了。”[49]

这位“大爆炸之父”同时也是一位天主教神父，这要放在现在似乎有些奇怪。但勒梅特明白如何在爱因斯坦和教皇之间左右逢源，他不厌其烦地向别人解释为什么他觉得自己立志遵循的“通往真理的两条道路”——科学和救赎——之间没有冲突。在接受《纽约时报》的邓肯·艾克曼采访时，勒梅特引用了伽利略关于科学与宗教的观点①，他说：“一旦你意识到《圣经》并不是一本科学教科书，一旦你认识到相对论与救赎无关，科学与宗教之间古老的冲突就会消失。”他又补充道：“我对上帝太过尊重，无法将他归结为一个科学假设。”[50]（见插页彩图 5。）从他的著作中我们可以非常清楚地看出，勒梅特在这两个领域之间没有感受到任何冲突。有人甚至在他身上发现了某种自由自在的感觉。“事实证明，若要彻底寻找真相，既要寻找灵魂，又要寻找宇宙光谱。”他曾经如是说道。

20 世纪 60 年代初，勒梅特已获得蒙席②的荣誉称号，并担任宗座科学院院长，他在努力推进科学院扶持优秀科学研究的目标的同时，也相当尊重科学与宗教在方法论和语言上的差异，以此保持与教会的良好关系。和谐主义者往往追求使信仰的真谛与科学的发现相一致，但勒梅特不是这样，他坚持认为，科学和宗教各自都有自己的地盘。关于原始原子假说，他这样说：“这样的理论完全不涉及任何形而上学或宗教问题。它让唯物主义者有否定任何超凡生物存在的自由……而对于信徒来说，它打消了任何试图与上帝亲近的念头。它与以赛亚③‘隐藏的上帝’的说法一致，即使在创世之初，他

① 1615 年，伽利略给托斯卡纳公爵夫人，即洛林的克里斯蒂娜写了一封关于科学与宗教关系的著名信件。在信中，他引用了一位最著名的传教士，据说是梵蒂冈图书馆馆长、红衣主教凯撒·巴罗纽斯（Caesar Baronius）的话：“圣灵的意图是教我们如何去天堂，而不是教我们天堂是怎样的。”

② 蒙席是天主教会奖励给对教会做出杰出贡献的神职人员的荣誉称号。——译者注

③ 以赛亚先知，是《圣经·旧约》中的人物。——译者注

也是隐藏的。”[51]

勒梅特在这些问题上更正式的立场无疑受到了他在鲁汶大学跟随红衣主教梅西耶开创的新托马斯主义哲学流派学习的影响。这一流派接受现代科学，但否认其本体论意义。在梅西耶的研究所里，勒梅特学会了区分“存在”的两种层面，一是物理世界在现世意义上的开始，二是关于存在的形而上学问题：“我们可以把这个事件（原始原子的解体）说成是一个开端。我并没说这就是创世。在物理上所发生的一切都表明它好像就是一个真正的开端，这个开端的意义在于，即使以前发生过什么，它对我们宇宙的行为也没有明显的影响……我们宇宙任何前世的存在都具有形而上学的特征。”[52]

这种区分让这位神父把研究宇宙的物理起源视为自然科学的机遇，这不仅可能，而且是显然的。但爱因斯坦却把它视为对物理理论的威胁。因此，他们科学辩论的核心是哲学立场不同。对于科学最终想要了解关于世界的什么，他们似乎有着截然不同的概念。勒梅特似乎已经非常清楚地认识到，我们进行科学研究的能力仍然植根于我们与宇宙的关系，无论这种关系有多么抽象。他的双重身份激励着他仔细划定科学领域和精神领域的界限。这成就了一种脱离于教条的信仰，以及一种植根于人类境况的科学。在勒梅特老家的村子里举行的一次纪念活动上，他的一位侄女告诉我，在家庭聚会时，她的堂兄弟们喜欢挑战乔治，逼问他他的原始原子是从哪里来的。“哦，来自上帝。”他会开玩笑地告诉他们。

相比之下，爱因斯坦是一个理想主义者。他的广义相对论是无与伦比的杰作。这一成就坚定了他的信念，即人们终会发现一个永恒的数学真理下的终极理论，它决定了宇宙应该是怎样的。在所有与起源有关的问题上，爱因斯坦所秉持的彻头彻尾的因果性和决定论的态度，反映了这一点。然而，他自己的相对论却完美地预言了大爆炸既是宇宙的起源，也是时间的起源，这严重挑战了他的立场。

在接下来的章节中，我将论证勒梅特的观点最终将会是解开大设计之谜更可靠的指南。事实上，爱因斯坦与勒梅特的对决正反映了 70 年后霍金将要走过的历程。早期的霍金坚持爱因斯坦的观点，认为我们正在发现物理学中凌驾于物理宇宙之上的客观真理。而在更深层次的哲学层面上，我们的故事又说明了史蒂芬如何以及为何冲破了爱因斯坦的观点，转而采纳勒梅特的观点，以及这不仅对我们关于大爆炸的概念，更是对未来宇宙学的发展议程来说，都意味着什么。

图 18　我们开始合作时，史蒂芬并不知道勒梅特在量子宇宙学方面的开创性工作。因此，我带他去了勒梅特曾经在鲁汶普雷蒙特雷修会学院的办公室，在那里向他展示了勒梅特 1931 年的大爆炸宣言

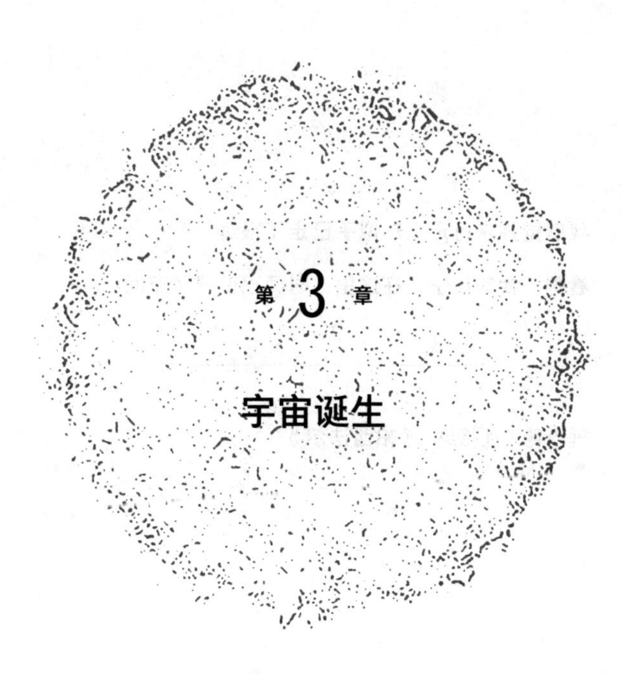

第3章

宇宙诞生

我感觉并未行走，却似乎已走了很远。

看吧，我的孩子，在这里，时间已变成了空间。

理查德 · 瓦格纳，《帕西法尔》

史蒂芬在回忆录中写道，他之所以对宇宙学感兴趣，是因为他想探究一下，对一个问题究竟能理解多深。史蒂芬想问更深层问题的无尽欲望把他带到了剑桥。他曾在牛津大学学习物理本科课程，1962 年秋天，他从那里来到了剑桥。“当时牛津大学的普遍态度是反对工作，”他对此表示，“努力工作以获得更好的学位被认为是无名小卒的标志，这是牛津人的词汇中最糟糕的诨名。”[1]在牛津大学最后一年的期末考试中，史蒂芬选择专攻理论物理学问题，因为这些问题不需要太多的事实性知识。他的成绩卡在一等和二等的边界线上，因此被安排与考官进行了一次面试，以判断他应被授予哪一等。史蒂芬告诉考官们，如果他得了一等，也就是最高等，那么他就会去剑桥；否则他会留在牛津。他们于是给了他一等。鉴于史蒂芬后来的成就，在牛津看来，这一定是其 800 年历史上最糟糕的决定之一。

在剑桥，霍伊尔，即稳恒态宇宙学理论的提出者引起了史蒂芬的兴趣，尽管在 20 世纪 60 年代初，他的理论遭到了沉重的打击。[2]然而，由于霍伊尔这边没有招生名额，史蒂芬被分配到丹尼斯 · 夏马门下。事实证明这绝对是一件幸运的事。夏马是保罗 · 狄拉克的学生，他是一个“催化剂”，是一个能给人以活力的人物，他把剑桥变成了相对论宇宙学的圣地。夏马非常希望去了解全世界物理学的重大发展，确保他的学生对最新发现都了如指掌。每当一篇有趣的论文发表时，他都会指派一个学生就此做报告。每当伦敦举办有趣的讲座时，他都会把他们送上火车去听。在夏马创造的互动性强、充满活力、斗志昂扬的科学环境中，史蒂芬茁壮成长，并将努力为自己的学生创造一个同样生机盎然的环境。

史蒂芬刚到剑桥大学三一学院时，夏马也在密切关注宇宙的稳恒态模型。他让史蒂芬研究霍伊尔试图挽救这一理论所设计的模型的一种变体，很快，史蒂芬发现霍伊尔的这一新版模型中存在发散，这使得该理论无法被正确地定义。在 1964 年伦敦皇家学会的一次会议上，他向霍伊尔提出了质疑。霍伊尔问道：“你是怎么知道的？”而当时的史蒂芬并未被这位英国最著名的天体物理学家吓倒，他回答说：“因为我算过了！”这是他的独立精神和戏剧天赋在早期的表现。他对稳恒态理论的分析后来成为他博士论文第 1 章的内容。

几个月后，随着宇宙微波背景辐射的发现，稳恒态宇宙学终于寿终正寝。这种古老热量的存在无疑表明宇宙并非处于稳恒态，而是一度处于与现在完全不同的状态——非常之热。但这是否也意味着它一定有一个开始？显然，现在这成了大爆炸宇宙学的核心问题，而史蒂芬已经做好了准备。

夏马让史蒂芬与罗杰·彭罗斯联系，后者刚刚发表了他那篇 3 页纸的突破性论文，表明黑洞在宇宙中应该无处不在。彭罗斯已经证明，如果广义相对论成立，那么质量足够大的恒星由于引力坍缩最终会产生一个时空奇点，该奇点被一个事件视界所掩盖，与外部世界隔绝。这就是黑洞。

史蒂芬很快意识到，如果在彭罗斯的数学推理中将时间方向颠倒，使坍缩变成膨胀的话，就可以证明膨胀的宇宙在过去一定有一个奇点。[3] 他与彭罗斯合作，推导出了一系列数学定理，这些定理表明如果一个人沿时间回溯宇宙的膨胀历史，直到远早于第一批恒星和星系诞生之前，甚至CMB之前的时代，那么他最终就会撞上一个奇点，在那里，时空弯曲成了一个点。在这个初始奇点处，爱因斯坦方程的两边都会变得无限大——无限大的时空曲率“等于”无限大的物质密度，这意味着该理论完全失去了预测能力。这有点儿像是你在计算器上除以零，会得到无穷大，无论你接下来再计算什么都没有意义。奇点其实就是时空的边界，广义相对论无法告诉你那里发生了什么。事实上，在时空奇点上，“发生”这个词本身就失去了意义。

彭罗斯已经表明，根据相对论，时间必须在黑洞内结束。而史蒂芬将时间反转的论述表明，在一个不断膨胀的宇宙中，时间必须有一个开始。大爆炸奇点并不是像一个宇宙蛋一样待在那里，等着孵化出一个宇宙，它代表的正是时间诞生本身。史蒂芬的定理证明，弗里德曼和勒梅特的完美球状宇宙模型中的时间零点根本不是图简单造出来的，而是相对论宇宙学的一个有力且普遍的预言。这是他1966 年博士论文的核心成果，后来在他的传记电影《万物理论》中也有体现。霍金在博士论文的摘要中写道：“我们研究了宇宙膨胀的若干意义及影响……第 4 章讨论了宇宙学模型中奇点的出现。我们将指出，只要满足某些非常普遍的条件，奇点就必然会出现。”

这是一个惊人的结果。在地球表面像科罗拉多大峡谷这样的地方，你可以发现有着几十亿年历史的岩石。地球上具有最简单生命形式的细菌大约有 35 亿年的历史，而我们的星球本身比这也古老不到哪儿去，大约有 46 亿年历史。大爆炸奇点定理是说，我们哪怕只是往回走这个时间的 3 倍——138 亿年前——就会没有时间，没有空间，什么都没有。照这么说，我们离万物之始其实很近。

如果 54 年后的 2020 年史蒂芬还在世的话，他很可能会因为与彭罗斯在时间的开始与终结这一方面无比重要的工作而共同获得那一年的诺贝尔物理学奖。在博士研究期间，他就得出了我们的过去时空图，那是一个梨形的时空区域，如图 19 所示。这幅漂亮的图示

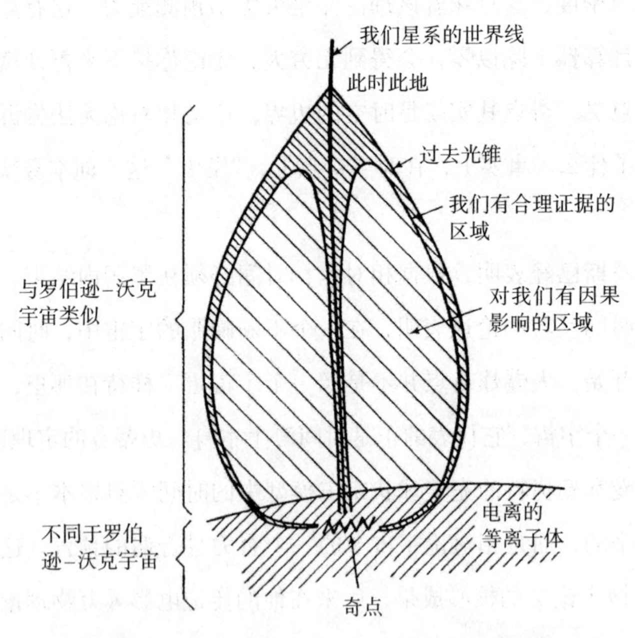

图 19 乔治·埃利斯 1971 年绘制的可观测宇宙图，其中密阴影部分是我们可以详细观测到的部分。我们的位置处于顶端，写着“此时此地”的地方。物质使光线向过去方向聚拢，使得我们的过去光锥向内弯曲，并勾勒出一个梨形区域，即我们的过去。由于光设定了宇宙速度的极限，这个区域原则上是宇宙中唯一一个我们可以看到的部分。根据史蒂芬·霍金的定理，光聚焦到过去就意味着过去必须止于初始奇点。然而，我们无法沿任意路径直接回看到奇点，因为原始宇宙被电离的热等离子体充满了，而光子，也就是光的粒子，被其中的所有其他东西不断地散射，使原始宇宙不透明

由乔治·埃利斯绘制，[4]他是夏马的学生，在 20 世纪 60 年代中期与史蒂芬一起研究奇点定理。在这幅图中，现在的我们处在梨尖的位置。从天空中不同方向照射到我们这里的光线构成了梨的表面。该图显示出了物质对我们的过去光锥形状的影响。可以看到，当我们沿光线的路径向回追溯时，物质的质量会导致光线偏离直线并聚拢。因此，图 9 和图 10 中忽略了物质的引力聚焦效应的直线光锥，在真实宇宙中会变形并向内弯曲，形成一个梨形表面，这就是我们的过去光锥。这一光锥将影响到我们的有限大小的时空区域，即梨的内部区域，与宇宙中无法影响到我们的其他区域隔开。史蒂芬的奇点定理的关键在于，如果物质使过去的光锥以这种方式会聚，那么历史就不能无限延伸。相反，我们就会到达一个“时间的边缘”，即“过去”的底线，在那里，拥有空间和时间的宇宙将不再存在。

埃利斯的画是彭罗斯对黑洞形成过程的标志性图解（如图 12 所示）的宇宙学类比。比较两者我们会发现，宇宙学中观察者的过去与大质量恒星内部的未来非常相似，两者都只有有限的时间。但有一个关键的区别：黑洞的事件视界保护了黑洞外的观察者免受黑洞内奇点暴力行为的影响，而大爆炸奇点却位于我们的宇宙学视界之内。一个膨胀的宇宙就像是一个内外颠倒了的黑洞。初始的奇点的确形成了我们过去光锥的最远端，所以原则上，它高悬在天上，可以被我们看到。

当然，我们不能沿任意路径回到开始，因为在膨胀的早期阶段，光粒子的不断散射挡住了我们的视线。往回看大爆炸有点儿像看太阳。对于太阳来说，我们所看到的较为清晰的轮廓实际上是处于太阳内部深处的核聚变反应所产生的光子最后一次散射的表面。从那个表面（被称为光球层）起，光子便不受阻碍地飞向我们。但这种光子散射使我们无法直接看到太阳内部。对光粒子来说，太阳内部是不透明的。

同理，在早期宇宙中充满着热等离子体，而光子在其中的不断散射形成了一团雾，使我们无法沿任意路径看到宇宙的开端，至少用捕捉光子的望远镜看不到。只有到了大爆炸之后 38 万年，这个新生的宇宙才变得透明，届时它已经冷却到令人愉悦的 3 000 摄氏度。在这个温度下，从能量角度上讲，原子核与电子结合形成电中性原子变得更为方便，所以几乎没有电子可供光粒子散射了。结果，光子开始不受阻碍地在空间中传播，其波长与宇宙膨胀同步伸展，逐渐展至数千倍。最初的红光在上百亿年后的今天以冷的微波辐射的形式到达我们这里。第 1 章中的图 2 显示了 CMB 辐射的天图。这张天图为我们提供了在宇宙变得透明的那一刻“拍摄”的一张宇宙快照。然而，微波辐射也挡住了我们察看宇宙更早时期的视线。CMB 天图是将太阳光球内外颠倒了的宇宙学类比。

宇宙残余的 CMB 辐射几乎均匀地分布在整个空间中。而在广义相对论中作为我们过去之边界的宇宙奇点提醒了我们，这件事是多么令人费解。我在第 1 章中提到，图 2 中的斑点代表了天空中的温度变化，而在任何地方，这些变化都小于千分之一摄氏度。看样子，在可观测宇宙的所有区域，大爆炸都是以几乎完全相同的方式发生的。这是宇宙对生命体友好的奇特属性之一。太阳光球层的温度几乎均匀并不出人意料，因为从太阳表面辐射的所有光子都已经通过在太阳内部的相互作用充分交换过热量了。这自然导致它们获得了几乎相同的温度，就像冷牛奶在与热茶混合后能迅速达到相同的温度一样（至少在英国是如此）。

但是，相互作用看起来似乎不能抹匀CMB辐射，因为自奇点开始，早期宇宙没有足够的时间来进行任何物理过程，无法让古老光子在被释放并开始在空间中自由穿梭之前抹掉任何温度上的差别，哪怕是以光速进行的过程也不可以。我在图20中说明了这一点，与埃利斯在图19中的草图相比，图20更准确地描述了热大爆炸宇宙中一个观察者的过去。天空中一对沿着相反方向到达我们处的微波背景光子始发于我们过去光锥上的A点和B点，但追溯到开始后我们发现，这两点的过去光锥不会相交。这意味着自大爆炸以来，A和B之间不可能传递任何光信号。由于光速给定了任何信号传播速度的上限，这意味着任何物理过程都不可能建立起一个让A和B有相互关联的环境。用物理学家的话说就是，A和B附近的区域位于彼此的宇宙视界之外。

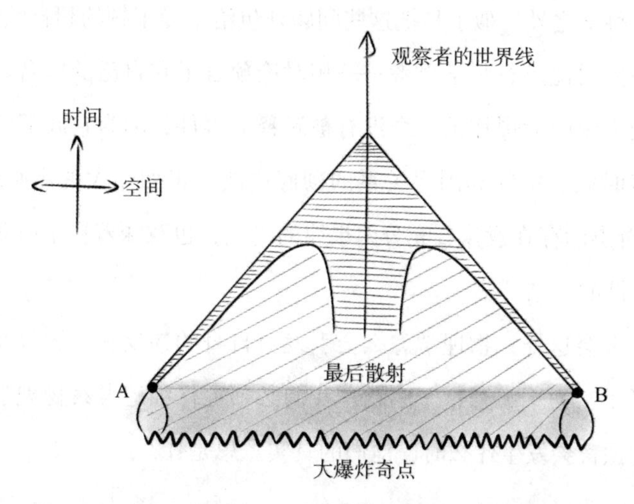

图20　20世纪60年代的热大爆炸模型给出的我们的过去。现在的我们位于圆锥的顶端。沿天空中一对相反方向到达我们处的微波背景光子始于我们过去光锥上的A点和B点。这些点远远超出了彼此的宇宙视界：它们各自的梨形过去光锥直到开始都未曾重叠。然而，我们观察到从A和B到达的光子的温度在千分之一的精度上是相同的。这是怎么回事？

事实上，在20世纪60年代的热大爆炸宇宙中，当我们从天空中相隔几度以上的方向观察CMB时，我们所看到的宇宙区域应该至今尚未有任何相互联系。今天我们的整个可观测宇宙包含不少于几百万个这样独立的、宇宙视界大小的区域。这使得整个天空中CMB辐射近乎完美的均匀性不仅令人费解，而且非常神秘。如果爱丁顿或爱因斯坦知道这一点，这个视界之谜很可能坐实了他们对整个宇宙起源概念最严重的担忧。这就好像北欧维京人登陆北美，却发现原住民说的是古挪威语一样。

这件事很奇怪。霍金的奇点定理预言了宇宙有一个开端，但并没有说明它是如何开始的，更没有说明它为什么由爆炸而生，为什么带来了几乎均匀的CMB，以及许多其他有利于生命体诞生的性质。更重要的是，它似乎把所有关于宇宙终极起源及其设计的问题都置于科学之外，似乎是把这些问题外包给了爱丁顿的超自然机构。没有必要对此进行哲学思考——相对论预言了它自己的垮台。霍金博士论文中的大爆炸是一个没有被解释的事件，因为它底部的奇点标志着时间、空间和因果关系的彻底崩溃。正如伟大的惠勒所说："时空奇点的存在意味着充分因果律的终结，也意味着科学所获得的可预言性的终结。"[5]

怎么会这样？物理学怎么会引发对自身的违反——导致非物理学的诞生？为了解开这个问题，我们必须更仔细地考察物理学家在说他们预言会发生什么时，他们的真实意思是什么。

从伽利略和牛顿开始，物理学就建立在某种二元论的基础上，因为它依赖于两种从根本上不同的信息来源。一是演化定律，即规定了物理系统如何随时间从一种状态变化到另一种状态的数学方程。

二是边界条件，即在给定时刻下对系统状态的简明描述。演化定律采纳了这一状态，并在时间上进行向后或向前的演化，以确定该系统在早期曾是什么样子，或在后期会是什么样子。正是演化定律和边界条件的结合，形成了物理学和宇宙学引以为傲的预测机制。

例如，假设你想预测下一次日食的发生地点和时间。为此，我们可以应用牛顿运动定律和引力定律来描述地球和月球的未来轨迹。然而，要使用这些定律，你必须首先确定地球和月球在某一特定时刻相对于太阳（和木星）的位置和速度。这些数据就是边界条件。它们描述了太阳系中的这两个天体在某一特定时刻的状态。没有人指望牛顿定律能够解释为什么它们在这个时候处在这个状态，我们只是把它们的状态测量出来了。有了这些信息，我们就可以解牛顿方程，以确定它们在未来的状态，从而预测日食将于何时何地发生，或者倒推出更早的时候已有记载的日食情况。

这个例子代表了物理学中预言的一般方式。物理学家认为，演化是由普遍的自然规律所支配的，我们正试图揭示这样的规律。但边界条件包含每个系统特有的信息，因此它们不被看作规律的一部分。在某种意义上，边界条件是用来描述我们对物理定律提出的特定问题的。实际上，我们构造一个给定的动力学定律，如牛顿定律，是为了让它可以适应各种不同的边界条件，以使方程能够具备它们所需的普遍性和灵活性，能够解释各种各样的现象。所以物理定律有点儿像国际象棋的规则。无论这些规则多么重要，对于具体某盘棋怎么下，它们只能告诉你这么多。

但是，将类似定律一样的动力学过程和特定的边界条件如此划分开，这是自然的本性吗？当然，在实验室环境中，这种区分是完全自然而适当的，因为由人操控的对实验的安排——边界条件——和人们通过做实验想要检验的规律之间确实有着明显的差异。然而，当我们将我们的实验和实验者，我们的星球、恒星和星系整个儿嵌入宇宙更大的演化中时，这种区别弄不好会成为宇宙学中的一大困境。当我们这样做时，原来实验的边界条件就与更大系统的边界条件一起被纳入更大系统的规律般的演化中。还是回到日食的例子，一位整体论宇宙学家会说，行星在任何给定时刻的速度和位置——原来的边界条件，都来自它们过去的历史，而我们的行星系统本身就是太阳系形成这段历史的产物，而太阳系的形成又来自先前恒星系统残骸的凝聚，它们的种子最终又是从原始宇宙中微小的密度变化中生长出来的。那些密度变化又来自……什么呢?

当我们追问到底时，我们便遇到了一个悖论。是什么决定了宇宙起源处的终极边界条件？显然，这些都不是我们可以选择的，我们也无法尝试用不同的边界条件来看看它们会产生什么样的宇宙。也就是说，宇宙的开端设定了一个边界条件，对于该边界条件，我们无法控制，相反，在大爆炸处，这些边界条件似乎被拖进了我们试图去理解的规律当中，这相当有意思。然而物理学中的二元论认为，边界条件不是物理定律的一部分。尤其是史蒂芬的奇点定理认为，时空和所有已知的定律在大爆炸时都会失效，这似乎也印证了这一观点。请注意，这一悖论只会在宇宙学背景下出现，因为只有当我们从整体上考虑宇宙的演化，我们才不会有更早的时间或更大的空间来指定边界条件。

史蒂芬比他这一代的其他物理学家都更强烈地感觉到，要在科学的基础上理解宇宙的起源，就需要对物理学中已有数百年历史的预言方式进行真正的拓展。他认为，动力学加边界条件这种看待世界的方式太狭隘了。他在他的博士论文中就已经开始着手解决这个问题了，他写道："尽管爱因斯坦的相对论提供了动力学场方程，但它没有为这些方程提供边界条件，这是它的一个弱点。因此，爱因斯坦的理论并没有为宇宙提供一个独一无二的模型。一个能提供边界条件的理论显然将极具吸引力……霍伊尔的理论正是这样。但遗憾的是，它的边界条件却排除了那些看起来能对应到实际宇宙的模型，即膨胀模型。"

将近 15 年后，他被聘任为卢卡斯讲席教授，并在就职演讲中阐述了这一点。卢卡斯数学讲席教授于 1663 年设立，每年有 100 英镑的津贴。设立者亨利 · 卢卡斯曾是圣约翰学院的学生，他是一名慈善家和政治家，在担任议员期间曾为剑桥大学争取支持。从 1669 年到 1702 年，该讲席为艾萨克 · 牛顿所独占（尽管史蒂芬经常开玩笑说，在那个时候，它还没有实现机动化）。对牛顿而言幸运的是，设立讲席教授的章程中包含了一项规定，即其任者不应在英国圣公会中被授予圣职。这意味着牛顿可以免于宣誓信仰三位一体——对他来说，这是不可能做到的事。[①]

1979 年，史蒂芬当选为第 17 位卢卡斯教授，在他的就职演讲《理论物理学的终结是否就在眼前？》中，他满怀着对物理学理论威力的信心，预言物理学家将在 20 世纪末发现万物理论，这引起了争议。但他继续说道："一个完整的理论，除了要包含一个动力学的理论之外，还要包含一组边界条件。"对这一点，他又详细补充道："许多人会声称，科学的作用仅在于前者，当我们获得了一套定域的

① 牛顿——请注意他还是三一学院的一名研究员——拒绝承认尼西亚会议中关于圣父与圣子起源于同一本质的议定。

动力学定律，理论物理学就达到了它的目标。他们会认为宇宙边界条件的问题属于形而上学或宗教的范畴。但若是仅仅说‘事情是这样的，因为它们以前是那样的’，而什么都不做的话，我们就得不到一个完整的理论。”

因此，永远保持着乐观和雄心的史蒂芬不准备被自己的奇点定理所束缚。他和其他人推断，最初的奇点真正告诉我们的，并不是说大爆炸的起源必然会被排除在科学研究之外，而是爱因斯坦用可延展的时空所描述的引力在宇宙诞生时的极端条件下失效了。当我们深入研究大爆炸时，量子理论的小尺度随机性便随之显现。你可以说，空间和时间迫切希望打破爱因斯坦的决定论所强加的高度受限的框架。毕竟，广义相对论中的时空尽管存在着弯折和扭曲，但仍然是一个极为受限的结构，由一系列特定的空间形状组成。这些形状就像俄罗斯套娃一样一个套着一个，精心组合在一起，创造出四维时空。

最重要的是，霍金的大爆炸奇点定理揭露了相对论和量子理论之间冲突的严重性。它支持了勒梅特的直觉，即宇宙起源完全是一种量子现象。而我们要想有机会在科学的基础上解开宇宙大设计之谜，就应该以某种方式将自然界这两个看似矛盾的理论的原理结合起来。史蒂芬的愿景的核心思想是，这种结合将不仅仅是对物理学现有的预言机制的完善，它还要求我们重新思考这个机制本身。他的想法是要带领物理学超越它那种定律加边界条件、演化加初创的古老二元论。

量子力学是现代物理学的第二大支柱，到目前为止，它已经在本书中出现了好几次。这一理论起源于20世纪早期的一系列关于原子和光的神秘实验结果，这些结果无法用牛顿经典力学的任何一种扩展理论来解释。量子力学的系统性阐述出现于20世纪初动荡的岁月中，这是人类历史上国际合作的最佳范例之一。在此后的一个世纪中，量子力学接二连三地取得胜利，成为有史以来最强大、最精确的科学理论。它适用于所有已知类型的粒子，从基本粒子相互作用的精微细节到遥远恒星内部原子的核聚变，它的预言与实验数据完全符合。就像麦克斯韦的经典电磁学理论为第二次工业革命奠定了基础一样，量子理论的原理支撑着今天的技术发展。事实上，也许我们才看到量子技术的冰山一角。在不久的将来，物理学家和工程师希望利用微观世界内在的不确定性，通过操纵单个的量子比特（被称为qubit），以新的方式存储和处理信息，从而为量子计算时代铺平道路。

量子革命始于1900年，当时德国物理学家马克斯·普朗克提出，任何一种物体在受热时，都会以一个个离散的小份的方式发出辐射，他称之为量子。在那之前，普朗克一直致力于解释热物体辐射出的每种颜色的光有多少。他从麦克斯韦的经典理论中得知，光是由不同振荡频率的电磁波组成的，这些振荡频率对应于不同的颜色。麻烦的是，经典物理学还预言，热物体辐射的能量应该在所有频率的波中平均分配。由于麦克斯韦的理论具有任意高频的电磁波，这意味着所有频率的辐射能量总和应该是无穷大，而这显然是不可能的。这是开尔文勋爵所指的在经典物理学上空盘旋的第二朵乌云，它被称为经典物理学的“紫外灾难”，因为可见光的最高频率是紫色，所以“紫外”指的是非常高的频率。

普朗克提出了一个大胆的新规则（他后来称之为“绝望之举”），即光和所有其他电磁波只能以离散的量子为单位发射，并且电磁波频率越高，每个量子的能量就越大。这大大减少了高频波的发射，从而避免了紫外灾难。1905年，爱因斯坦进一步证明，在金属中移动的电子只能吸收以离散量子为单位的光，这些离散量子以微小粒子的形式出现，他称之为光子。所以，这很奇怪，这些关于量子的早期想法意味着光既有波的属性，也有粒子的属性，这引起了相当大的困惑。

剧变仍在继续。普朗克把光量子化之后，丹麦物理学家尼尔斯·玻尔引入了量子化的观点来解释稳定原子的存在，这是物理世界另一个显而易见的特性。化学元素铍即是以玻尔的名字命名。玻尔曾在曼彻斯特跟随英国物理学家欧内斯特·卢瑟福学习，后者的实验表明，原子的内部结构主要是一片空荡荡的空间，中心有一个微小的原子核。卢瑟福把原子想象成一个微型行星系统，其中带负电的电子环绕着原子中心带正电荷的致密核运动。由于异性电荷相互吸引，电子会围绕原子核运动。这个模型的问题在于，根据麦克斯韦经典电磁学，轨道上的电子会辐射能量，导致它们螺旋式向内运动并撞上原子核。这意味着宇宙中的所有原子都会迅速坍塌，而我们便不会存在。为了解决这一与现实相悖的明显矛盾，玻尔提出，电子不能在离原子核任意距离的轨道上运行，而只能在特定的、分立的半径上运行。也就是说，玻尔把电子可能的轨道量子化了。由此产生的可能轨道之间的分离使得电子无法屈服于其向内运动的倾向，从而使原子免于理论上的快速坍塌。这一发现使他于1922年获得了诺贝尔奖。

1911年，应比利时实业家欧内斯特·索尔维的邀请，量子先驱们齐聚布鲁塞尔参加会议，该会议是最早的国际物理学会议之一。在这一时期，国际主义在比利时已经发展成为一种国家政策。索尔维是一位开明而有远见的人，他将自己发明的合成碳酸钠的新工艺转化成了一个庞大的工业体系，并以此发家致富。从商界退休后，他成了一名狂热的登山者，曾数次攀登马特洪峰，也引发了比利时国王阿尔贝一世对登山的兴趣，尽管这最终带来了意想不到的灾难性后果。

第一届索尔维会议将会成为一个传奇，因为就在这里，在布鲁塞尔市中心豪华的大都会酒店，科学家们终于掌握了早期量子思想的颠覆性意义。这场由荷兰著名物理学家亨德里克·洛伦兹主持的会议，成为 19 世纪经典物理学和将要主导 20 世纪的量子物理学之间的分水岭。洛伦兹的开幕词，伴随着这位经典物理学大师在第一次看到量子世界时所感受到的苦恼，在上空回响："现代研究在试图描绘较小物质颗粒的运动时，遇到了越来越严重的困难……目前，我们还远远没有完全满足……相反，我们现在感觉到我们已经陷入僵局；旧的理论无力突破从四面八方笼罩着我们的黑暗。"[6] 然而，虽然第一届索尔维会议将一切问题都公布于众，它却什么问题也没有解决。对于经典物理学是否能以某种方式修修补补以将量子包含在内，与会者仍然一头雾水、意见不一。爱因斯坦捕捉到了这种情绪，他说："量子的病症看起来越来越没有希望了。没有人真正知道任何事情。整个事件会让耶稣会的神父们感到高兴。这场会议给人的印象就是在耶路撒冷废墟上的哀叹。"

20 世纪 20 年代中期，这一切都发生了变化。此时新一代量子物理学家将原子和亚原子粒子的力学重塑成了一种全新的形式——量子力学。

这一新力学的一个核心思想正是德国天才维尔纳·海森堡著名

的不确定性原理：你无法同时知道一个粒子的准确位置和速度。正如他所说："（粒子的）位置被确定得越精确，这一时刻的动量（或速度）就越不精确，反之亦然。"[7]在量子力学中，人们能指望看到的最佳情况也只是一个模糊的图像，即粒子位置和速度的近似值。

事实上，所有可测量的量都会受到量子不确定性的影响，这种不确定性多少都会有类似于海森堡原理这样的表述。我们无法通过更仔细地观察或测量粒子性质来巧妙地躲避海森堡原理，从而降低量子不确定性。在这一点上，它不同于股票市场中的随机波动：后者看起来不可预测，只是因为人们未获得计算股票表现所需的所有信息。相比之下，海森堡的量子不确定性被认为是一个基本性质。它对我们从物理系统中可提取的信息量设定了严格的限制。因此，有趣的是，量子力学似乎不仅是一个关于我们知道什么的理论，还是一个关于我们不知道什么的理论。在第6章和第7章中，我们将要从量子角度考虑多元宇宙，在那里我们将看到，这种奇怪的性质是一个非常重要的特性。

在20世纪20年代中期，量子物理学家们取得了惊人的成就，把这种量子模糊性整合到一种恰当的数学形式当中。不出意料，由此产生的理论所描述的力学，比我们的经典理解所给出的观点更加难以捉摸。例如，量子力学抛弃了古老的科学决定论梦想。科学决定论认为科学应该能对未来的事件做出明确的预测，而量子理论改变了这一观念，认为我们只能预言各种可能的测量结果的概率。量子力学认为，如果一个人反复进行完全相同的实验，一般来说，他并不会得到相同的结果。

卢瑟福很可能是看到这种贯穿于微观世界中的不确定性之本质

的第一人。1899年，为了研究原子的内部结构，卢瑟福用铀等放射源发射的α粒子轰击了一层薄金箔。他观察了轰击之后的闪光，马上意识到α粒子的方向和到达时间都是随机的。根据量子力学，这是因为尽管在一定的时间间隔内，铀原子核的衰变概率确定且可计算，但我们无法事先知道一颗给定的原子核何时衰变。量子力学预言了放射性样品衰变过程中所发射的α粒子到达时间和轨迹的各种可能性，但它也表示，我们无法知道——也不要指望知道——任何可以让我们预测某个特定的α粒子去向和时间的信息。该理论的强大以及怪异之处在于，它将微观世界中充斥的不确定性和随机性这一必不可少的内核刻进了它的基本数学构架中。事实上，量子力学定律带给我们的是概率，而不是对观测结果确切的预测。它们迫使我们接受这样一个事实：我们所能做的充其量就是预测各种结果的概率而已。

该理论的这一关键特征也许在奥地利物理学家埃尔温·薛定谔提出的公式中表现得最为清晰。1925年，薛定谔写下了一个迷人的方程，它没有将粒子描述为微小的点状物体，而是描述为展开的波状实体。但薛定谔方程所说的波不是物理上的波，这一点至关重要。薛定谔并没有说粒子以某种方式在空间中散播开来。量子力学中的波有点儿抽象，它们更像是一种“概率波”，描述了点粒子的各种可能位置。薛定谔的公式是这样解释量子不确定性的：波的幅值较大的位置就是粒子更可能被发现的位置，幅值较小的位置是不太可能找到粒子的位置。有人可能会说，量子波有点儿像犯罪潮：犯罪潮到达你的城市意味着你更有可能发现犯罪事件，同样，电子波在你的设备中达到峰值意味着你更有可能探测到电子。[8]

给定一个粒子在某一时刻的波状轮廓，也就是物理学家们所说的波函数，薛定谔方程便可预测它会如何随时间演化，在哪个地方上升，在哪个地方下降。因此，量子理论遵循我在上文中所概述的二元论预测方案，即类似定律一样的动力学再加上边界条件。薛定谔方程是一个演化定律，我们需要知道特定时刻下粒子的波函数形式来推算出是什么在演化。量子理论定律与牛顿和爱因斯坦的经典力学的关键区别在于，它只预测了下一时刻事情发生的概率，并不具有确定性。然而，基本预言机制的二元论性质就像刻在石头里一样保持不变。

既然波函数是概率波，我们就只能间接地收集关于它们的信息。薛定谔的量子波描述了这个世界的某种“前世”。在测量一个粒子的位置之前，甚至连问这个粒子在哪里都是没有意义的。它没有一个确定的位置，只有一些可能的位置，用概率波描述。概率波记载了粒子——如果被观察的话——在这里或那里被发现的可能性。只有当我们通过观察和实验，和世界发生了相互作用，有形的物理现实才会存在，就好像是我们通过观察粒子来迫使其占据一个位置一样。“没有问题，就没有答案！”惠勒曾这样说。

著名的双缝实验为量子世界的这种模糊、波动的性质提供了一个生动的说明。它的装置如图 21 所示，由一把电子枪以及一个放置在屏障后面的屏幕组成，电子枪发射的电子经过包含两个平行狭缝的屏障，撞击到屏幕上时会微微地闪一下光，它的位置也由此被记录下来。假设一个人调整电子枪，使得它每隔一段时间，比如几秒钟，只发射一个电子。那么你就会发现，每一个穿过屏障的电子都会到达屏幕上的某个特定位置，微微地闪烁一下。所以单个电子不会弥散开来。这是电子的粒子性质，到此为止没什么好奇怪的。然而，如果让实验运行一段时间，记录下多个电子的撞击位置，那么屏幕上会逐渐形成一个由一系列明暗条纹组成的干涉图案，这让我们想起了波交织在一起形成的图样（见图 21）。在用其他基本粒子、轻粒子、原子甚至分子所做的双缝实验中，我们也观察到了类似的干涉条纹。

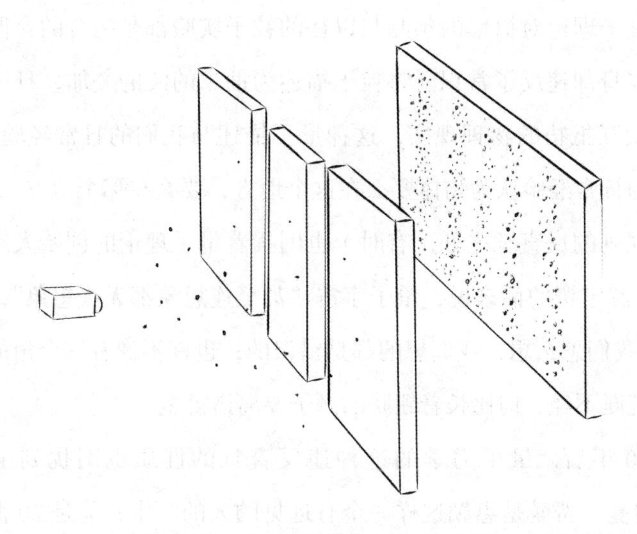

图 21　1927 年，贝尔实验室首次进行了著名的电子双缝实验，证明电子具有类似波的性质。量子力学解释了右边屏幕上的干涉图样，它将每个电子描述为一个传播中的波函数，该波函数在中间的狭缝处分裂、各自传播，并在远端再重新混合，形成一个波函数值高低起伏的图样，波函数的值对应于它打在屏幕上某处概率的高低

这些干涉图案表明，有一种在深层次上类似波的东西，单个粒子能同时感知到两个狭缝就与它有关。粒子波函数所刻画的就是这样一种东西。通过将电子描述为传播的概率波而不是运动的粒子，薛定谔方程预言，来自不同狭缝的电子波函数的片段将混合在一起，从而产生一种（每个电子将打在屏幕上的哪个位置的）概率高低起伏的图样，就像湖面上相互干涉的水波一样。当从两个狭缝中出来的波的片段彼此同步到达屏幕时，它们会互相加强；如果不同步，则会互相抵消。当粒子一个接一个被发射时，它们落在屏幕上的位

置累积起来，便与每个粒子波函数中编码的概率分布一致，从而形成我们所观察到的干涉图样。因此，可以说，每个粒子在更深层次的概率波的意义上同时感知到了两道狭缝。

量子理论对概率的预测与以往的粒子实验都是吻合的，但它的规则本身却违反了常识。将粒子描述为抽象的波的叠加，且这些波来自相互抵牾的物理现实，这种量子描述与我们的日常经验不符。我们的日常经验认为物体要么在这个地方，要么在那个地方。当然，量子规则的反直觉之处（有时）也困扰着量子理论的创始人。用埃尔温·薛定谔的话来说，量子宇宙“甚至连想象都无法想象”，因为“无论我们怎么想，我们想的都是错误的；也许不像有三个角的圆形那样荒诞不经，但比长着翅膀的狮子要离谱得多”。[9]

20 年后，量子力学的这种违反直觉的性质也困扰到了理查德·费曼。费曼是惠勒这样一个有远见的人的学生，他是 20 世纪最有影响力的物理学家之一，在粒子物理学、引力、计算科学等领域都做出了重大贡献。费曼受总统委派参与了调查挑战者号航天飞机空难的罗杰斯委员会，他也因为这次工作而享誉全球，他在电视听证会上解释了该航天飞机的O形环是如何发生故障的。在事后的委员会报告中，他尖锐地警告说：“一项技术要想获得成功，实事求是必须优先于人际公关，因为自然不能被愚弄。”

如果说惠勒是一位梦想家，那么费曼就是一位实干家。惠勒着眼于遥远的过去和遥远的未来，关心物理现实的基础和科学探究的本性。费曼则努力让物理学在当下发挥作用，他宣称，他所感兴趣的只是试图找到一套规则，来给出一些实验上可以验证的预言，而无意于走得更远。[10] 本着这种精神，在 20 世纪 40 年代末，费曼开始发展一种更直观、更实用的方式来思考量子粒子及其波函数。他的想法是设想粒子是某种局域化的物体，但当它们从一个点移动到另一个点时，它们会走所有可能的路径（见图22）。经典力学假设物体在时空中走的是一条单一的路径，因此，一个经典系统有着独一无二的、明确的历史。费曼认为，量子力学对历史有着更广泛的视角，他断言所有可能的路径都是同时存在的，尽管物体采取有些路径的可能性比其他路径更高一些。

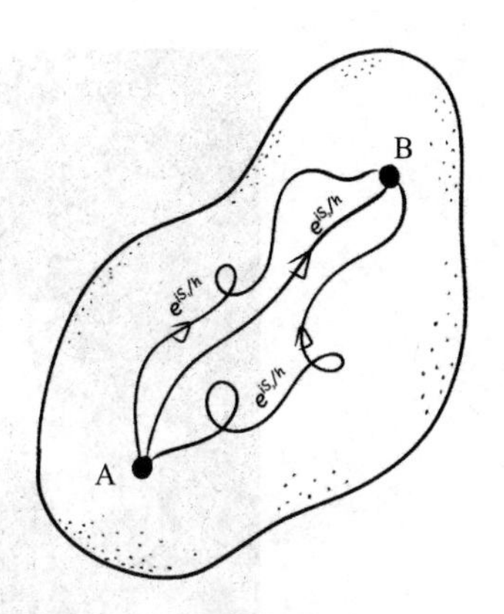

图22　牛顿的经典力学规定，粒子在时空中的A和B两点之间运动时所走的是单一路径。量子力学则认为粒子走的是所有可能的路径。量子理论预言，我们到达B点的概率只能有一个，即所有到达B的路径的概率的加权平均值

例如，费曼对双缝实验的理解是，单个电子不是沿着一条路径，而是沿着从枪到屏幕的所有可能的路径走的。一条路径使电子穿过左边的狭缝，另一条路径使其穿过右边，而还有一条路径可能会让电子先穿过右边，再从左边穿回来，再掉个头穿过左边。费曼提出，电子的每一条可能的路径——或者说是历史——无论多么离谱，都必须被考虑到，所有这些路径对我们在屏幕上所见的结果都有贡献。费曼对电子运动的描述有点儿像GPS（全球定位系统）装置里的替代路线建议，只是有一个极不寻常的（且完全是量子的）现象除外，即与一般出租车不同，电子是同时走遍了所有的路线。在他的方案里，这就是量子不确定性的来源。正如费曼所说："电子会做任何它喜欢的事情。它可以以任意的速度向任意方向行走，顺着时间往前也好，逆着时间往回也罢，它想怎样就怎样。然后你把（它们路径

图 23 在波兰华沙举行的 1962 年相对论大会上，理查德·费曼（右）正与保罗·狄拉克交谈

的）振幅加起来，就会得到它的波函数。”[11]

为了预测电子到达屏幕上某一给定点的概率，费曼把每条路径用一个复数标记，该复数指明了这条路径对概率的贡献，以及它如何与附近的路径发生干涉。该复数基本上将每条路径都赋予了一个波片段的数学性质。接下来，他写下了一个漂亮的方程，它可以替代薛定谔方程。这个方程把到达屏幕上各个点的所有路径全部加起来，从而构建出粒子的波函数。最后屏幕上的干涉图样就来自将两条狭缝产生的轨迹以费曼的方式求和。从数学上讲，这是因为每个路径对应的是复数，这意味着不同的路径可以彼此增强或减弱，就像波片段一样。

费曼对双缝情况的描述表明，仅仅靠观察屏幕，我们无法得知电子实际上是从哪条缝出来的。这不应该令人感到惊讶，因为量子力学中的历史不只是一个，而是有许多个，而这显然限制了我们对于过去能做出的断言。量子世界里的过去本质上是模糊不清的，它不是我们在回顾过去时通常会想到的那种清晰而明确的历史。[12]

值得注意的是，费曼的“历史求和”方案为我们从总体上思考量子理论提供了一种完全可行且精确的方法。它被恰当地称为量子理论的多历史表述。在费曼看来，世界有点儿像中世纪的佛兰德挂毯——纹路纵横交错，从无数可能性的线索中编织出一幅连贯的现实图景。

史蒂芬对费曼本人以及他对量子物理学的历史求和方法均充满了钦佩之情。20 世纪 70 年代，史蒂芬会定期访问加州理工学院，两人经常见面。他曾告诉我，这个人颇有些个性，但却是一位才华横溢的物理学家。

费曼的架构为物理学家开始在原来的亚原子世界之外思考量子力学提供了一块关键的垫脚石。他的方法表明，经典力学和量子力学虽然表面看上去矛盾，但不一定有本质上的矛盾。因为历史求和方案对小物体和大物体均适用，但对于较大的物体，唯一具有大概率的轨迹是处处遵循牛顿经典运动定律之预言的那条路。因此说到底，微观世界和宏观世界之间没有根本的二元对立。只是对于宏观物体来说，微观上的摇摆不定被平均化成了某种确定的、符合决定论的东西，也就是经典运动的路径。也就是说，经典决定论是从随机的微观量子历史的集体行为中涌现出来的。而相反，如果你深入微观领域，越来越多的随机涨落就变得重要了。

所有这些见解——以及量子理论的惊人成功——意味着，经典的世界观正逐渐淡化。许多物理学家开始相信，最初只是一种亚原子粒子理论的量子理论，将适用于所有尺度上的所有物体。20 世纪 60 年代，惠勒和他的团队甚至开始将时空想象成一个量子泡沫，不断地翻腾出婴儿宇宙的泡泡，还有着时隐时现的虫洞，而在宏观尺度上，它又以某种方式平均化为经典广义相对论下的确定结构。

史蒂芬也大胆地将费曼对历史求和的架构带入了引力领域。他是从吉姆·哈特尔那儿得知的费曼的这套体系，而哈特尔是在加州理工学院做研究生时从费曼本人那里学到的。吉姆上了费曼的课，并协助他进行课堂演示，包括著名的保龄球演示，还帮助编写了史上最著名的物理学教材《费曼物理学讲义》。该书阐述详尽且非常精彩，但很少被大学物理系采用。

1976 年，吉姆和史蒂芬将黑洞的霍金辐射描述为从黑洞泄漏出的粒子，他们像费曼一样把粒子逃离黑洞的所有可能路径加起来。[13]在这一结果的鼓舞下，他们又将目标转向了更具挑战性也更令人困惑的大爆炸奇点，即图 22 中 A 点的宇宙学类比。对于粒子来说，量子不确定性意味着它的位置和速度不能太精确。因此若应用到时空上，它应该意味着空间和时间本身会有些模糊，量子起伏会抹平空间中的各点以及时间中的各个时刻。在可观测的宇宙的几乎全部区域，这种时空模糊性都是极其有限的，因此完全不重要，但在宇宙的早期阶段，随着物质密度和时空曲率的无限增长，量子不确定性将会变得非常重要。按照这样的思路，史蒂芬设想，在很早的宇宙中，量子效应会将空间和时间之间的界限模糊化，导致它们变得有点儿“身份不明”，时间间隔有时表现得像空间间隔，反之亦然。更重要的是，吉姆和史蒂芬大胆地提出，可以对所有这种脑洞大开的时空模糊性进行费曼求和，并且把由此产生的波函数用优雅的几何方式表达出来。

若要对他们的宇宙波函数有个感性认知，请参见图 24。这是我在第 2 章的图 15 中展示过的膨胀宇宙的示意图，但这次我把宇宙这部电影倒过来看。图 24（a）提醒了我们，如果我们盲目地相信爱因斯坦的经典相对论的话将会发生什么：过去的空间越来越小，在某个时刻，它会变成无限扭曲、曲率无穷大的奇异状态，而把时间拖向消亡。

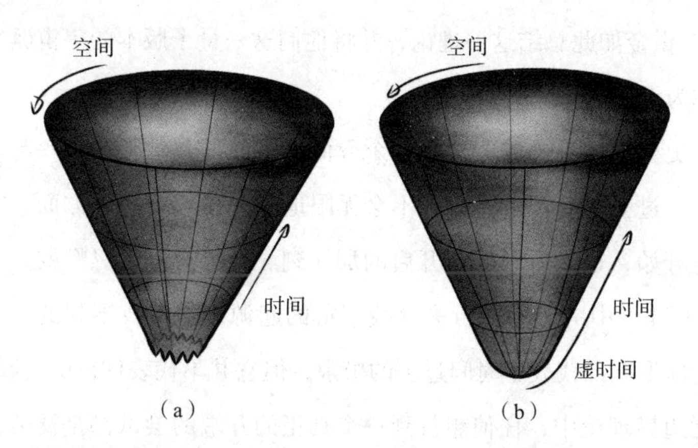

图 24　膨胀的宇宙的经典和量子演化，在这里宇宙显示为一维的圆环。（a）在爱因斯坦的经典引力理论中，宇宙起源于底部的一个奇点，在这个奇点处，曲率无限大，物理定律均失效。（b）在哈特尔和霍金的量子引力理论中，具有奇异性的宇宙起源被代之以一个光滑而圆润的碗的形状，它在各处都符合物理学定律

但吉姆和史蒂芬认为，事实并非如此。根据他们的说法，当我们把时间倒回如此程度时，量子力学效应会极大地改变宇宙的演化过程。事实上，他们设想空间和时间的模糊事实上将会把竖直的时间方向旋转为另一个水平的空间方向。这就为宇宙起源开辟了一个全新的可能性：这两个空间维度可以结合起来形成一个光滑的二维球面，有点儿像地球表面。图 24（b）描述了这种量子的演化。我们

看到，经典宇宙底部的奇点是一个没有任何起因的事件，似乎把宇宙的开始置于科学之外，但在这里它被一个光滑而圆润的量子起源所取代，在各处都符合物理学定律。

这是一个极具原创性的想法。吉姆和史蒂芬的提议的关键是，一个不断膨胀的宇宙在过去并没有奇点，因为在我们回到起点的过程中，时间维度会因为量子效应而变得模糊。在图 24（b）中的碗底部，时间变成了空间。因此，“之前可能发生了什么”这样的问题变得毫无意义。“问大爆炸之前发生了什么，就像问南极以南是什么一样。”霍金如此总结这一理论，并将他们这一量子版本的宇宙诞生理论称为无边界理论。[14]

史蒂芬的无边界假说将两个看似矛盾的性质融合在了一起。一方面，过去是有限的，时间不会无限地往回延伸。另一方面，宇宙没有开始，也没有时间被开启的那一刻。如果你是一只蚂蚁，沿着图 24（b）中的表面爬行去寻找宇宙的起源，你是找不到的。这个碗的球形底部代表了时间过去的极限，但它并不代表创世的一瞬间。在无边界理论中，任何想找到一个真正的开端的尝试都是徒劳，都会迷失在量子不确定性中。

无边界假设绕过时间零点这个难题的方式从美学的角度来看也不乏诱人之处。在该理论中，时空底部的碗感觉像是勒梅特原始原子的几何版本。哈姆雷特说过：“即使把我关在一个果壳里，我也会把自己当作一个拥有着无限空间的君王。”霍金从中得到了启示，他将这一新生的宇宙视为他手中的果壳。

1983 年 7 月，吉姆和史蒂芬将他们的论文手稿《宇宙的波函数》投给了《物理评论》杂志，但发表过程并不顺利。第一位审稿人不建议发表这篇文章，理由是作者将费曼量子理论的历史求和公式扩展到整个宇宙太离谱了。吉姆和史蒂芬随后要求杂志社征求其他人的意见。第二位审稿人表示，他同意第一位的观点，即作者所设想的扩展确实太夸张了。但他又说，尽管如此，稿件也应该发表，“因为这将是一篇有深远影响的论文”。[15] 事实证明，的确如此。勒梅特在他的 1931 年宣言中呼吁从量子的角度看待时间的起源，而 50 年后，吉姆和史蒂芬里程碑式的发现将勒梅特的大胆设想变成了真正的科学假说。他们的全宇宙波函数让人们对宇宙学理论的量子基础产生了兴趣，这将成为物理学家解开大设计之谜的关键所在。

事实上，无边界假说产生于研究引力量子性质的一种全新研究方法，史蒂芬与他的第一代学生在整个 20 世纪 70 年代一直在发展这种方法。这一剑桥学派的量子引力方法基于爱因斯坦的几何语言，但要注意的是，它所用的不是相对论中的弯曲时空，而是不带时间方向的四维弯曲空间形状。

在爱因斯坦的经典相对论中，空间就是空间，时间就是时间。诚然，空间和时间在四维时空中是统一的，我所给出的这些图，无论是闵可夫斯基的无物时空还是彭罗斯的黑洞几何，也都清楚地表明了这一点。但在所有这些图中，我们都很容易看出空间和时间之间的区别：时间的箭头方向指向未来光锥的内部，而空间箭头方向则不然（见图 9）。现在史蒂芬则设想，这具有 4 个空间维度的弯曲几何中封装着引力深刻的量子性质。因此，他的研究计划被称为量子引力的欧几里得方法，以古希腊数学家欧几里得命名。欧几里得是第一个系统性地研究空间维度几何的人。

从几何角度看，从时间到空间的转换相当于将时间方向旋转 90

度。这从图 24 右边那张图中可以明显看出，在“早期”，即碗的底部，时间开始在与空间那个环的维度齐平的水平面上“流动”。这种时间到空间的旋转通常被称为把时间虚化，因为在数学上，旋转相当于将时间乘以一个虚数，即–1 的平方根。显然，这种操作使所有正常演化的概念都失去了意义。把闹钟调到早上$\sqrt{-1}$点无助于你赶早班火车，即使是像英国脱欧这样缓慢的进程也得在实时间里上演。史蒂芬宣称：“任何关乎意识或测量能力的主观的时间概念都会有一个尽头。”但他把爱因斯坦的弯曲几何弯得比任何人都厉害，从实时间到虚时间，他发现了进入量子引力领域的一条激动人心的新道路。

以黑洞为例。在第 2 章的图 12 中，彭罗斯所绘制的黑洞描绘了一个存在于实时间中的经典黑洞的几何结构。虚时间中量子黑洞的几何有着非常不同的形状，它更像图 25 所示的雪茄表面。在这个黑洞的几何中，虚时间里“向前”移动相当于环绕着表面旋转。雪茄的尖端代表黑洞的视界。没有任何东西处于视界之外，即图 25 中它的左边，所以与实时间中的黑洞不同，欧几里得黑洞不具有让理论失效的奇点。就像无边界理论用一个圆润的量子起源代替了经典宇

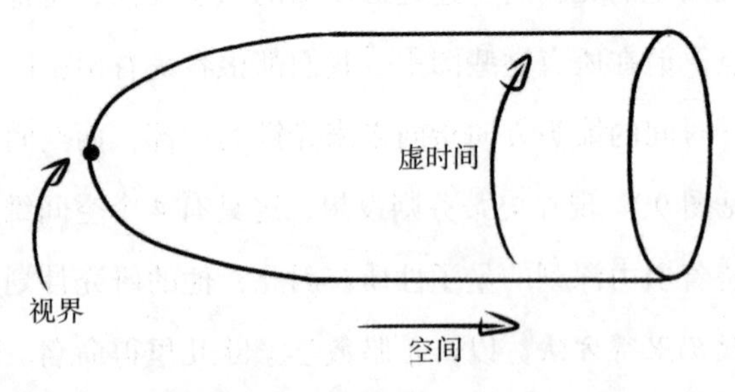

图 25　在虚时间里考察黑洞时，黑洞的形状就像一支雪茄。黑洞的视界对应于左边雪茄的尖端。尖端的几何平滑度与右侧环状的虚时间维度大小相关。后者又决定了黑洞的温度，从而决定了逃逸到实时间里的霍金辐射的强度

宙的奇点开端一样，黑洞的欧几里得表述有一个光滑而柔和的几何结构，符合各处的（量子）物理定律。通过研究黑洞的欧几里得形状，史蒂芬和他的剑桥小组得以深刻理解了为什么黑洞不是完全黑的，而是像具有一定温度的普通物体一样辐射量子粒子。[16]

欧几里得几何对引力量子性质的描述能力给史蒂芬留下了非常深刻的印象。他的虚时间方法成了他后来努力将引力与量子理论的原理相结合以解开大爆炸秘密的基石。他一度宣称："我们可以认为，量子引力和整个物理学其实都是在虚时间里定义的。我们在实时间里解读宇宙，这只是我们感知的结果。"[17]

在通常（即不考虑引力）的量子力学中，将时间旋转到空间是物理学家用来对粒子的历史进行费曼求和的标准技巧。这是因为在虚时间中添加路径可以使复杂的费曼求和变得简单。在计算结束后，物理学家再将其中一个空间维度转回实时间，并读取粒子这样或那样的概率。但吉姆和史蒂芬不想再转回实时间了。他们提出的无边界方案的大胆之处在于，当涉及宇宙起源时，时间向空间的转换不再仅仅是一个巧妙的计算技巧，而是一个基本性的东西。他们的理论认为，宇宙的故事是：时间曾经根本不存在。

话虽如此，这个无边界的想法中也有一些爱因斯坦的思想。1917 年，当爱因斯坦开创相对论宇宙学时，他曾对宇宙空间边缘的边界条件感到不知所措。爱因斯坦得出的结论是，如果空间没有边界的话，那将会容易得多。受此引导，他将我们宇宙的空间部分想象成一个巨大的三维超球面，它很像普通球体的二维表面，没有边缘或边界。史蒂芬和吉姆凭借他们的无边界假设连同初始边界也一起消除了。据此，他们以类似爱因斯坦的方式解决了时间零点的边界条件问题。

史蒂芬发展出量子引力几何方法的时期，他的双手正在丧失书写方程的功能，这相当不凡。很可能正是这一损失促使了他尝试用几何和拓扑学的语言来表现深不可测的量子引力问题。他可以在黑板上直观地将其画出来，并在大脑中进行某种程度上的处理。可视化确实是史蒂芬思考的核心。与史蒂芬合作意味着要使用形状和图片来表示数学关系的物理本质。在我们合作的早期，我就感受到了一次他在没法写方程式的情况下是如何处理计算的。那时他刚接受过一次重要的手术，在医院恢复，我到医院探望他。我们聊了一会儿他刚刚经历的这场折磨，然后史蒂芬就叫我去医院副楼里给他找一块白板。当我终于找到一块白板后，他让我在上面画一个圆圈。在那个下午，这个圆圈代表的是当你将图 24（b）中膨胀中的量子宇宙的演化投影到一个平面上时得到的圆盘边缘。宇宙的起源位于圆盘的中心，而今天的宇宙则对应于这个圆圈。当然，这一切都是在虚时间里。

史蒂芬详细发展了他的量子引力欧几里得方法，这带给他的领悟是以任何其他方式都无法获得的。无边界假设也许是这方面最引人注目的例子。但它的时间向空间旋转这一核心思想也意味着宇宙开始时的真实情况非常难以理解。那个时空底部的“碗”表明，我们应该放弃我们曾经所珍视的想法，即时间总是存在，可以给“之前”和“之后”赋予意义。但令人沮丧的是，它几乎没有说明在没有时间的情况下会发生什么（如果确有事情发生的话），也没有说明什么样的微观量子模糊性累加起来以后会产生这一碗状的几何结构。这个理论就好像在试图告诉我们，我们不应该问这么难的问题。

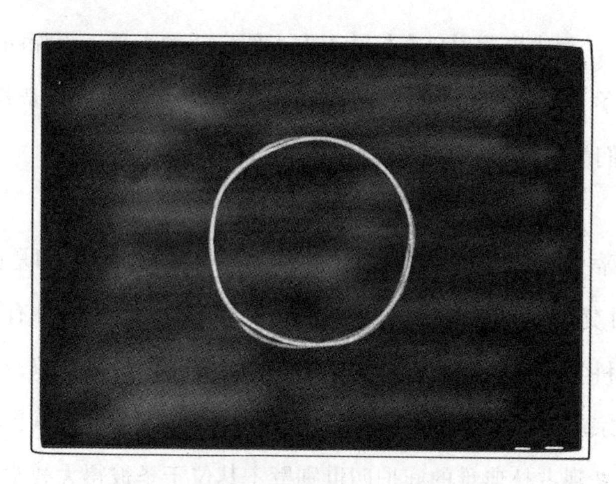

图26 膨胀宇宙在虚时间里的演化

因此，物理学家抱怨说史蒂芬对欧几里得几何的这种创造性的运用就像变魔术一样。他的整个方法常常被认为是剑桥派的奇门异术。为什么时间会表现得如此奇怪？问题的一部分是史蒂芬使用的欧几里得框架不是一个成熟的量子引力理论，而是一个半经典混合体，它将经典元素和量子元素放在一起，没有清晰的数学指导。史蒂芬和他的学生们是在摸着石头过河，边探索边发明规则。正如哈佛理论学家悉尼·科尔曼在试图根据欧几里得方法论证宇宙学常数应该为零之后所说："欧几里得引力公式并不是一个基础扎实、程序规则明确的课题；事实上，它更像是一个无路可走的沼泽地。我想我已经安全地穿过了这片沼泽，但总有可能在我自己都不知道的情况下，流沙已经没过了我的脖子，我很快就要沉下去了。"[18] 然而，史蒂芬并没有被吓倒。他反驳道："只要理论是对的，严不严谨无所谓。"他只是有一种非常强烈的直觉，觉得欧几里得几何为我们进入宇宙中最极端的区域——黑洞和大爆炸——提供了一个无比强大的办法。如今，距离他在量子宇宙学方面做出开创性工作已经过去了近 40 年，无边界假说仍在持续引发人们广泛的兴趣、深深的迷惑和激烈的争论，但迄今为止，还没有出现一个可行的方案来替代它，描述我们最深远的起源。

史蒂芬首次提出宇宙没有边界，没有明确的创世时间是在 1981 年 10 月梵蒂冈宗座科学院的一次会议上，这似乎是一种有意的响应。该科学院的既定目标是就科学问题向梵蒂冈提供建议，并增进科学与宗教之间的相互理解。为此，宗座科学院邀请了世界各地的科学家来到古朴典雅的庇护四世别墅（其位于圣彼得大教堂后面的植物园中），就“宇宙学和基础物理学”这一主题进行了为期一周的辩论。[19] 但大爆炸成了一个敏感的论点。这一周的早些时候，教皇若望·保禄二世向与会科学家说道：“每一个关于世界起源的科学假设，比如由原始原子产生整个物理宇宙的假设，都会留下宇宙起源的问题。光凭科学无法解决这个问题。它需要超越物理学和天体物理学的知识，这就是所谓的形而上学。特别是，它需要来自上帝的知识。”[20] 似乎是在回应教皇的训示，史蒂芬在一场题为“宇宙的边界条件”的精彩演讲中提出了一个大胆的想法——宇宙有可能根本没有开端。“宇宙的边界条件应该是非常特别的，但最特别的条件莫过于压根儿没有边界。”他此语一出，四座皆惊。

由此产生的无边界宇宙波函数，过去是，现在仍然是一种全新的物理规律。它既不是动力学定律，也不是边界条件，而是两者的融合，共同展现出一种新的物理学。我在前文中提到，经典物理学和通常关于粒子的量子力学都遵循正统的二元论预言机制，将定律与初始条件分开。但对于无边界宇宙学来说情况并非如此，它放弃了这种二分法，转而采用了一种更一般的机制，即把初始条件和动力学同一而论。根据无边界假设，宇宙不一定有一个必须指定好外部条件的A点。

事实上，类似这样的事情早已有之。保罗·狄拉克在1939年的爱丁堡演讲中，就已经预见到了物理学中二元论的消亡。“这种（物理定律和约束条件的）分离在哲学上让人很不满意，因为它违背了自然统一的整个理念，所以我认为可以有把握地预测它将来会消失，尽管那样会导致我们通常的理念发生惊人的变化。”40年后的无边界提案正是这么做的。

吉姆和史蒂芬凭借他们的假设，实现了从康德到爱因斯坦的一众伟大思想家都认为不可能实现的目标。他们的理论弥合了宇宙演化与宗教创世之间由来已久的鸿沟，最终将宇宙起源的问题牢牢地置于自然科学之中。它为最终解决宇宙起源的难题提供了机会。这显然非常诱人。史蒂芬真的感觉到，他找到了一种绕过奇点的方法，破解了关于存在的巨大谜团。

与勒梅特不同的是，史蒂芬并未有意避免将神学纳入他的宇宙观。“宇宙应完全是自给自足的，不受任何外界事物的影响。”他在《时间简史》中写道，“它既不会被创造，也不会被摧毁，它只是……那么，哪里还有创世者的位置？”史蒂芬认为，无边界理论不需要让宇宙运转的“第一推动力”，因为它表明宇宙可以从无到有。当然，史蒂芬在《时间简史》中的这段话中所唤起的“夹缝中的神”[①]，与勒梅特的“隐藏的上帝”相去甚远，后者甚至在创世之初就隐藏起来了。

---

① “夹缝中的神”是一种西方神学观点，指科学领域由人类知识掌控，而科学领域之间的未知区域（“缝隙”）才由神掌控。随着科学的发展，科学领域不断扩大，而缝隙越来越窄，即神的控制范围越来越小。——译者注

要知道，这是早期霍金的演讲，那时他还在拥护爱因斯坦的形而上学立场。早期的霍金同爱因斯坦一样，认为物理学的数学定律有着超越它们所支配的物理现实的某种存在。事实上，爱因斯坦讨厌大爆炸的想法，很大程度上是因为它似乎破坏了这一理想。史蒂芬的奇点定理看起来支持了爱因斯坦的质疑，而量子宇宙学中取代奇点的无边界碗似乎也让人把握住了宇宙的起源，同时又坚持了爱因斯坦的理想主义。这确实是一个令人兴奋的可能性。

然而，正如爱因斯坦的相对论让他自己大吃一惊一样，无边界假设也会让史蒂芬大吃一惊。这一无边界提案的早期版本还远远不够刺激！

图 27　剑桥大学国王学院，史蒂芬·霍金和他的徒子徒孙们在他的 60 岁生日聚会上

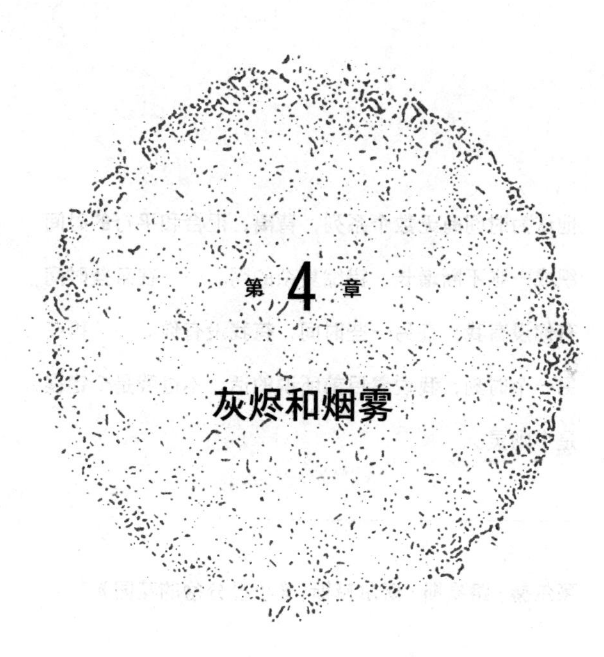

第4章

灰烬和烟雾

他认为时间有无数个系列，背离、汇合和平行的时间织成一张不断增长、错综复杂的网。……在某些时间，有你没有我；在另一些时间，有我没有你。……再在另一个时刻，我说着目前所说的话，不过我是个错误，是个幽灵。

豪尔赫·路易斯·博尔赫斯，《小径分岔的花园》[①]

---

① 引自《小径分岔的花园》，豪尔赫·路易斯·博尔赫斯著，王永年译，上海译文出版社（2015）。——编者注

史蒂芬在剑桥的相对论小组就像一个摇滚乐团一样：不拘小节，脱离日常现实，并且雄心勃勃地想要改变世界。

这个小组的大本营设在剑桥的应用数学和理论物理系（DAMTP），由应用数学家乔治·巴彻勒于1959年创立。DAMTP最初位于卡文迪许实验室的副楼内。卡文迪许实验室是剑桥一座著名的实验室，1897年，J. J. 汤姆孙在那里发现了电子；1953年，沃森和克里克在那里破译了DNA的螺旋结构。[①]后来到了1964年，DAMTP搬到了旧出版社所在地，位于菲茨比利面包店对面，在银街和米尔巷之间。这也是我第一次见到史蒂芬的地方。这座维多利亚时代的建筑从外面看并不起眼，里面的房间设计也极不合理，迷宫般的昏暗走廊不是通向演讲室、死胡同，就是通向满是灰尘的办公室。但我们喜欢这个地方。

DAMTP最有活力的区域是它的“公共区”。在这里，梁柱支撑起高高的天花板，墙上前任卢卡斯教授们的肖像表情严肃地俯瞰着大家。区域内摆放着塑胶制的扶手椅，还有一个布告栏，上面贴满

---

① 据剑桥民间传说，沃森和克里克实际上在街对面名为“鹰”的酒吧里发现了DNA。

了学生聚会或科学会议的海报。20 世纪 60 年代中期，丹尼斯·夏马就是在这里推出了几乎强制参加的每日茶会制度。到了下午 4 点整，这里就会亮起灯，柜台上的杯子像玩具军队一样排列，茶也会供应上来。很快，大厅里就会热闹起来。毕竟，理论物理学是一种深刻的社会追求。

史蒂芬会从他办公室的那扇橄榄绿的门后边出来。他右手拿着遥控器，左手握着转向杆，驾驶轮椅穿过人群以加入谈话——偶尔会轧到别人的脚趾。人们围在矮桌旁讨论，桌面是白色可擦洗的，非常适合书写方程式并不断地尝试新想法。茶本身不怎么样，但这种场合把人们聚在一起，催生了卓越的科学工作。以领导了原子弹计划而闻名的罗伯特·奥本海默是普林斯顿大学高等研究院的前院长，他曾说过："通过茶，我们互相向彼此解释了我们不理解的东西。"多年来，DAMTP 的茶正是起到了这个作用，它将这里的公共区域变成了理论物理学的国际新闻中心。

每天的茶会为我和史蒂芬建立了一种比传统师生关系更深的纽带。通常，在公共区人尽散去之后，我们的讨论还会继续很长时间，一直到晚上，要么是在米尔巷剑河畔的酒吧（它是 DAMTP 成员下班后常去的酒吧），要么是在他位于华兹华斯路的家中边吃晚餐边聊。[①]与史蒂芬合作是一个全身心投入的过程。他的职业生活和个人生活间没有太大区隔，在许多方面，他把他的亲密合作者圈子视为自己的第二个家庭。

约翰·惠勒曾经说过，做伟大的科学有三种方法：鼹鼠的方法、野狗的方法和地图绘制者的方法。鼹鼠是从地面上的一点开始，有

① 那时候他经常用很辣的咖喱招待我。

条不紊地向前移动；野狗是东嗅西嗅，从一条线索被引到另一条线索；地图绘制者则是构想出整体图景，对事物如何结合有了一个直觉，从而找到新的见解。在我看来，霍金是一位地图绘制者。

夏马非常善于将大家聚集到一起来解决理论物理学中关键的未解谜题，史蒂芬则从自己的地图中得到了属于自己的清晰计划。不过他要依靠我们来填补地图上的空白。从第一天起，史蒂芬就希望我们与他合作，将他头脑中宏大的直觉图像转变为成熟的研究项目，并付诸实践。因此，他跟我们的亲近程度要胜于大多数导师。

显然，由于通过他的语音合成器与他交流必然会受到限制——不仅在语言方面，而且特别是在处理方程的时候——史蒂芬无法在详细计算过程中提供太多指导。相反，他负责制定总体方向，并在我们前进的过程中进行调整。也就是说，在史蒂芬的地图上导航时，我们的手边只有他密码一般的简短指令，这一任务的难度之大可能会令人沮丧，但这本身也是一种刺激，因为它迫使作为他学生的我们创造性地独立思考。

史蒂芬也很信任我们。他流露出一种无法抑制的信心，相信我们能够解开这些困难的宇宙谜题。同样，尽管疾病令他衰弱，但他钢铁般的决心仍使他坚持下去，也在他的科学工作中显出一种倔强。每当一条研究路线被堵死，在我觉得我几乎已经证明了我们试图做的事情是不可能的，因而深陷绝望的时候，史蒂芬就会出现，展开他的思想的地图，提供一个新的视角，将我们从厄运的深渊拉到一条新的轨道上。这就是霍金的工作方式——触及最深层的问题，从不同的角度不断地攻克它们，并找到前进的道路。

作为一位天外救星般的导师，他将自己的角色发挥得淋漓尽致。此外，他的信任、机智和他散发出的热情意味着，他为我们的研究团队注入的不仅是源源不断的优秀科学思想，还有某种亲密感。诚然，史蒂芬的剑桥小组研究的是黑洞和宇宙，但我相信我们从他那里学到的更多的是关于他的精神。他教给我们关于勇气、谦逊以及如何生活的知识不比量子宇宙学的知识少。

当然，在我们的合作展开之时，史蒂芬已经成名，事务繁忙。但他将他的名声留在了DAMTP的围墙外。我在读早报时，可能会看到一张他驾车穿过拉姆安拉[①]，或在零重力飞机中飘浮在半空中的整版照片，但一旦进入DAMTP，他就只是我们中的一员，努力探索并试图从最深层次理解我们的宇宙及其规律，而且全身心地享受这一切。

史蒂芬是个奇迹。在他的身上，体现了一种对科学中大哉之问的探求之心和轻松心态及娱乐精神的奇妙糅合。只要他在场，这种娱乐精神随时随地都可能出现，而且是不可抗拒的。有一天，他鲁莽地从帕普沃斯医院跑出来，只为了去看一场默剧。在科学方面，史蒂芬的演讲中必然会包含一些笑话。[②]向来都是如此。尽管他的话晦涩难懂，有如神谕一般，但他也以闲聊为乐（根本不管这么做有多浪费时间）。

史蒂芬智慧和趣味的独特融合使得他无论走到哪里，都会给周围带来魔力。当然，这也使得他永远不能以安静、不引人注目的方式进入房间。

---

① 拉姆安拉为巴勒斯坦城市。——译者注

② 当他在人少的场合讲笑话的时候，会有人从他的肩膀后面看过去，眼睛跟着屏幕上的每一个字。在这种场合下，为了讲好笑话，史蒂芬开发出了一种非常巧妙的方式，使得人们直到看到最后一个字后才能搞清楚，他是在传达一个深刻的见解，还是在讲一个普通的笑话。

1998 年 6 月，当我登门拜访史蒂芬时，他的量子宇宙学项目正在如火如荼地进行。《时间简史》出版后的狂热已经消退，第二次弦论革命正在产生奇妙的理论新见解，史蒂芬的团队也忙得不可开交。与此同时，望远镜技术的进步正在将宇宙学从一个充满猜测的领域转变为一门以对跨越数十亿年的宇宙演化过程的详细观测为基础的定量科学。这是宇宙学发现的黄金 10 年，当时我们觉得大自然之书正向我们敞开，等着我们去如饥似渴地阅读。

1989 年美国国家航空航天局发射的宇宙背景探测卫星（简称 COBE）在我们对宇宙历史极早期的观测中发挥了关键作用。COBE 上的一项实验证实，古老的宇宙微波背景辐射（CMB）具有接近完美的热谱，温度为 2.725 开尔文。但 COBE 又进行了第二项实验，即较差微波辐射计实验，旨在扫描不同天区 CMB 辐射温度的微小差异。这是一项史无前例的伟大实验。宇宙学家一直都知道，既然晚期的宇宙并非完全均匀，那么早期的宇宙也就不可能是完全均匀的。今天，我们发现了物质聚集成星系和星系团。如果宇宙最初是一种完全均匀的气体，那么这个星系的网络就永远不会形成；而因为星系是宇宙中生命的摇篮，所以我们也就不会存在了。然而，在原始等离子体中，即使是最小的密度变化，也会在引力的影响下随时间的推移被放大，从而可能让更稠密区域的物质聚集起来，形成宇宙结构。宇宙膨胀和引力聚集会产生相互竞争的效应，计算表明，要在大约 100 亿年的时间内长出星系，新生宇宙的种子的相对密度扰动必须至少达到十万分之一。自从 20 世纪 60 年代中期偶然发现 CMB 以来，宇宙学家一直在它上面寻找这些扰动的痕迹，COBE 卫星是他们最后的希望。COBE 的设计就是为了达到这一关键的灵敏度，以寻找我们的宇宙学根源，它正在挖掘热大爆炸理论的基本自洽性。

令宇宙学家们欣慰的是，COBE刚好找到了它所寻找的东西。它的数据显示，早期的宇宙确实有的地方更热一些，有的地方更冷一些。CMB的平均温度为2.725 0 K，但可能在一个方向上的温度为2.724 9 K，而在另一个方向上的温度则为2.725 1 K。“这就像看到了上帝。”COBE的首席研究员在新闻发布会上兴奋地宣布。

微弱的微波光子是我们所能观测到的最古老的光子。[1]用采集光子的望远镜，我们无法观测到更早的时代了。然而，我们肯定会好奇是什么导致了原始热量的微小涨落，毕竟，CMB辐射的这种微小变化必然是更早期过程的结果。不幸的是，COBE的影像有些模糊，无法分辨小于10度的微波背景，因此宇宙学家对它所观测到的热斑和冷斑的起源仍旧摸不着头脑。但COBE确实让宇宙学家意识到，在原始火球的灰烬和烟雾中蕴藏着多么丰富而珍贵的信息，只待他们读懂藏在宇宙微波背景辐射中的隐文。自COBE以来，这微弱的微波背景一直像一块幕布一样，现代宇宙学在上面投影出最深层的问题。

到了20世纪末，天文学上的“黄金”观测终于开始破译宇宙的诞生证明，实现勒梅特70年前提出的愿景：

> 世界的演变，好似一场刚刚结束的烟火表演；
> 几缕红色的灰烬和烟雾，
> 升起于一块冷却的煤渣上。
> 我们望着渐渐退去的残阳，
> 试图回忆世界起源时消失的辉煌。[2]

史蒂芬一直致力于将宇宙学理论与观测相联系。他也曾殷切地希望，宇宙学家们能够通过仔细筛选这些“灰烬”，重构出宇宙的起源。

而到了 20 世纪 90 年代，史蒂芬对他的无边界假设已经很是着迷。它巧妙地规避了与万物起源相关的古老悖论，具有不可抗拒的魅力。对霍金来说，它还带着真理的光环。有充足的证据表明，他确实认为这是他最伟大的发现。[3] 但无论一个宇宙学理论多么优雅或美丽，对它真正的考验还是它的预言是否符合观测结果，而霍金也是第一个强调这一点的人。假设宇宙真的是“从无到有”，从一个纯空间的球形块中诞生的，那么这种斑点状的CMB天图会是什么样？这是一个有趣的问题，此刻也排到了史蒂芬议程的首位。但要回答这个问题，我们必须首先回到宇宙暴胀，即宇宙在早期经历了短暂的超高速膨胀这一想法。

宇宙暴胀理论在 20 世纪 80 年代初，由理论物理学家阿兰 · 古斯、安德烈 · 林德、保罗 · 斯坦哈特和安德烈亚斯 · 阿尔布雷希特首创。它被认为是自热大爆炸模型诞生以来，对该模型最重要的改良。一开始，暴胀被认为是宇宙历史上很早的一个短暂的临时阶段，在那段时间，引力会强烈往外排斥，导致剧烈的极端膨胀。暴胀理论的先驱们设想，可观测宇宙可能在不到一秒的时间内就扩大了 10^{30} 倍，大致相当于原子和银河系之间的尺度差。

这种急速膨胀引起了理论学家们的兴趣，因为它可以简洁地解释我在第 3 章中讨论的谜题：为什么宇宙在最大尺度上如此平滑和均匀？宇宙经历过一段短时间的超高速膨胀，意味着即使是当今可观测宇宙中最遥远的区域，在暴胀开始时也很接近，完全处在彼此的视界之内。请看图 20，实际情况是，即使是极短暂的超高速暴胀，也会将大爆炸奇点更进一步地往下移，从而创造出一个单一的、内部互相连通的环境，覆盖着我们的整个过去光锥。因此，整个可观测宇宙便会有一个共同的因果起源，从那里出来的东西可以在任何地方都几乎相同。

不过乍一看，暴胀背后惊人的数字很是离谱。感受一下：空间在短暂的暴胀期间内的巨大膨胀，将远远超过随后138亿年中宇宙的总膨胀倍数！是什么样的奇怪物质形式才可能导致空间以如此戏剧性的方式伸展？暴胀理论的先驱们提出，可能是所谓的标量场。这种场是一些奇特的物质形式，可以表现为不可见的、充满空间的物质。它们类似于电场和磁场，但更为简单，因为它们在空间中的每个点都只有一个数值，没有方向。一个著名的标量场是希格斯场，它于2012年在欧洲核子研究组织（CERN）被发现，是粒子物理标准模型的封顶石。标准模型的理论拓展通常包含大量标量场，其中一些可能是宇宙中暗物质的一部分。负责暴胀的标量场被恰当地（尽管也可能令人迷惑）称为“暴胀子场”。暴胀子场是一个假想场，迄今为止无论是在CERN还是地球上其他地方都没有被发现。暴胀理论预言，暴胀子场会让早期宇宙在短时间内膨胀到令人完全难以置信的尺度。

但标量场何以成为如此强大的反引力源呢？标量场与所有其他形式的物质一起，出现在爱因斯坦方程的右侧。然而，与普通物质不同，标量场在一些重要性质上类似于宇宙学常数，也就是爱因斯坦提出的常数项。与宇宙学常数一样，标量场均匀分布，填充它的空间的不仅有产生互相吸引的引力的正值能量，还有产生反引力的负值压强或者说张力。而最后，标量场的反引力超过了它们的引力，这就是为什么它们不同于所有其他形式的物质，会使得膨胀加速。此外，暴胀还会随着空间的不断膨胀而增强。通常的物质会随着空间膨胀而损失能量，但暴胀子场注入宇宙的负压意味着，该场就像宇宙学常数一样不会被稀释，而是从宇宙膨胀中获得能量。[4]

早在 1917 年，爱因斯坦在向他的理论中加入宇宙学常数的时候，就对该常数的值进行了精细调节，使其所产生的斥力完美地抵消了物质的引力，让宇宙静止不动。60 年后，暴胀的先驱们更进一步，他们设想，在宇宙早期的一段极短时间内，暴胀场的反引力将远远超过所有引力源提供的引力，把大爆炸变成一个真正的爆炸——一下子引爆了宇宙的极速膨胀。

图 28 展示了暴胀理论是如何运作的。该曲线代表（假想的）暴胀子场中不同场值对应的能量密度。曲线的高度表示暴胀子的反引力强度大小。暴胀宇宙学认为，在宇宙的早期阶段，暴胀子场在一个很小的空间区域内以某种方式暂居于其能量曲线上的高处。这将导致这片空间暴胀，而它内部的暴胀子场则缓缓向其能量的谷底滚动。一旦暴胀子降至最低能量态，暴胀的能量就会耗尽，宇宙的快速增长将接近尾声，宇宙也将过渡到更缓慢的膨胀。因此，尽管都会导致排斥性的引力，但暴胀子场在一个重要方面与宇宙学常数有

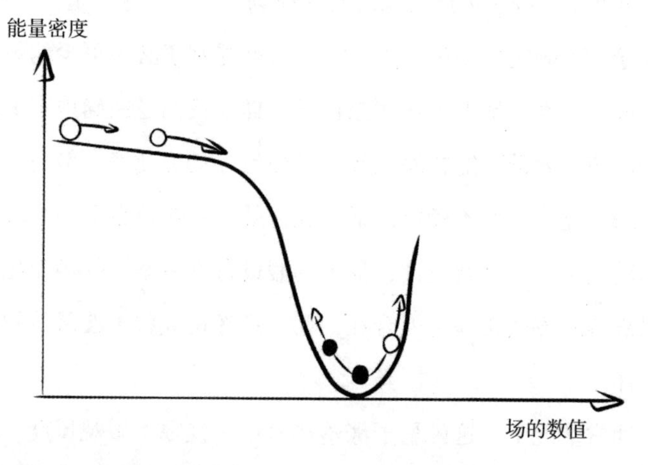

图 28　纵轴是暴胀子场中含有的能量密度，横轴代表场的不同值。当宇宙暴胀时，该场倾向于往下滚动，一直到能量的谷底

所不同：宇宙学常数显然只是个常数，而暴胀子场的值可以随时间变化。暴胀子的这一性质使得这种快速膨胀的开启和关闭成为可能，暴胀理论学家利用的正是这个关键性质。

在暴胀结束时，储存在暴胀子场中的大量能量必将转移到某处，而它们转化成了热量。当暴胀停止时，滚动中的暴胀子将使宇宙充满热辐射。这些热能中的一部分随后会变成物质，因为爱因斯坦的公式$E = mc^2$告诉我们，只要能为一定质量（m）的粒子提供足够的能量（E），高能辐射粒子（光子）就有可能转化为有质量的物质粒子。在暴胀结束时，暴胀所释放出的强大能量很可能已经将宇宙加热到约10^{27}度，足以产生可观测宇宙中所包含的10^{50}吨物质。

因此，暴胀在不到一眨眼的时间内产生了一个巨大并且均匀的宇宙。但是，COBE所发现的CMB中那些至关重要的涨落又怎么办？暴胀所产生的是一个“几乎”但不“完全”均匀的宇宙吗？

事实上，确实如此。像所有物理场一样，暴胀子是一个量子场。海森堡的不确定性原理表明，它也必须受制于必不可少的量子模糊性。这意味着，暴胀子场就像粒子一样，我们越精确地定下给定位置场的值，就越不能精确地知道该位置场的变化率。但是，如果一个场的变化率有些不确定的话，我们就无法知道在下一个时刻它的确切值是多少。也就是说，量子场假设有许多不同的场变化率和场值以涨落的方式奇怪地混合在一起，就像构成粒子波函数的许多路径一样。

通常情况下，这种量子涨落非常小，仅限于微观尺度。但激烈的宇宙暴胀绝不属于通常情况。研究暴胀的理论学家很快意识到，他们所设想的剧烈膨胀会把微观量子涨落放大，并将其拉伸成宏观的波状变化，这令他们感到惊讶。即使暴胀开始时只有不确定性原理所允许的最低程度的涨落，急速的膨胀也会将它们转变为宏观的波动，在整体光滑的膨胀宇宙上叠加一种场的波状变化模式，像是原本光滑的湖面上漾起的波纹。

而关键在于，当暴胀结束时，暴胀子会将其能量释放为热量，而新生宇宙中所充斥的热气体就会把这些波状变化继承下来。因此结果就是，任何从暴胀中产生的宇宙在辐射温度和物质密度方面都有微小的不规则性。在随后放缓的宇宙学膨胀下，越来越多的原始波纹将进入我们的宇宙学视界，从而变得可见，有点儿像到达海岸的波浪一样。我们可以欣赏到辐射温度的涨落。若是比较 CMB 在天空中不同方向上的温度，这些涨落会在 CMB 上表现为热斑和冷斑。但物质密度的变化将变得更为重要，因为它们可以成为星系成长的种子。最初密度较低的区域会膨胀得更快并变得空洞，而物质较多的区域则开始从周围吸引更多的物质，这会增强密度差异，并由此塑造出我们今天看到的大尺度星系网。

1982 年夏天，史蒂芬和加里·吉本斯把主要的暴胀理论学家聚集在了剑桥。几年后，史蒂芬深情地回忆起这段经历，他认为这才是一个真正的研讨会。这场研讨会名为“极早期宇宙”，由纳菲尔德基金会资助，该基金会是一个慈善组织，由汽车巨头威廉·莫里斯，即纳菲尔德勋爵于 20 世纪 40 年代创立。[①]一连几天，史蒂芬和他的同事们都一直在争论，由暴胀所产生的各种原始变化的标志性特征

① 事实上，这是史蒂芬在剑桥主持的第二次纳菲尔德会议。第一次会议的主题是超引力，正如史蒂芬开玩笑地总结说，它“被认为是人们度过 4 个星期的一种有益方式”。那次会议同样令人难忘，还留下了那块创造性地描绘了整个过程的黑板，它成了史蒂芬办公室的点缀，直到他生命结束（见插页彩图 10）。

是什么。但到研讨会结束时，你猜怎么着？他们一致认为，暴胀将在明暗交错的CMB涨落中留下一个难以觉察到，但又鲜明、清晰可辨的印记。[5]也就是说，在纳菲尔德研讨会中，理论学家已经为暴胀找到了一些确凿的证据，我们只要仔细扫描天空的微波背景，就能发现它们。他们的发现堪称理论宇宙学乃至整个科学领域最惊人的预言之一。这些波一样的暴胀遗迹被冻结并保存在CMB中，且保持着惊人的数学精度，它们无疑是人们所能发现的最古老的化石之一。

这次纳菲尔德会议有充足的理由成为传奇。1982年的纳菲尔德研讨会对宇宙学的意义就像1911年索尔维会议对原子物理学的意义一样。研讨会上产生的结果标志着早期宇宙研究的成熟。暴胀理论的预言清楚地表明，量子力学不仅对微观世界，而且对我们在最大尺度上对宇宙的观测也具有深远的影响。正如1911年索尔维会议标志着量子力学在此刻被认为是原子世界的中心，1982年的纳菲尔德研讨会表明量子力学对宇宙学同样至关重要。暴胀理论认为，CMB中的热斑和冷斑是原始的量子模糊性在宇宙的天空中被放大的结果。更重要的是，它预言，升级版的COBE若能够拍摄到CMB斑点的清晰图像，应该能够验证这一切。这样的图片将建立起一座宏伟的桥梁，将我们今天的宇宙学观测与大爆炸后10^{-32}秒以内的微观量子起伏联系起来。

史蒂芬没有掩饰他对研讨会结果的兴奋之情，他写道：“暴胀的假说有很大的优势，它可以预言宇宙今天的密度，以及偏离空间均匀性的谱。在不久的将来，我们应该可以对它们进行检验，要么证伪这一假设，要么支持它。”[6]

暴胀所产生的CMB中的这些斑斑点点可以理解成宇宙学版本的

黑洞霍金辐射，这是黑洞和大爆炸之间的另一个有趣的联系。我之前提过，霍金辐射源于黑洞附近物质场的量子起伏。这些起伏会产生成对的粒子，这些粒子会突然出现，持续一段时间，然后再次消失，就像一对海豚短暂地跃出海面，然后再次潜入海中。物理学家称它们为虚粒子，因为与真实粒子不同，它们的寿命过于短暂，不足以被粒子探测器探测到。然而，在黑洞视界附近，虚粒子可以变成实粒子。这是因为虚粒子对中的一个粒子可能落入黑洞，使另一个粒子自由逃逸到遥远的宇宙中，并表现为黑洞发出的微弱辐射。[7] 暴胀宇宙则像是一个内外颠倒了的黑洞：快速暴胀放大了与我们周围的宇宙视界相关联的量子起伏，这使得在微波频段中，宇宙会微弱地闪着光。暴胀预言，我们正沉浸在霍金辐射的宇宙热浴中。

史蒂芬最终还是活着看到了对 CMB 辐射的详细观测，尽管这在当时看来希望渺茫。令他非常满意的是，观测到的变化模式确实与暴胀的节奏相匹配。

2009 年夏天，欧洲空间局发射了普朗克卫星，该卫星成功地在近 15 个月的时间里收集了古老的微波背景光子。在这方面，卫星比地基的望远镜做得更好，因为它们不必穿透我们的大气层来进行观测，并且可以扫描整个天空。普朗克卫星记录了从四面八方到达我们的 CMB 光子的温度和偏振。随后，普朗克卫星的天文学家团队编制了一张精致详细的微波背景天图，将 COBE 的模糊图像变成前所未有的清晰图像。插页彩图 9 就展示了这张图片。请将 CMB 天空想象成一个巨大的、极其遥远的球面，它是一个包裹着我们的宇宙视界，地球位于它的球心。我之前在图 2 中展示的 CMB 天图是这个球面在一个平面上的投影，就像人们绘制世界地图时所做的那样。

乍一看，CMB球面上的斑斑点点似乎是随机的，但仔细观察就会发现，刻印在这数百万像素中的，正是我们长期以来寻求的原始暴胀的特征性变异。

图29展示了这种由暴胀给出的扰动模式，它给出了天空中两点间预期的温度差与这两点角间距之间的关系。我们看到，往小角度方向，温度变化量振荡并衰减，就像钟声一样。普朗克卫星的观测数据（图中的点）与理论预言（图中的曲线）之间的一致性令人惊讶，这种波浪形的变化模式已经成为现代宇宙学的标志性图像之一。人们普遍认为，这是第一个强有力的证据，证明我们最初起源于原始暴胀时在急速膨胀中被放大和拉伸的量子起伏。普朗克卫星确实配得上这位天才的名字。

更重要的是，CMB变异中的振荡行为也告诉了我们一些关于当今，甚至未来宇宙构造的信息。这是因为变异谱更精细的细节不仅取决于它们的暴胀起源，还取决于宇宙在整个演化过程中的几何结构。利用爱因斯坦理论将时空的几何形状与时空中的成分联系起来，普朗克卫星的精确数据就能使物理学家充分了解宇宙的组成。

以图29中第一个峰的位置为例，它出现在天空中分离角大约1度的尺度上（作为对比，一轮满月的展宽大约为半度）。这个峰值的位置表明，可观测宇宙的空间形状几乎没有弯曲。因此，如果说三个空间维度形成了一个超球面，那么这个超球面一定非常之大，以至于即使在我们宇宙视界的尺度上来看，它似乎也是平直的，就像地球在我们眼前看起来是平坦的一样。

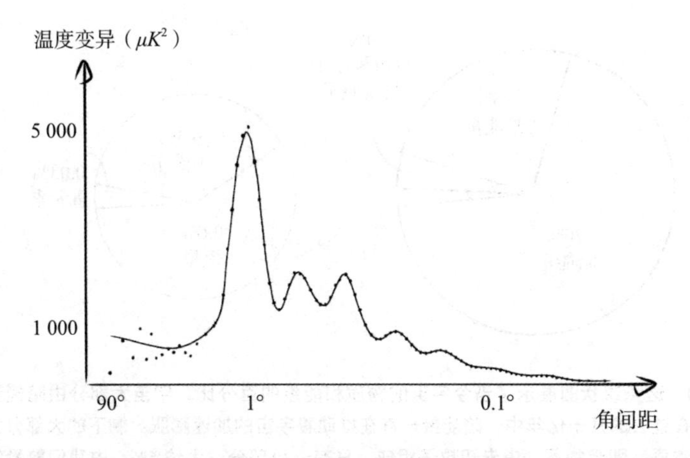

图 29 纵轴为 CMB 温差的期望值，横轴为天空中两点之间的角距离。越往左边角度越大，越往右边角度越小。实线表示暴胀理论的预言。这些点是普朗克卫星的数据点。数据与理论所预言的振荡模式几乎完全吻合

而第二个峰的高度表明：普通可见物质，如质子和中子，仅占当今宇宙总成分的 5%左右。接下来是第三个峰，它表明宇宙中还含有约 25%的暗物质，它们是种神秘的粒子，几乎不会（甚至完全不会）与普通物质或光发生相互作用。[8] 然而，暗物质在宇宙历史中起到了关键性作用，它为原始气体中的微小种子成长为星系之网提供了所需的额外引力。你可以把暗物质看作宇宙的脊梁，它把可见的物质组织成大尺度结构，该结构使我们的宇宙成为一个宜居的宇宙。

因此，从普朗克卫星给出的振荡曲线前三个峰的高度和位置，我们得出了一个令人不安的结论，即当今宇宙中约有 70%的成分根本不是物质（见图 30）。相反，宇宙蛋糕中最大的一块，正是不可见的、提供反引力的暗能量，这也是宇宙最近膨胀速度迅速加快的原因。1998 年，有两个天文学家团队通过观察遥远距离处正在爆发的恒星发出的光，发现在过去的几十亿年中，空间膨胀的速度一直在加快。[9] 而 CMB 的这一结果证实了他们的这一惊人发现。

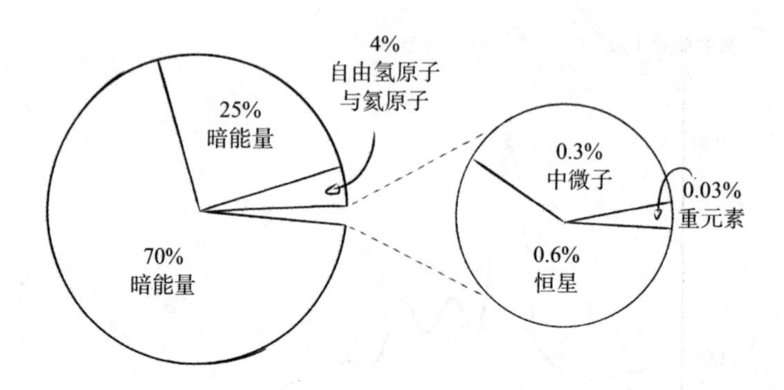

图 30 这张饼状图展示了当今宇宙的物质和能量的百分比。宇宙大部分由暗能量组成，在过去的几十亿年中，暗能量一直在推动着宇宙的加速膨胀。剩下的大部分为非原子物质，即暗物质，由未知粒子组成。只有一小部分，大约 5%，由我们熟悉的普通物质和辐射组成

如果暗能量真的只是爱因斯坦的宇宙学常数项，一种与空无一物的空间相关联的能量，那么它将对宇宙遥远的未来产生巨大的影响。宇宙常数一旦占据主导地位，它就会一直占据主导地位，因为与暴胀子场不同的是，你不能“关掉”一个常数。因此，如果有一个真正恒定的宇宙学常数存在的话，那么空间的加速膨胀可能就会永远持续下去。在这个未来的宇宙中，新的恒星和星系将会停止形成，现有的星系要么撞在一起，要么逐渐消失在彼此的视界之外，夜空也将慢慢陷于黑暗[10]，未来的天文学家将失去很多乐趣。

今天，大量的天文观测结果已经趋向一致，我们也对图 29 和 30 中概括的宇宙学模型进行了大量的检验和交互检验。物理学家现在相信，他们已经在很高的精度上了解了可观测宇宙的组成及其膨胀历史。在宇宙学的黄金 10 年之后出现的协调宇宙模型，与勒梅特在近 90 年前所描绘的图像具有惊人的相似性，即有一个短暂爆发的暴胀过程，随后是在长时期内近乎停顿的膨胀过程，最后过渡到更温和的加速膨胀阶段（见插页彩图 3）。在构建一个能合理解释我们

宇宙学历史的模型方面，詹姆斯·皮布尔斯发挥了关键性作用，并因此获得 2019 年诺贝尔物理学奖。他表示："迄今为止，地平线上还没出现乌云。"[11]

但还有一个关于暴胀的关键预言难以解释，这就是原初引力波。暴胀式的膨胀会放大所有的量子起伏，包括空间本身的起伏，因此也会产生一定量的引力波。这些空间的涟漪被称为原初引力波，以区别于黑洞、中子星或星系碰撞后产生的引力波，后者的产生要晚得多。

来自暴胀的原初引力波应该自宇宙诞生以来就与宇宙同步膨胀。到现在，它们的波长会非常长，因而不适合用建于地表的标志性的L形观测站来观测。但是，这些来自暴胀的引力波仅仅是存在在那里，并且在整个空间中波动，就会影响微波背景光子的偏振，因为这些光子在撞击到我们的望远镜物镜之前，已经在一个轻微波动的几何结构中传播了 138 亿年了。并且，虽然原初引力波的期望值即使以引力波的标准也相对较低，但暴胀理论学家们相信，它们对CMB辐射的偏振效应应该可以检测得到。

遗憾的是，普朗克并没有配备大型偏振仪。后来，研究者在南极阿蒙森–斯科特南极站进行的一项旨在测量CMB极化的实验中，确实发现了暴胀预期的极化。然而，仔细审查数据后，他们发现，这种极化归根结底是来自银河尘埃的干扰。但宇宙学家并没有放弃。他们正在构思新的卫星任务，以寻找宇宙微波背景天空中原初引力波的印记。尽管来自暴胀的引力波可能不一定包含很丰富的信息，但哪怕是间接观测到它们，也将是令人振奋的发现。它不仅会巩固暴胀理论，而且将是第一个确凿的证据，证明时空场真的和所有已知的物质场一样，具有量子的根源。

史蒂芬也曾寄希望于从暴胀中探测到引力波。去世时，他正在写一篇论文，希望能把暴胀理论对原初引力波的预言改进到很精确的水平。他在这个课题上的成败非常重要，因为暴胀将量子起伏拉伸到宏观尺度，这就是黑洞的霍金辐射在宇宙学上的对应。事实上，大多数物理学家都同意，如果原初引力波的印迹被发现，它将成为霍金辐射存在的令人信服的证据——虽然只是间接证据。

暴胀理论对宇宙诞生过程中的一个短暂但至关重要的瞬间做出了极其成功的描述。尽管暴胀子的确切性质仍不清楚，原初的引力涟漪也难以捉摸，但暴胀理论对宇宙温度变异独特而清晰的图样预言得是如此详细，因此大多数宇宙学家都对它有极大的兴趣。暴胀怎么看都像是对的。但这也意味着，“暴胀是如何开始的”这一问题变得尤为重要。因为在试图解释极早期宇宙时，我们必须小心，不要把一个谜题换成另一个谜题。无论暴胀在理论上有多么吸引人，如果在宇宙一开始我们无法引发一场巨大的急速膨胀的话，我们就会一无所有，暴胀也就只是早期宇宙的一个物理模型而已，与现实毫不相关。科学就是这样运作的。

那么，引发暴胀需要什么呢？暴胀子场怎么会一开始就在其能量高峰上？这就是无边界假说的切入点。值得注意的是，无边界假说预言的就是宇宙会起源于暴胀。从数学上讲，这是因为在无边界创世的过程中，时空底部的圆形需要像暴胀一样的奇异标量物质施加负压。在实时间的经典宇宙学背景下，具有负压的物质可以引起快速失控的膨胀，也就是暴胀。在虚时间的量子宇宙学背景下，同样的负压则会把时空底部封住，使之像球面一样平滑。因此，无边界创世和暴胀式膨胀是两个相辅相成的过程。它们相互加强，前者是后者的量子补遗（见图 31）。从物理上来说，这意味着如果宇宙是遵循无边界理论的规则，从零开始创造出来的话，那么它沿大多数可能的历史膨胀的机会都将微乎其微，但会有一族特定的轨迹发生的可能性比其他轨迹大得多，那就是宇宙在短暂的暴胀式膨胀中出现，然后速度再慢慢降下来。

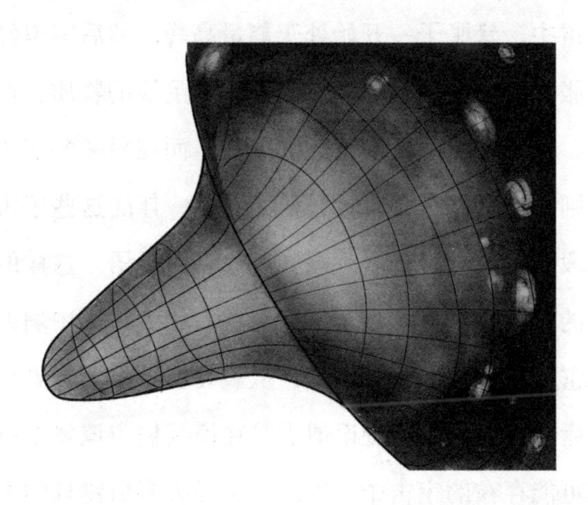

图 31　吉姆和史蒂芬关于宇宙起源的无边界假说预言，宇宙诞生于暴胀式的超高速膨胀

我在第 1 章中提到，在宇宙演化的任何层面上，决定论都只能塑造出结构上最普遍的趋势，通常只有最粗略的特征能被事先预测到。根据无边界假设，某种形式的暴胀就是宇宙学演化的这样一种结构性特征。

发现无边界假说和暴胀之间这种有趣的关联，对霍金的几代学生来说都是一次激动人心的经历。它也产生了深远的影响。宇宙暴胀的先驱们将其想象为一个预先就存在的宇宙中的一个短暂的中间过程，而它的量子补遗则表明，暴胀才是一切的开始。在无边界方案中，量子过程产生了经典的时空结构，而暴胀则成为量子过程的一个组成部分。因此，无边界方案将暴胀提升到了一个更高的层次，并将其与时空的存在联系了起来。暴胀的起源不会是一个神秘的意外，也不是什么“上帝的手指”把暴胀子放在能量之峰上的结果，而是宇宙若想存在则必不可少的环节。

不过还有一个问题：无边界方案只预言了可能出现的最低程度的暴胀。暴胀初始时的强度由暴胀子场的初始值决定。在如图 28 所示的宇宙中，暴胀子一开始处于能量高峰，然后宇宙经历了一场巨大的暴胀。宇宙最终变得更大，拥有了足够的物质，可以形成万亿个星系。这就很像我们观察到的宇宙。而在另一些宇宙中，暴胀子一开始则靠近其能量平台上较低的一边，伴随这些宇宙出现的就只能是一段稍纵即逝的暴胀，宛如一阵低声私语。这样的宇宙最终几乎是空的，没有星系，甚至可能会在一场大挤压中坍缩。它们和我们的宇宙完全不同。不幸的是，从表面上看，无边界理论所挑选的恰恰是后一种宇宙。该理论似乎是在说我们应该发现自己位于一个我们不可能存在的宇宙中。因此，难怪大多数物理学家都发现，很难认真地研究无边界创世这件事。因此，自从吉姆和史蒂芬提出他们的宇宙起源模型以来，人们对它都置若罔闻。

让我们再仔细看一下这个模型。暴胀是如何开始的这个谜题与时间之箭密切相关——时间之箭是这个世界中另一个显而易见的特性。从日常经验中我们可以清楚地看到，事情的发生有一个明确的方向。鸡蛋会破，但不会破而复合。人会变老，而不会变年轻。恒星会坍缩成黑洞，但不会再从黑洞里出来。特别是，我们能记得过去，但不记得未来。这种方向性，这个时间之箭，是物理世界运作的背后最强大、最普遍的组织原则之一。我们从来没有遇到过洒出去又重新收回的蛋液，或是从黑洞中吐出的恒星。但时间是如何获得这把如此有力的箭的？

在古代，人们对时间之箭持有目的论的观点。许多事情的发生方式看起来具有方向性，这与亚里士多德的观点完美吻合，后者认为自然界的运作是由一个“目的因”所指导的。

与之相反，在今天，我们明白时间之箭实际上是由无序性增加的趋势引起的。想想你的办公室或卧室，它们会变得越来越乱，除非你真正努力地在收拾。这是因为让办公室凌乱的方式比让它整洁的方式多得多。或者拿拼图的碎片举例子：如果你把拼图放在盒子里摇动，最后发现这些拼图完美地排列好，再现了包装上的图片，你会感到非常惊讶。同样，这是因为对于拼图来讲，无序的布局方式要比有序的多得多。这些例子说明了物理系统的一个普遍特性：混乱的方式远多于有序的方式。这就是为什么由许多部分组成的物理系统趋向于向更无序的方向发展。

科学家通过物理系统的熵来衡量该系统的无序程度，这个概念可以追溯到19世纪奥地利物理学家路德维希·玻尔兹曼。高熵意味着系统处于高度无序状态，而低熵则对应于高度有序的状态。复杂物理系统向熵更高的状态演化的趋势暗示，存在一个准宇宙箭头，它被称为热力学第二定律。这个熵箭头支撑着我们所感受到的时间之箭。

但这就是谜之所在。显然，熵只有在一开始较低时才会增加。那么为什么昨天的熵比今天低呢？为什么我们可以有完好的、熵较低的鸡蛋来做煎蛋？鸡蛋来自鸡，鸡是农场中的低熵系统，农场本身也是低熵的生物圈中的一部分。地球生物圈利用太阳的能量来维持自身。那么，低熵的太阳是从哪里来的呢？太阳起源于一个熵非常低的气体云，它在近 50 亿年前坍缩，而气体云本身也是前几代恒星的残余。那么，负责产生第一代恒星的、具有极低熵的气体云呢？这种云最终来自充满早期宇宙的热气体的微小密度变异，这些微小变异的种子可能在暴胀期间就已被种下了。

在暴胀结束时，宇宙的熵确实应该是非常低的。

所以这个鸡和蛋的故事告诉了我们一个深刻的结论。它告诉我们，秩序的最终源头，即我们今天能够拥有完好的低熵蛋的原因，与我们的大爆炸起源有关。近 140 亿年前，宇宙以一种令人难以置信的有序的方式诞生，从那时起，我们一直沿着自然演化奔向更无序的状态。区分过去与未来的时间之箭可以说是我们经验中最基本的元素，其起源于原始宇宙那极其有序的低熵状态。这也许是最神秘的宜居特性。宇宙是如何形成这样一个原始的低熵状态的？暴胀的爆发是否巧妙地降低了早期宇宙的熵，违反了热力学第二定律？没有。熵在暴胀过程中仍然是增加的（虽然比按理说的要慢），并随着宇宙的演化而继续增加。

最为有力地证明这一点的是彭罗斯，因为这个原因，彭罗斯称暴胀为一场“奇思妙想”。为了使暴胀开始，暴胀子场必须处于熵极低的状态，即处于能量曲线的高处。彭罗斯认为这是一个被精细调节得很不合理的初始条件。但把暴胀理论嵌入量子宇宙学有可能解决彭罗斯的担忧。作为一种将动力学与初始条件统一起来的理论，无边界假说具有一种内禀的时间不对称性，在宇宙演化历史的一端是平滑的暴胀开端，另一端则是开放的无序状态。然而，无边界方案所暗含的时间之箭似乎远没有强大到足以将生命注入宇宙。该理论将暴胀子场放在稍高一些的能量峰上，处于中等熵状态。吉姆和史蒂芬的方案中，宇宙的诞生似乎不是一场大爆炸，而是一阵低语。

无边界假设可能是优雅的，是深刻的，是美丽的，但它行不通。热力学第二定律还是赢了。

只剩下一线希望了，这一线希望要在无边界假设的量子根源中去寻找。可以看到，作为一个关于宇宙波函数的理论，无边界方案并没有唯一地选定暴胀的绝对最小量，而是描述了宇宙的一个较模糊的起源。正如单个电子的波函数包含了一堆电子轨迹，每条轨迹都有一定的振幅一样，无边界波函数也可稍微扩展到一系列暴胀宇宙，每个暴胀宇宙都有其不同的暴胀起始值。也就是说，量子宇宙不仅仅是一个单一的膨胀空间，而是不同的可能的膨胀历史叠加在一起，就像《回到未来》中，布朗博士在黑板上向马蒂解释的那样。

要了解这个抽象的量子宇宙，不妨再次考虑一下那个圆环形的膨胀宇宙。图 31 描绘了一维环形宇宙的无边界的产生。不过这只是其中一种特定的膨胀历史，只代表了无边界波的一小部分。图 31 中的圆环正处在更大的量子现实中的一个特定的波峰上。为了从整体上描述无边界波，我们必须想象一组圆环，每个圆环都以其特有的方式膨胀。在图 32 中，我试图把这种令人难以想象的量子宇宙画出来。这里展示的这组膨胀历史，在某种意义上是在无边界波中共存的，这是量子世界中时空模糊性的一个显著表现。

这种多种宇宙的共存既有趣，但又令人困惑。在经典相对论中，一组时空与另一组时空是互不相容的。例如，插页彩图 1，即勒梅特的标志性图像中的每一条曲线都描述了一个独立的宇宙，爱因斯坦的理论中也没有哪个部分允许把不同宇宙按权重叠加。但在量子宇宙学中并非如此，史蒂芬的波函数操控着宇宙所有可能的历史，在

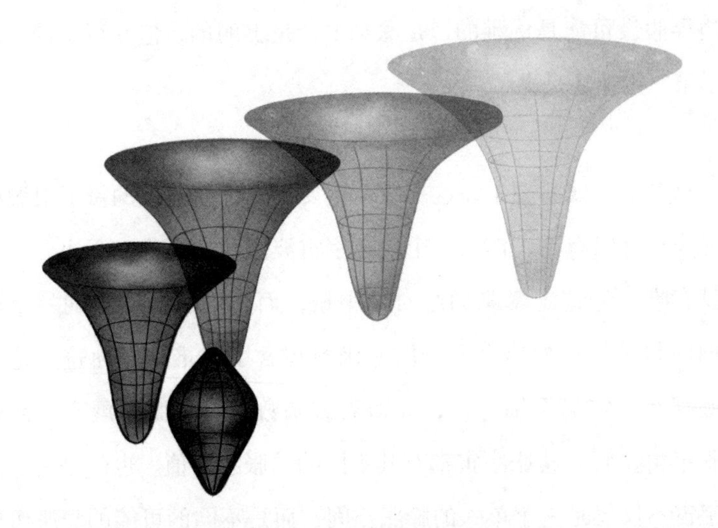

图 32 量子力学中粒子的波函数是粒子所有可能的路径的混合（见图 22）。同理，量子宇宙学中宇宙的波函数描述了所有可能的膨胀历史的集合。从表面上看，霍金的无边界波函数的形状是由经历过一次较小的暴胀，后又迅速坍缩的宇宙主导的。那些经过剧烈暴胀、形成星系并变得宜居的宇宙并没有完全被理论排除，但它们位于波函数的尾端，在该理论中我们几乎找不到它们的存在

一个如此广阔的舞台上发挥着作用。正如电子的量子力学通过一个实体——电子波函数——统一了电子各种可能的轨迹一样，无边界波函数也将各种可能的膨胀宇宙聚集在同一屋檐下。它能从理论上进一步回答“哪条曲线应该是属于我们的？”的原因正在于此，这也是设计之谜的核心。

有趣的是，这种捆绑也意味着波函数作为整体来说不会随时间变化。事实上，在图 32 中，我并未指明一个总体的时间概念，或曰所有膨胀宇宙都随之演化的通用的时钟。在量子宇宙学中，时间失去了其作为基本组织原则的意义。[12] 相反，合理的时间概念只能作为每个膨胀空间中的内禀性质而出现。其原因是，时间的度量总是与一种物理性质相对于另一种物理性质的变化有关。例如，我们可以使用宇宙背景辐射随宇宙膨胀的冷却程度作为我们自己宇宙中的时

钟（尽管用这种时间单位来安排你的会议太不实际了）。但是，一组时空中CMB的温度演化显然无法在另一组时空中作为时钟来使用。

然而不幸的是，无边界波的内禀展宽不足以覆盖任何一个经过剧烈暴胀的宜居宇宙。在描述暴胀强度概率的坐标系中，无边界波在最小暴胀宇宙中有一个异常尖锐的峰值，而只在指数级减小的尾部延伸到了暴胀更为显著的宇宙。因此，尽管无边界提案与暴胀同样依赖负压来创造时空，因而产生了深刻的共鸣，但它也暗示，产生那些几乎不足以让宇宙存活的最小暴胀的可能性，比产生更多的暴胀以及更有趣的膨胀历史的可能性要大得多。

这种状况令人费解。我们应该期待自己生活在最可能产生的宇宙中吗？更重要的是，我们是否应该因为我们观察到的宇宙位于概率波遥远的尾端，就不理睬这种统一宇宙波函数的理论呢？毕竟，只有有了原子形式的物质，才能有那些好奇自己身处哪个宇宙的观测者。如果宇宙学理论中最有可能的宇宙是空的、没有生命的，我们也不应该惊讶于这不是我们的立身之处。此外，如果宇宙的某些性质对于生命的存在来说不可或缺，例如星系，我们也不应该简单地忽略掉那些预测“最可能的宇宙中没有星系”的宇宙波函数。重要的不是理论中最有可能的东西，而是最有可能被观察到的东西。当我们将理论与观测结果进行比较时，不产生观察者的宇宙学历史并不是很重要。

沿着这些思路推理，1997年史蒂芬和尼尔·图罗克试图用“我们”存在于宇宙中应满足的人择条件来扩充无边界理论，以挽救该理论的命运。[13] 然而他们发现，这一条件好像没什么用。加上人择原理的理论最终预言的宇宙中只有我们一个星系，和我们观察到的这个充满星系的宇宙没有任何相似之处。这一令人失望的结果似乎给当时的图罗克留下了深刻的印象，他彻底改变了态度，转而开始设计避免宇宙开端的新方法。然而，史蒂芬却坚持无边界提案。事后看来，这时候他才刚刚开始。

与此同时，一种与之相匹敌的对暴胀起源的看法在安德烈·林德和亚历克斯·维连金的工作中浮现了出来。后者是乌克兰裔美国宇宙学家，在塔夫茨大学工作，是一个沉默寡言的思想家。他们的提案之激进，内涵之震撼人心，在当时就引起了宇宙学界的注意。这就是多元宇宙。

林德和维连金把引发暴胀的问题颠倒了过来。他们认为，暴胀一直就是宇宙的默认状态，甚至是难以阻止的。他们认为，暴胀式的膨胀本质上是永恒的。[14] 他们的推理同样涉及量子起伏，这种起伏在暴胀过程中成长为形成星系的种子，但现在是在大得多的尺度，即远大于我们宇宙视界的尺度上考量。如果暴胀产生了波长如此长的扰动波，那么暴胀子场的场强也会在这样超长的距离上波动。在一些区域，这种波动将有助于暴胀子往下滚动，并使暴胀结束，继而引发一场热大爆炸，随后缓慢膨胀。然而，若是在某个远处，暴胀子经历了一次跃变，使其场强增强，暴胀实际上会愈演愈烈。因此，林德和维连金认为，尽管这种地方可能很少见，但那里较高的暴胀速度意味着产生了很大的空间体积，以至于总会有某些地方增强场强的跃变占上风，而暴胀子持续徘徊在其能量平台的高处。那么，从整体的角度来看，暴胀就很像一场肆虐的大流行，一个自我持续的过程，在这个过程中，暴胀的区域会催生出进一步暴胀的区域，进而再产生局部的大爆炸或是更多的暴胀，如此往复，永无休止。

显然，永恒暴胀这一观点使我们对遥远的过去产生了截然不同的看法。暴胀的起源就是没有起源。暴胀并不是短时间内原始膨胀的激增，与时空本身如何形成有关，而是一种永恒的、无休止的宇宙生成机制。“宇宙在整体上是一个自我复制的系统，”林德写道，“它没有终点，可能也没有起点。”[15] 整个可观测宇宙只是在更大空间中的一个岛宇宙。从整体上看，宇宙将是一个复杂的超级结构——多元宇宙。在单一的岛区域内，延伸到宇宙尺度的量子起伏会引发星系的生长。但延展至更大范围的起伏会产生其他岛宇宙。如果我们能以某种方式从外部观察宇宙，我们会看到一个复杂的宇宙拼图，其中那些缓慢膨胀的岛屿，即暴胀的结束引发了后续的一系列演化的区域，被嵌在一个或许会无限暴胀的巨大空间中。一些岛屿将包含一个星系网，其范围延展到了詹姆斯·韦布望远镜所能看到的极限。而另一些地方，暴胀会突然结束，几乎没有任何物质来形成星系结构。从一个岛宇宙到另一个岛宇宙的旅行是完全不可能的，即使是在理论上也不行，因为暴胀之海的迅速膨胀会使得哪怕是光，在物理上也无法穿过将不同岛屿分离且不断扩大的海湾。因此实际上讲，每个岛屿的行为都像是一个独立的宇宙。

这样一幅描绘物理现实的图景，真是令人捉摸不透。这让人想起了托马斯·赖特的无尽宇宙。赖特来自英格兰北部的达勒姆，是一位 18 世纪的钟表匠，同时也是一位建筑师和自学成才的天文学家。他把银河系想象成无数星系中的一个，而每个星系都包含着大量的恒星，这一想法远远超出了那个时代。他描绘了一个近乎无限的空间，其中充满了球状星系，这与暴胀中的多元宇宙的一些样态有着惊人的相似之处（见插页彩图 7）。赖特的无尽宇宙深深吸引了伊曼纽尔·康德，后者将星系称为“岛宇宙”。赖特和康德的猜想迈出了重要一步，他们率先意识到我们可能生活在更大的宇宙中，但直到1925年，哈勃发现空中的旋涡星云确实是独立的星系，他们的猜想才被接受。不过，哈勃的观测结果虽然扩大了人类对宇宙范围的概念，但与这些暴胀理论学家设想的无限多元宇宙相比，仍相形见绌。

而多元宇宙有如分形[①]般的复杂宇宙观也让我们瘆得慌。在一个不断暴胀的多元宇宙中，你最终总能找到一个岛宇宙，它有一个看起来和银河系完全一样的星系，有一个和我们一样的太阳系，还有一条一模一样的街上的一栋一模一样的房子，房子里有另一个你正在读着这些文字。更有甚者，这样的复制品不会只有一个，而是无限多个。前几天我试着跟我的小女儿萨洛梅提过这个想法，遭到了她的坚决抵制。

在剑桥为庆祝史蒂芬60岁生日而举办的一次愉快的晚宴上——史蒂芬对办聚会真的很在行——安德烈·林德回忆起他与史蒂芬的第一次会面，那是一种只有苏联物理学家才会有的会面方式。那是1981年，在莫斯科，史蒂芬被安排在斯滕伯格天文研究所做一场关于暴胀的讲座，听众都是苏联著名的物理学家。当时史蒂芬还能说话，但由于他的声音很难听懂，他演讲时经常让一个学生重复他的话。而他在斯滕伯格研究所的演讲则分为两步，还要一名精通英语和俄语的年轻学生——林德，将史蒂芬学生所说的话翻译成俄语。作为暴胀理论的共同发明者，林德对这个话题很了解，而作为苏联人，他忍不住对史蒂芬的话进行了详尽的阐述。一开始，一

① 分形是几何学名词，粗略来说，分形几何图形可以分成几个部分，每个部分都是原图形缩小后的形状，而每个部分又可再分，无穷无尽。这里用来比喻多元宇宙中大宇宙可不断分为数个小宇宙。——译者注

切都很顺利：史蒂芬说完，史蒂芬的学生重复了一遍，林德再解释一遍。但接着，史蒂芬开始批评林德的暴胀模型。在史蒂芬接下来的演讲中，林德发现自己处于一个不幸的境地：他不得不向苏联物理学精英们解释为什么这位世界上最著名的宇宙学家认为他的暴胀理论是完全错误的。林德回忆说，这开启了一份终身的友谊，但也引发了一个重大的争议，并从那时起一直在理论宇宙学领域里纠缠不休。

林德与霍金关于暴胀起源的争论，在某种程度上是霍伊尔与勒梅特之争的重演，只是这一次是在半经典宇宙学中，林德和霍金都在尝试将经典物理学和量子物理学相融合。在 20 世纪 50 年代，霍伊尔曾试图通过不断创造物质填补星系分离留下的空隙这一方法来维护稳恒态宇宙的观点。而勒梅特则完全接受了宇宙正在演化中、其过去与现在完全不同这一想法。林德的理论是霍伊尔想法的延伸，从经典宇宙学到半经典宇宙学，用宇宙代替了星系。与霍伊尔的稳恒态宇宙类似，在由永恒暴胀所催生的多元宇宙中，岛宇宙不断被创造，这在多元宇宙更大的尺度上产生了整体意义上的某种稳定状态。暴胀最终是由什么原因开始——甚至它有没有一个开端——这样的谜题，在永恒暴胀的多元宇宙中似乎都会不复存在。[16] 相比之下，霍金的无边界宇宙学中则没有任何稳恒态的痕迹。恰恰相反，霍金在暴胀“开始”时就将时间弯曲到空间中，从而将勒梅特的宇宙演化思想发挥到了极致。多元宇宙的宇宙学假设存在一个永恒暴胀的稳定空间背景，万事万物均在此背景下运作，而无边界理论认为，量子力学在早期宇宙中变得非常重要，以至于它甚至连这一背景——时空的结构——都可以冲洗掉。

史蒂芬认为，永恒暴胀的多元宇宙这一想法过度地扩展了物理现实，我们所能观察到的这一切并不能支撑这一想法，甚至与之并无关联。安德烈则坚决反对无边界假说，理由是它根本无法预言观察者的存在。无边界的起源选择了最微弱的一小段暴胀，从而产生了一个空无生命的宇宙。而林德的永恒暴胀则可被视为人们所能想象的最强暴胀，它所产生的不只是一个，而是无限多的宇宙和观察者。无边界提案说我们不应该存在，而永恒暴胀又使我们陷入了自我认同危机。在经过其黄金10年后，宇宙学的理论受到了严重挑战，其主要理论学家也存在严重分歧。

但多元宇宙激发了科学家和广大公众的想象力。此外，在20世纪末21世纪初，由于弦论学家对这一想法的兴趣，它产生了巨大的

图33　1987年，在莫斯科，史蒂芬·霍金和安德烈·林德（站在霍金旁边），还有安德烈·萨哈罗夫（左侧坐着的那位）和瓦赫·古尔扎江

影响力。弦论学家的数学魔法为林德的泡泡状多元宇宙提供了另一层次的变种，不仅有空的岛宇宙和充满星系的岛宇宙，还有其他各个方面都互不相同的岛宇宙。这将我们带往旅程的下一个阶段：多元宇宙真的为宇宙的精细调节提供了另一种视角吗？它能破解宇宙大设计之谜吗？

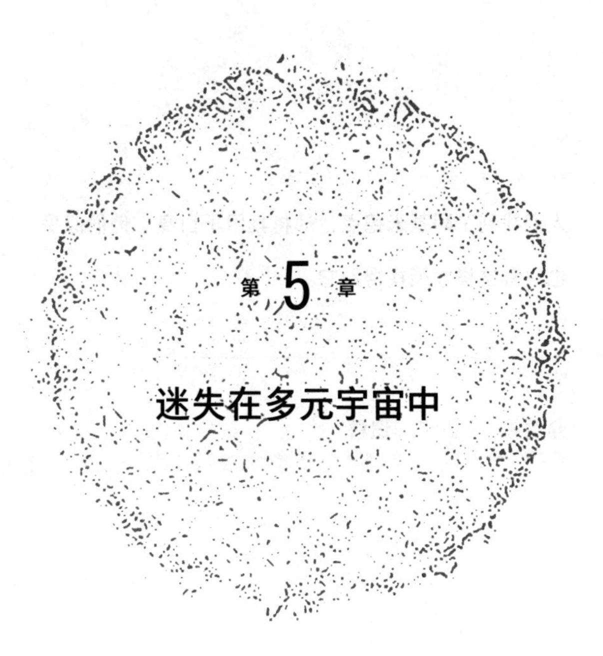

第5章

迷失在多元宇宙中

人们找到了阿基米德点，却将其用于自身。他们似乎也只有这样才能找得到它。

弗兰兹·卡夫卡，遗稿

“我希望你们能制造出黑洞。”史蒂芬满面笑容地说道。货运电梯将我们带到地下，进入一个五层楼深的大洞穴中。这里安放着CERN实验室的ATLAS实验装置①，CERN即欧洲核子研究组织，位于日内瓦附近。我们走出电梯，CERN主任罗尔夫·霍伊尔（Rolf Heuer）正不安地来回踩着脚。这是2009年，有人在美国提起诉讼，担心CERN新建的大型强子对撞机（LHC）会产生黑洞或其他形式的外来物质，从而将地球摧毁。

LHC是一个环形粒子加速器，其建造的主要目的是产生希格斯玻色子，在当时，该粒子还是粒子物理学标准模型中缺失的一环。它建在瑞士—法国边界线下的一条隧道中，总周长27千米，能将环形真空管中相向绕行的质子和反质子[1]束流加速至光速的99.999 999 1%。被加速的粒子束可以在引导下发生高能碰撞，其所创造出的环境与宇宙热大爆炸后一小段时间内温度超过1 000万亿度时宇宙的环境相当。这些剧烈的正面碰撞所产生的粒子喷射轨迹再被数百万个传感器收集起来，这些传感器像迷你乐高积木一样堆叠在一

① ATLAS指A Toroidal LHC Apparatus（超环面仪器）。

起，构成了巨大的探测器，像ATLAS探测器，还有紧凑缪子线圈（CMS）等。

该诉讼很快被驳回，理由是“对未来伤害的推测性恐惧并不能被视为会产生同等程度的实质性伤害”。同年11月，在一次早期试运行并发生爆炸后，LHC成功启动，ATLAS探测器和CMS探测器很快在粒子碰撞的遗迹中发现了希格斯玻色子的踪迹。但是，到目前为止，LHC还没有造出黑洞。

然而对史蒂芬——我想还有霍伊尔——来说，希望在LHC上造出黑洞也并非完全不合理。为什么？我们通常认为黑洞是大质量恒星坍缩后的残骸，但这个观点太过局限，因为任何东西如果被压缩到足够小的体积中，都可能成为黑洞。哪怕是一对质子–反质子，若是在很强力的粒子加速器中被加速到接近光速并碰撞在一起，也会形成黑洞，如果这一碰撞能将足够多的能量集中到足够小的体积中的话。当然，这将会是一个小黑洞，并且只能短暂存在，因为它会通过向外发出霍金辐射而瞬间蒸发掉。

粒子物理学家几十年来正不断地增加碰撞粒子的能量，以此来探索越来越短的距离上的自然本性。而如果史蒂芬和霍伊尔制造黑洞的希望成真，这将标志着他们的探索将要画上句号。粒子对撞机就像显微镜，而引力似乎对它的分辨率设置了一个基本的限制，因为当我们试图把能量增加到一定程度以窥探体积越来越小的事物时，就会触发黑洞的形成。在这种情况下，加入更多的能量并不会进一步提升对撞机的放大能力，只会产生更大的黑洞。因此，引力和黑洞完全扭转了物理学中用高能量探测小尺度的思路，这一点很奇怪。建造更大的加速器，并不能实现每个还原论者的终极梦想——得到最小的基本组成部分，而是得到一个新的、宏观的弯曲时空。物理现实的架构是一个整齐的尺度嵌套系统，我们可以把这些尺度一个接一个地剥开，最后得到一个基本的最小组成部分，这是一种根深蒂固的观念。而引力从短距离又绕回到长距离，把这种观念狠狠嘲弄了一番。引力——以及时空本身——似乎具有一种反还原主义的元素，这是一个很难理解但很重要的概念，我在第 7 章中会再次提到。

那么，在多大的微观尺度上，无引力的粒子物理学会转变为有引力的粒子物理学呢？（或者换一种说法，实现史蒂芬制造黑洞的梦想需要多大的成本？）这是一个关乎所有力统一的问题，也是本章的主题。从爱因斯坦开始，寻找一个包含所有基本自然规律的统一框架就已成为物理学家的梦想。它直接关系到多元宇宙学是否真的有潜力来为我们宇宙这种鼓励生命的设计提供另一种视角。因为只有了解所有的粒子和力是如何和谐地结合在一起的，才能进一步了解这些基本物理定律是否有独特性，或者有何独特性，以及我们能指望它们在多元宇宙中变化到什么程度。

大多数可见物质都是由原子组成的。原子包含电子和一个小小的原子核，而原子核本身又是质子和中子的集合体。原子核能结合成一个整体，靠的是作用于夸克（组成质子和中子的粒子）的强核力（也称强力）。强力很强，但它的作用距离非常短，在超过大约十万亿分之一厘米的距离外会急剧降至零。还有一种核力，即弱核力（弱力），既会作用在夸克上，也作用在另一类物质粒子上，这类粒子包括电子和中微子等，统称为轻子。弱力会使得某些核子转化为其他核子。例如，一个孤立的中子是不稳定的，它会在几分钟后通过一个以弱核力介导的过程衰变为一个质子和两个轻子。第三种，也是最后一种粒子之间的相互作用力，即电磁力，是最为人们熟悉的。与强弱核力不同，电磁力和引力一样，作用距离很长。它不仅在原子和分子尺度上起作用，将电子与原子核，以及分子中的各原子结合在一起，还在宏观距离上起作用。因此，从通信设备和磁共振扫描仪到彩虹和北极光，电磁学与引力论一起解释了大多数日常现象，成为大多数日常应用的基础，这也没什么奇怪的。

所有可见物质和主宰其相互作用的三种粒子间相互作用力都被捆绑在一个严密的理论框架中，这便是粒子物理学标准模型。标准模型发展于20世纪60年代和70年代初，是一种用场来描述物质粒子及其相互作用力的量子理论，场是散布在空间中的波动状起伏的物质，我们在前文中也遇到过。根据标准模型，像电子和夸克这样的物质粒子只不过是广袤的场在局部的激发。作用于物质粒子之间的力场也会形成像粒子一样的激发态，这种激发态被称为交换粒子，或称为玻色子。例如，光子是传递电磁力的交换粒子，是电磁力场中唯一类似于粒子的量子。

标准模型在量子场方面的理论基础深刻地塑造了它对于微观粒子世界如何运作的构想。以两个电子之间的相互作用为例，当两个电子相互靠近时，它们会偏转并散射，因为同性电荷相斥。标准模型用了一个很形象的方式来描述这一过程，即两个电子之间互相交换光子。它说，当两个电子进入彼此的影响范围时，一个电子会发射一个光子，另一个电子则将其吸收。作为交换过程的一部分，两个电子都会受到一点点冲击，让它们沿着互相背离的轨迹而去（见图34）。但这还没完。费曼的量子力学历史求和公式规定，要计算两个电子的净散射角，我们必须把它们交换一个或多个光子的所有可能方式都加起来。这种交换历史的多样性意味着人们无法准确确定相互作用实际发生的时间和地点，这也是海森堡不确定性原理的一种表现。

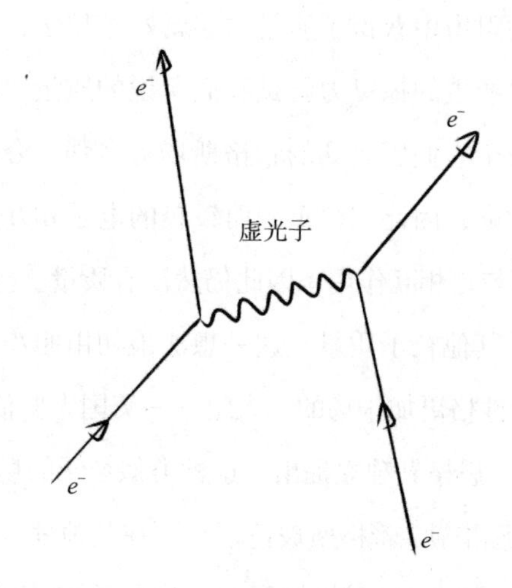

图 34　这是一张所谓的“费曼图”，它描述了两个电子通过交换一个光子进行的量子散射。费曼的量子力学历史求和公式规定，为了计算电子的净散射角，必须考虑所有可能的交换过程，包括涉及多个光子的交换过程

虽然光子和传递引力的引力子一样是无质量的，但弱核力和强核力所对应的玻色子则非常重。这就是为什么核力是短程力，仅在原子核大小的微观尺度上起作用。通常，交换粒子的质量越大，其传递的力的作用距离越短。正是电磁力和引力微观量子的无质量性，使得它们能够传递到宇宙的另一端。

这就是标准模型的全部了吗？还不尽然！还有最后一种粒子，即以难以捉摸而闻名的希格斯玻色子，以英国理论物理学家彼得·希格斯的名字命名，希格斯于 1964 年提出了它的存在。希格斯玻色子是希格斯场的类似粒子的量子，希格斯场是一种不可见的标量场，与早期宇宙中的暴胀子场非常相似。它被认为弥漫在整个空间中，有点儿像以太的现代变体。希格斯场是标准模型的关键部分，它为所有其他基本粒子提供了质量。在标准模型理论中，电子和夸克，甚至是交换粒子，都没有内禀质量，但它们在穿过遍布各处的希格斯场时从受到的阻力中获得了质量。这就好像粒子在移动时不断地涉过泥潭，由此产生的拖曳力就是我们所说的质量。粒子最终获得的质量大小取决于它们感受到的希格斯场有多强。夸克与希格斯场的相互作用非常强，因此就很重，而较轻的电子相互作用就要弱得多。光子根本不与之相互作用，因此仍然没有质量。

标量场赋予其他粒子质量，这一想法最初由胆小谨慎的希格斯提出，后来又由性格更加张扬的二人组——美国人罗伯特·布鲁和比利时人弗朗索瓦·恩格勒独立提出。这种类似粒子的场激发态在比利时被称为布鲁–恩格勒–希格斯玻色子，而在其他地方则被称为希格斯玻色子。它成了标准模型的封顶石，并在近50年后的2012年终于通过LHC被发现，这一发现被人们视为由好奇心驱动的科学、先进的工程以及国际合作三方面长期深度共生的真正胜利。就像宇宙学中暗能量的发现一样，布鲁–恩格勒–希格斯玻色子的实验发现再次表明，空间并不是空的，而是充满了看不见的场，其中一个场负责向物质提供质量，这些物质构成了我们日常生活中所遇到的几乎一切东西。它还证明，自然确实把标量场作为一个关键工具，用于塑造物理世界。就这样，布鲁–恩格勒–希格斯玻色子的发现证明了另一个场的存在，它类似于宇宙早期驱动暴胀的场。

要创造出希格斯玻色子，就需要像LHC那样的装置，因为希格斯场不仅与其他粒子会发生强烈的相互作用，与自身也是如此，这使得其自身的粒子状量子也获得了一个大质量m。根据爱因斯坦的$E = mc^2$，这意味着需要大量的能量E，才能使这种无处不在的希格斯场产生足够强的激发，“啪”的一下快速释放出一个量子。事实上，在LHC中，100亿次粒子碰撞中才能有一次成功造出希格斯玻色子。而这些希格斯玻色子只存在于短暂的一刹那，几乎瞬间就衰变成了一簇更轻的粒子。尽管如此，粒子物理学家们通过仔细观察其衰变产物，已经能够推断出希格斯玻色子的一些性质，比如，它的质量约为130个质子质量之和。这听起来可能很重，但大多数粒子物理学家却觉得这个质量轻得难以置信。实际上，希格斯玻色子的质量只有许多物理学家认为较自然的值的十亿亿分之一。[2] 理论学家们设想了一些新的基本粒子，以使希格斯玻色子的小质量更容易让人信服，但在2016年，LHC进行了重大升级后重新运行，却没有产生任何这样的粒子，这使得这一质量值变得更加扑朔迷离。然而，轻质量的希格斯粒子也很重要，因为如果希格斯粒子很重的话，质子和中子也会变得更重，以至于无法形成原子。希格斯粒子的轻质量虽难以解释，却是又一个让我们的宇宙适宜生命居住的性质。

标准模型无法准确预言各种粒子的质量，包括希格斯粒子的质量。这是因为理论本身并不能确定每种粒子与希格斯场相互作用的强度。该模型总共包含大约20个参数，比如粒子质量、力的强度等重要数值。这些数值通常出人意料，且并不由理论预先确定，而是得通过实验测量后手动插入公式中。物理学家通常将这些参数称为*自然常数*，因为它们在可观测宇宙的很大范围内似乎是不变的。有了这些常数，该理论对我们所知的可见物质的行为给出了非常成功的描述。事实上，标准模型是迄今为止最符合检验结果的物理理论。它的一些预测已经在不低于14位小数的精度下得到了证实！

但你也可能会想，难道就没有一个更深层次的、有待发现的原理，可以把标准模型获得巨大成功所仰赖的这些参数值确定下来吗？据我们所知，希格斯粒子的质量对我们来说可能显得非常小，但这个值是否可能是由更高级别的数学真理所揭示的？又或许这些常数在整个宇宙中并非处处相同？也许作为宇宙演化的一部分，它们也在慢慢地演化，或者对于一个个不同的宇宙区域，它们的值也可能会变得不一样，因此也会产生出具有非标准粒子物理模型的岛宇宙？

希格斯场赋予粒子质量的机制提供了回答这些难题的第一步。希格斯场产生粒子质量的方式表明，该场的场强并不是上帝给定的事实，而是一个动态过程的结果，当宇宙在热大爆炸后开始膨胀并冷却时，这个过程就开始了。此外，这个过程还与一些抽象的数学对称性的随机性破缺有关。

当物理系统在冷却时，其对称性被打破，这是一个非常常见的现象。想想液态水在温度下降到零摄氏度时转变为冰的过程。液态水在所有方向上都是一样的：它具有旋转对称性。而冰晶则具有规则的几何结构，从而打破了温度较高的液态水所拥有的旋转对称性。另一个经典的例子是磁铁。比如，在770摄氏度的临界温度（被称为居里点）左右，一根铁棒的磁学性质会急剧变化。在居里点以上的温度，各个铁原子所产生的磁场方向并不一致。在这种情况下，铁棒外的磁场平均为零，反映出其内在的电磁力具有旋转对称性。然而，当人们将铁棒缓慢冷却到居里温度以下时，具有净磁场的磁畴会自发形成，从而产生一种性质上完全不同的状态，其特征是旋转对称性被破坏，在特定（随机）方向上出现了磁北极。

这是一种普遍现象。当温度下降时，物理系统的对称性往往会被打破，从而带来更丰富的结构和更大的复杂性。希格斯场也不例外，它对温度的反应与普通物质非常相似。在暴胀刚结束之时，宇宙的温度超过了太阳中心温度的 1 亿倍，此时希格斯场会剧烈振荡，其平均值是一个净的零值，很像铁棒在居里点以上的磁化状态。净值为零的希格斯场遍布在这个新生的宇宙中，其中所有粒子的质量都为零——这是一种高度对称的状态。然而，随着宇宙膨胀和温度下降，希格斯场发生了一次相变。这一相变是在进入热大爆炸时代后大约 10^{-11} 秒的时候触发的，当时气温降至 10^{15} 摄氏度以下，这温度已经算是很低了。在这个温度节点上，希格斯粒子热振荡的大部分力量都已丧失，而场的行为变成主要由自相互作用来支配。自相互作用由场的能量曲线，即场在不同的值上所拥有的能量大小来决定。但就像图 28 中的暴胀子场一样，希格斯场的能量曲线在场值为零时达到峰值，而在场的值非零时要低一些。因此，高度对称、净值为零的希格斯场突然发现自己处于一种不稳定状态，就像一支笔尖朝下直立着的铅笔一样。图 35 提醒我们，铅笔会迅速牺牲对称性换取稳定性，随机倒向一个特定的方向。同样，场值为零的希格斯场也会迅速凝聚，在各处都迅速跳跃到场值非零、在能量上最低的状态。正是希格斯场这种向非零值的转变打破了对称性，赋予了粒子质量，这是迈向复杂性的漫长道路上至关重要的一步。

此外，凝聚了的希格斯场对称性的降低也是引起弱力和电磁力相互分离的原因。可以看到，当希格斯场为零时，不仅物质粒子没有质量，传递弱核力的交换粒子也没有质量。标准模型的创始人谢尔登·格拉肖、史蒂文·温伯格和阿卜杜勒·萨拉姆发现，在这种无质量的高温环境下，把光子和传递弱核力的信使粒子进行互换，物理过程完全不受影响。也就是说，弱力成了长程力，与电磁力无法区分。有一种数学对称性将这两种力结合在一起，形成一个统一的

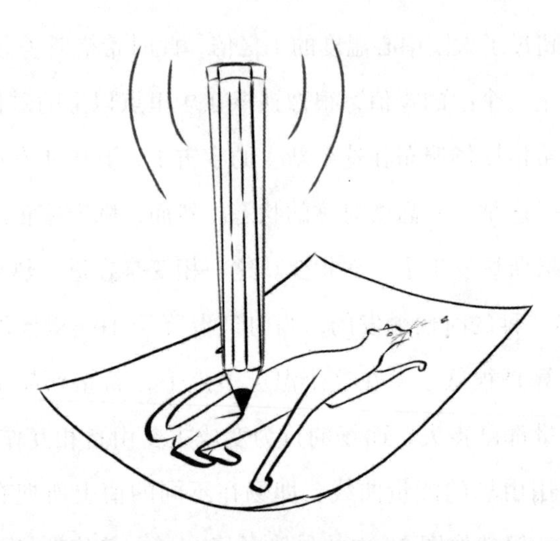

图35　一支削尖了的铅笔笔尖朝下直立在纸上，它遵循了竖直向下拉物体的地球引力场的对称性。然而这种对称状态是不稳定的，所以铅笔会很快倒下来。铅笔最终躺平的状态是稳定的，但它打破了背后的引力场的对称性。统一粒子物理学的理论预言，粒子物理学中对生命体友好的定律也以类似的方式反映出一种对称性破缺的状态，当宇宙在热大爆炸后膨胀并冷却时，这种状态会慢慢地、随机地凝现出来

电弱力。但当原始宇宙的温度下降，并经过使希格斯场对称性破缺的相变点时，统一的电弱力便分裂为短程的弱核力和长程的电磁力。

因此，当把粒子物理学标准模型应用于热大爆炸这个大熔炉中时，它所展现出来的图像就是，宇宙并非生来就具有今天的粒子质量和相互作用力的强度值。相反，这些都是对称破缺态的性质，只有当宇宙膨胀并冷却时才会凝现出来。这是一个深刻的见解。它告诉我们，在宇宙膨胀的最早期阶段，物理定律的一些基本结构会与它们所支配的宇宙共同演化。物理学家表示，我们所熟悉的粒子物理定律只是有效定律，仅适用于能量和温度相对低的环境。在膨胀过程中，这种环境只在一段时间内出现。

值得注意的是，我们可以发现并使用粒子物理学中的有效定律，而不必担心，甚至不必知道在更短的距离和更高的能量下发生了什

么。在这种程度上，自然的分层嵌套结构已经完美地发挥出来了。例如，你可以用流体动力学方程来描述水的宏观行为，该方程将水建模成一种光滑流体，从而掩盖了水分子的复杂动力学。以类似的方式，对于能量低于千兆电子伏特的质子和中子束，你可以用简化的粒子理论来描述其行为，而忽略它们由三个夸克组成的事实。过去物理学的成功很大程度上依赖于这种巧妙的尺度分离。不过当我们试图将引力也纳入一个统一的框架时，我们却发现这种干净的嵌套结构是有局限性的。它警告我们，要遇到一些麻烦了。

显然，这些产生于最古老的演化、隐藏在热大爆炸深处的有效定律，其确切的形式具有最根本的含义。想象一下，如果希格斯场凝聚成一个略微不同的场强值，那么粒子质量也会不同。而这些变化即使很小，也会产生深远的影响，通常会阻止稳定原子的存在，从而影响化学过程，并再次危及宇宙的宜居性。

在标准模型的范围内，我们大可放心：对称性破缺的希格斯相变的最终结果是普遍的。诚然，场可以以不同的方式从能量曲线上下滑，就像图 35 中的铅笔可以往不同方向倒下一样。然而，其整体的场强以及由此产生的粒子质量最终总是相同的。但标准模型只是粒子物理学中的一部分。首先，它只是一种将强力和电弱力结合在一起的试探性方式。此外，标准模型没有考虑到占了当今宇宙总质量和能量的 25% 的暗物质，暗物质还可能涉及更多种类的粒子和力。最后，标准模型忽略了暗能量和引力，即时空的扭曲。

所有这些都表明，当我们将宇宙的历史追溯到更早的时候，我们有足够的空间来实现更加统一的简单性和对称性。尽管这个领域目前很大程度上还处于推测阶段，但有理由认为标准模型中让电弱力分崩离析的对称性破缺机制会更为普遍地运行，而且随着我们进入更高的温度和更早的时间，有效物理定律中更多我们熟悉的结构也会消失不见。

以物质粒子的存在为例。我们可观测的宇宙包含约 10^{50} 吨物质，但几乎没有反物质。这是它的另一个有利于生命体出现的特性，因为如果膨胀的宇宙中每种粒子都等量出现，那么所有粒子都会很快与其反粒子湮灭，这样就一点儿物质都没有了，只能留下高能伽马辐射暴。然而，LHC 在高能碰撞中产生物质时，也产生了数量完全相同的反物质。那么，宇宙是如何带着超过 10^{50} 吨的物质，从烈火一般的分娩中诞生的？在这极热的大爆炸中，一定有什么东西打破了物质和反物质之间的对称性，使其变得稍微有利于粒子而不是反粒子的产生。

这种假想中的对称性破坏机制，以及与其相关的类似希格斯场这样的场，是标准模型之扩展的一部分。这些扩展被称为大统一理论（GUT），因为它们将电弱力和强核力结合在了一个大统一方案中。实际上，大统一理论基本上是由其对称性定义的。这种策略可以追溯到爱因斯坦，他在 1905 年使用了空间和时间的对称性原理，作为其时空狭义相对论的基础。洛伦兹抱怨说，他以及其他人正努力将这一原理推导出来，而爱因斯坦只是假设其成立而已，但历史站在了爱因斯坦这一边。自爱因斯坦以来，抽象的数学对称性已被普遍看作物理理论的有效基础。

* * *

在宇宙学背景下，大统一理论预言，如果我们回到极高的温度，即太阳中心温度的万亿亿倍，那么电弱力和强核力基本上就成了同一种力，物质和反物质之间也会具有完美的对称性。但典型的大统一理论允许各种力在其统一框架下内有微小程度的混合。这种混合的一个结果是，电子的反粒子（正电子），可以变成质子——一个正粒子。尽管这种转变非常罕见，但这种混合将提供一种方法，使得宇宙在冷却时会产生一个打破原始大统一对称性的相变，让物质的量稍微超过反物质。在这种情况下，所有的反物质随后都会在稠密的原始气体中被物质湮灭，产生淹没宇宙的高能光子。但物质会留下一小部分，不超过十亿分之一，构成大约 10^{50} 吨的物质（听起来有点儿马后炮），你、我以及地球上的一切都由这些物质构成。而光子则将构成今天的微波背景辐射，这是宇宙历史上最大的湮灭事件留下的寒冷而微弱的痕迹。

显然，大统一理论远没有标准模型发展得那么完善。显现出潜在的对称性所需的能标远远超出了LHC所能达到的水平，这很令人沮丧。而且仅凭我们对那个遥远时代少得可怜的宇宙学观测结果，我们也无法确定众多可能的大统一理论中，哪一个描述了我们宇宙发生的超热大爆炸。但是，如果它们所基于的这些广泛的对称原理被证明正确的话，那么我们可以预期，物理世界的一些最基本的性质，如质量和物质的存在，不是先验的数学真理，而是一系列破坏对称性的相变的结果，这些相变将原初的对称性转化为了宇宙复杂性的基础。

而事情还不止于此。在大爆炸的烈焰中，即使是粒子和力之间的基本差异，也可能消失殆尽。1974 年，物理学家尤利乌斯 · 韦斯和布鲁诺 · 祖米诺推测，可能确实存在一种非常普遍的对称性，他们称之为超对称，这种对称性不仅将不同的力场联系了起来，还将力场与物质场联系起来。如果他们的想法成立，那么甚至连传递力的粒子和物质粒子之间的差异也可能起源于一系列类似于希格斯一样的相变。这些相变可能会打破最初的超对称，可能还会顺便产生暗物质粒子。这些粒子是由某些额外力控制的，这种力凌驾于我们熟知的4种力之上。

总的趋势很明确：我们最好的粒子物理学统一量子理论表明，随着宇宙从超热大爆炸中冷却，在远小于一秒的时间内，各种数学对称性就会被打破，引发一系列相变，从而逐渐形成一套结构化的在低温下有效的定律。因此，我们发现了一个惊人的、更深层次的演化，即一种*元演化*，在其中，宇宙演化的物理规律本身发生了量变和质变。图36描绘了这一连串的相变——其中一些得到了验证，但许多还存在于假想中——这些相变会把宇宙最初统一、对称的开始状态转变为一个分化的物理环境，并最终演化为一个适合生命的环境。

这些非凡的见解复活了保罗·狄拉克曾提出的一个想法。早在20世纪30年代，狄拉克就已经开始推测，物理定律并不是在宇宙诞生时就像水印一样铭刻于其上的、固定不变的真理。“与新宇宙学有关的另一点值得注意，”狄拉克说，“在时间之始，自然法则可能与现在的大不相同。因此，我们应该将自然法则视为随时代不断变化的东西。”[3] 80年后，依赖于宇宙学背景而运作的统一粒子理论体现了人们对狄拉克“演化中的法则”理念的认可。此外，我们一直在努力想要更好地理解为什么我们观测到的定律就是这个样子，而这一问题的核心就是对称性破缺相变中的随机元素。

因为还有一个关键点。在最高能量下占主导地位、颇具野心的大统一理论并不能决定这一原始演化的结果。恰恰相反，这宏大的大统一理论预言的是，有许多不同的方式可以打破对称性，这样

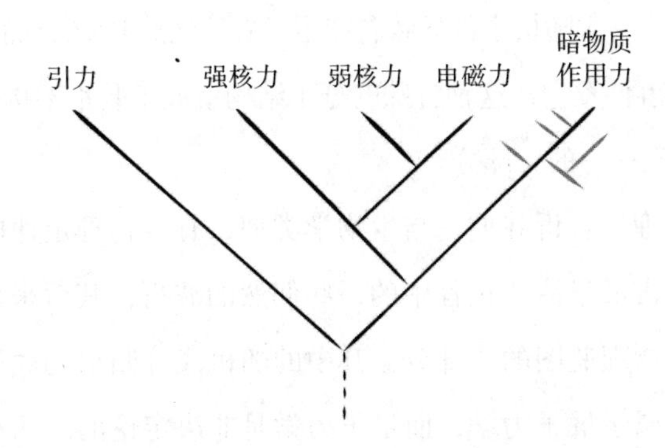

图 36 物理定律之树长成于热大爆炸中的一系列对称性破缺相变。粒子的统一理论预言，最古老的演化层可能会变得非常不同

在宇宙年龄达到恰当的一瞬时，会产生不同的低温定律。这表明，标准模型和暗物质的性质——二者对宇宙演化都有着决定性的影响——并不是由大统一理论背后的数学决定的，而是至少部分地反映了我们宇宙胚胎期历史的特定结果。

在生物进化中，这种情况我们非常熟悉。在第 1 章中我曾说过，生命体将其巨大复杂性建立在历史上无数的定格事件之上。从个体生物中反映其物种特征的功能性到生命树的分类，生物学中的类似规律的模式编码了无数定格事件的结果。在数十亿年的时间里，在共同进化的环境中，这些偶然事件使得一层又一层的复杂性得以显现。生命世界里的一些规律甚至可以追溯到跟上文讨论的宇宙学相变类似的对称性破坏的偶然事件。一个经常被引用的例子是DNA螺旋结构的方向。地球上所有已知的生命形式的DNA分子都是右手性的。这种普遍性非常引人关注，因为分子化学所依赖的电磁学定律对待左手螺旋DNA和右手螺旋DNA完全均等——它们是对称的。因此，如果生命建立在左手螺旋DNA的基础上，它也会同样繁荣。尽管有着各种各样的假设，但很有可能在大约 37 亿年前，当第一个生命出现时，一次随机事件导致它产生了右手螺旋DNA，而一旦这一对称性破坏事件发生，这种特殊的分子结构就成了基本架构——地球上的生命法则——的一部分。

大统一理论告诉我们，与生物学类似，有效物理定律的许多性质都源于宇宙最早演化过程中的一些偶然的波折，其后来被定格成宇宙演化的物理蓝图的一部分。其中的随机成分归根到底是因为粒子物理定律属于量子力学，而量子力学是非决定论的。场在紧随大爆炸之后产生的随机量子跳跃，会影响到这一系列对称性破缺发生的特定顺序。就像一支铅笔会随机地朝着一个方向倒下一样，各种宇宙学相变把场凝结成不同相互作用力的确切方式也会不可避免地与偶然因素有关。

但另一方面，也并非一切皆有可能。原因是在早期宇宙中，场之间相互交织，一个场的变化会影响到其他场，依此类推。这种相互联系最终可使我们追溯到这些场的共同起源，也限制了可能路径的空间。因此，在宇宙演化的早期阶段，随机变化和定向选择会交互作用。这是一种达尔文式的偶然与必然交织的过程，它在物理学定律的底层发挥着作用。

当然，其结果是，宇宙游戏的规则，也就是今天物理宇宙运行的法则，可能曾经可以变得与如今有很大的不同。很可能会有6代中微子而不是3代，或者有4种光子，或者可见物质和暗物质之间有强烈的相互作用。这种变化会产生我们难以想象的完全不同的宇宙。大统一及其更宏大的超大统一扩展都指向了一个惊人的结论，即粒子之间力的相对强度、粒子质量和粒子种类，甚至物质和力的存在，都不是刻在石头上的数学真理，而是宇宙创生后一段古老且鲜为人知的演化时代留下的化石遗迹。

你可能还会说，物理学的这种达尔文式分支发生在（不到）一眨眼的时间里，而且是在一个极其原始的环境中。相比之下，地球上的生命可是在这个星球上复杂的生物圈中进化了数十亿年，而且生物圈本身也在不断进化。

这话不假。在暴胀之后宇宙膨胀的十亿分之一秒内，当宇宙冷却到 10 亿度时，有效物理定律的形式基本上已经成型。人们会觉得这实在没有给任何达尔文式的过程留下太多发挥的空间。然而，在形成有效定律的时候，重要的不是持续时间，而是系统所经历的温度区间。在早期宇宙中，后者显然非常之大，促生了无数次相变，并为它们积累偶然结果提供了充足的空间。而这些偶然结果便形成了较低温度下的物理学和宇宙学。

那么这空间究竟有多大呢？在物理学的基本定律方面，随机变化和定向选择之间的平衡点又在哪里？众所周知，在生物学中，变异的空间非常之大。数学上可以构想的基因的数量远大于我们所遇到的任何其他数量，更别提它们在DNA中的可能排序了。而这些分子组合中，只有一小部分成为地球上的生命。生物学中这样巨大的构造空间意味着偶然性以压倒性的优势获胜，也意味着生物进化是一种多样化的现象。事实上，生命之树中包含的大量信息都源于整个进化过程中的定格事件，远远超过了普通化学和物理学所包含的信息。这便使得古尔德和其他人宣布，如果我们能够回拨时钟，将生物再进化一遍，我们最后得到的会是一棵完全不同的生命树。

但在大爆炸之后，是否也有同样广阔的演变空间？图 36 中描述的物理定律分支树的结构是主要由其根部的深层数学对称性决定，还是主要由历史偶然事件决定？显然，这是一个关键问题，也是多元宇宙学家渴望探索的核心。

为了感受到各种可能性，我们必须朝着统一框架再前进最后一步，即把引力也包括在内。

前面我已经暗示，将大统一扩展到包括引力，带来的挑战是完全不同量级的。首先，爱因斯坦广义相对论用一个严格的经典场（时空结构）来描述引力，而标准模型和大统一理论则用不断起伏的量子场来描述其对象。因此，一个统一的理论似乎需要对引力和时空也进行量子描述。史蒂芬对量子引力运用欧几里得方法正提供了这种描述，至少在近似上如此，但它所依赖的虚时间几何仅抓住了引力量子领域中的某些一般性质，却几乎未曾阐明时空背后的微观量子本质。更重要的是，人们已证明，利用量子场不足以获得对引力完全成熟的量子描述。这是因为时空场的量子起伏在越小的尺度上会变得越强。时空在微观上的涨落产生了一个自我增强的循环，它会导致时空更加疯狂地起伏，从而破坏其自身的基本结构。与其他场在固定的时空背景下波动不同，引力就是时空。这就是试图将引力与量子理论相调和时所遭遇的症结所在。

于是，弦论出场了。20 世纪 80 年代中期，理论学家们发现了一条令人兴奋的量子引力新路线，即用弦取代点粒子作为物理现实的基本组成部分。弦论的核心思想是，如果你在比我们用最大的粒子加速器所能达到的最小尺度还要小得多的尺度上解剖物质的话，你会发现所有粒子内部都深深隐藏着一缕缕振动着的微小能量，物理学家称之为弦。

弦之于弦论，正如原子之于古希腊人一样：不可分割也不可见。然而，与希腊的原子概念不同，弦论中的所有弦都是一样的：在所有种类的粒子中，都潜伏着同一种弦。这种平等主义当然完美契合于统一的哲学思想，但你可能会想，同一种弦是如何能够赋予每种粒子以不同的身份，让它们拥有各不相同的质量、自旋、电荷与色荷的？根据弦论，答案就是弦可以以不同的方式振动。弦论断言，电子和夸克，甚至像光子这种传递力的粒子，都是由一种弦的不同振动模式产生的。因此，弦论预测，正如大提琴上弦的不同振动产生不同的音符一样，一种统一但以多种不同方式振荡的线状体造就了一座由不同种类粒子组成的动物园。

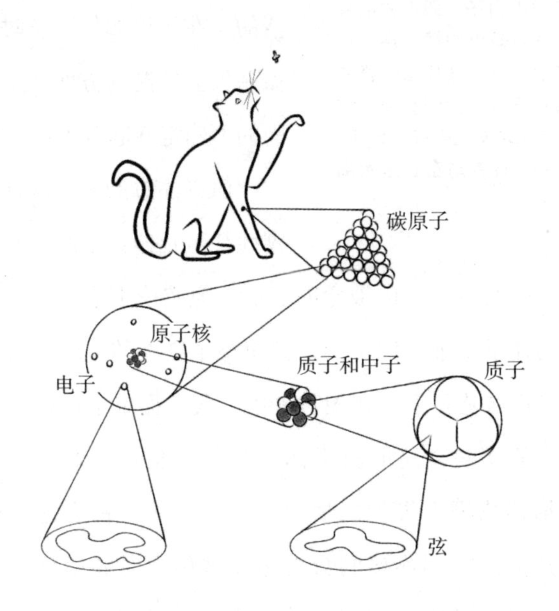

图 37　弦论设想，物质的微观基石不是粒子，而是一缕缕振动着的微小能量——弦

至关重要的一点是，弦论的先驱们发现，弦在其中一种振动模式下，正好具有适合充当引力的单个量子——引力子——的性质。更重要的是，通过把点“抹匀”成摆动的细丝，弦论可以驯服超小尺度上令人头疼的时空量子振荡。事实上，正如图 38 中的费曼图所

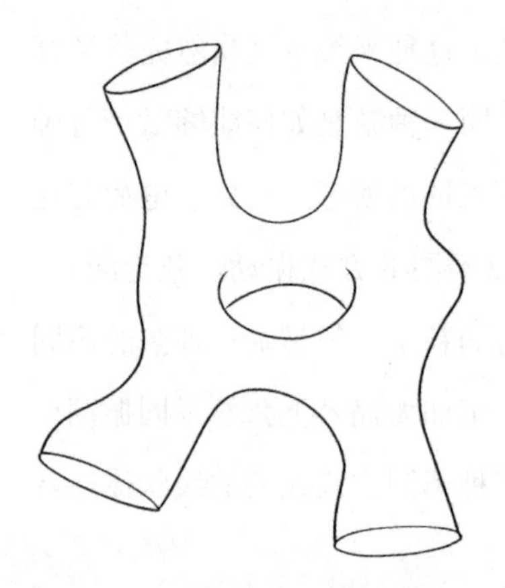

图 38 弦论将引力子，即引力的单个量子，描述为微小的振动环。这张费曼图描绘了两个这种弦一样的引力子的相互作用。我们看到，散射过程在空间和时间上都被抹匀了。这种匀化有助于控制时空在短距离内的量子振荡

示，弦论中本来就没有太小的尺度。这张图描述了弦论中两个引力子量子的散射。我们发现，我们无法精确地定出两个环状引力子相互作用的确切位置。这就好像这些无法分解的弦状的基本组分为微观世界配备了一个最小的长度尺度，小于该尺度的空间本质上就是模糊不清的。在弦论如何防止时空的微观振荡失去控制这方面，这种额外层面的不确定性起着关键性作用。

值得注意的是，这种额外的模糊性甚至延伸到了时空本身的形状上。相对论中的时空可以被弯曲变形，但弦论更进一步，它说时空的几何结构并不是唯一固定的，甚至整个维度的空间都可以出现或消失。时空几何是什么？在相对论中，我们提出了这样的问题。而根据弦论，答案是，这取决于你的视角。在弦论中，不同的时空形状可以描述物理上等价的情况。这些形状被称为是对偶的，而将不同的几何形状相连接的数学运算被称为对偶运算。在所有对偶中，最著名、最令人震撼的被称为全息对偶，那将是第 7 章的核心话题。

到了 20 世纪 80 年代末，弦论学家已确信，相互作用的一维弦为引力给出了一个数学上合理的微观描述，这成为该理论主要的成名之举。在弦论之前，引力和量子理论似乎从根本上就水火不容，仿佛自然之书被写成了两卷，它们分别讲述着互相矛盾的故事。随

着弦论的发现，理论物理学家终于开始看到，20 世纪物理学的两大核心支柱有可能和谐地协同运作。更强大的是，在某种意义上，这两大支柱均从统一的弦论框架中演生[①]出来。应用于大质量物体时，弦论规则基本上就简化为广义相对论的爱因斯坦方程。应用于少量的、振动不太剧烈的弦时，同样的弦论规则则给出了通常的量子场论。

然而，即使在今天，该理论的基本结构仍然有些难以捉摸。事实上，如果你问一些理论学家“弦论是什么？”，你可能会得到一系列不同的答案。物质和引力在超高能量下才能显现出类似弦的性质，但由于超高能量尚无法直接通过实验达到，弦论学家为进一步发展他们的理论，大多不得不用狄拉克的格言“寻找有趣而美丽的数学”来代替实验输入。必须说明，弦论学家基本上并未对此感到困扰。多年来，弦论界发展了自己的一套复杂的制衡系统，其评价进展的主要标准与理论框架的数学自洽性及其所提供的理论见解的深度相关。这也产生了一种非常具有创新性的科学。到目前为止，弦论领域的发展已经远远超出了将引力与量子力学相结合这一最初的目标。它创造了一张关系网，将物理学和数学的广大分支相互联系了起来，从超导物理学和量子信息论一直到量子宇宙学。后者我将在第 7 章中讨论。

然而，与广义相对论中的爱因斯坦方程，或量子理论中的薛定谔方程和狄拉克方程不同的是，人们尚未找到一个公认的、包含弦论核心的主方程。此外，弦论为统一引力和量子力学也付出了代价，而且这个代价还不小：为了让弦论背后的数学奏效，弦的移动必须

① 演生（emerge），又译突现、涌现或呈展，指系统内各组分相互作用而产生单个组分所没有的性质与特点的现象。——编者注

在9个维度的空间中进行（这里暂不考虑其他的可能情况）。也就是说，为让理论在数学上自洽，弦论规则要求除了我们熟悉的长度、宽度和高度外，还需要有6个空间维度。[4]

你可能会想，为什么这些额外维度不会立即排除掉这个理论描述我们这个世界的可行性呢？如果真的有更多维的空间，我们一定会注意到的吧？这可不一定，因为这6个额外维可能非常小，并且每一处都紧紧地蜷缩在一起，而不是像我们熟悉的3个维度那样在宇宙尺度上伸展开来。如果是这样的话，我们就很难确定它们的存在。这很像从很远的地方看一根吸管，它看起来像是一维的，但它周围有第二个环形维度，如果一个人手里拿着吸管喝饮料的话，这个维度是可以看到的。同样，如果这6个额外的维度远小于LHC或其他高能实验目前所能分辨的长度尺度，那么它们的存在就不会引起我们的注意。空间中的每一点都可能隐藏着六维空间，但它可能截至目前看起来就像是一个点（见图39）。

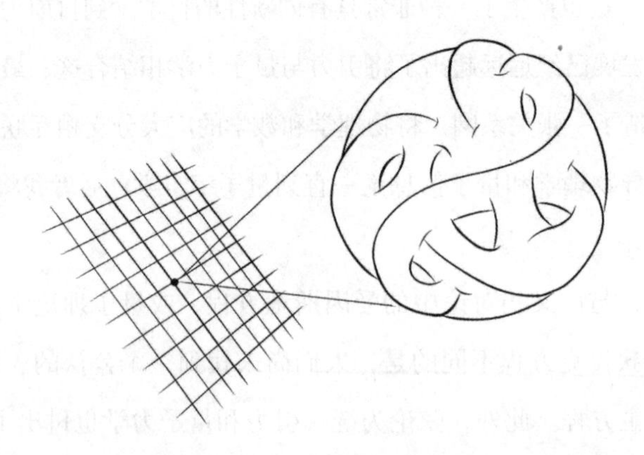

图39 弦论预言，如果我们能把空间的结构放大无数倍，我们就会发现，我们熟悉的3个大维度中的每个点都由微小的额外维度组成。此外，这一隐藏于各处的额外维空间的形状既影响了3个大维度中的力，也影响了那里的粒子

然而因为弦如此之小，它们确实会进入隐藏的六维世界。正如大提琴的形状决定了琴弦振动模式的组合，并产生了其独特的音色一样，弦论中六维小块的几何结构也决定了这些游荡着的弦会带来何种粒子及相互作用力。

弦论将我们可见的三维世界描绘为一种更为复杂、更高维度的现实的投影，那种现实我们只能间接地去认识。

因此，便出现了这样一种图景：我们感知到的三个大维度中物质的性质和有效物理定律的形式，包括粒子间相互作用力的强度、粒子的数量和类型、可见成分和黑暗成分、它们的质量和电荷等，甚至连暗能量的大小，都取决于隐藏在各处的 6 个小维度卷曲的方式。

但是，是什么原理选择了我们所观察到的这些与有利于生命产生的宏观世界相匹配的微小空间的形状呢？弦论打开了一个令人神往的数学景观，而这就是景观中的设计之谜。

弦论的创始人满怀希望地认为，在理论的核心，有一个强大的数学原理将会为额外维度筛选出独一无二的形状。有人认为，利用弦论，我们正在以纯数学推理为基础解释标准模型和那张宇宙饼图背后的关键数字的路上大步迈进。柏拉图很快就会被证明是正确的，宇宙惊人的生命体友好性只不过是其严格的数学基础的偶然结果。

然而，随后他们发现，弦论中的额外维度就像乐器一样有各种各样的形状和形式，这些早期的希望很快就破灭了。20 世纪 90 年代，大量将 6 个额外维度卷曲成一小块的新方法被发现，理论学家开始惊慌失措。这些隐藏的几何结构可能会极其复杂，形成一个多维的迷宫，由几何上的把手、桥和洞组成，被场线束流包络起来或贯穿其中，并像折纸一样紧密折叠。在图 39 中，我试图重现这样一个复杂的形状，不过这只是在二维纸上的降维投影，无法反映出弦论中更高维度的复杂性。

将理论中的各种成分相结合后，弦论学家发现，这些隐藏维度的可能形状比可观测宇宙中的原子还要多。每种空间形状都有自己的弦交响乐，即自己的一套特定的有效定律来描述宇宙。因此，通过探索额外维度的数学景观，理论学家发现了一个令人难以置信的聚宝盆，盆中装满了在我们可见的三个大维度中的有效物理定律。隐藏维度的某些特定安排会对应于这样一种宇宙，其内部的规律与我们在这个宇宙中观察到的规律几乎相同，仅在比如说少数粒子质量的具体值上有所差异。这样的宇宙也可能具有同样的生命体友好性——说不定还更胜一筹。而绝大多数额外维度的卷曲方式产生了与我们完全不同的宇宙，具有完全陌生的粒子和力。到了世纪之交，弦论已经成了物理学定律的沃尔玛超市，你可以随意想象一个由特定有效物理定律支配的特定宇宙，然后去寻找与之相对应的额外维度结构。在无数的宇宙中，暗能量的排斥效应阻止了星系和生命的形成；在有的奇怪宇宙中，LHC 已造出了黑洞，史蒂芬也因此获得了诺贝尔奖；甚至在有的宇宙中，膨胀并变大的空间维度数不是 3，而是另一个数。

在宇宙学背景下，额外维度形状的塑造是促进有效定律之树萌芽的对称性破缺相变链的一部分。而暴胀的爆发，也就是使得三个空间维度分离并膨胀的相变过程，也可以被视为宇宙诞生后，高维实体形状塑造的一部分。事实上，即使是宇宙诞生时空间可能“分裂”成了时空的过程，也有一种对称性破缺相变的味道。在某种意义上，这是终极的相变。此外，量子跳跃为整个过程增加了一种随机性元素。尽管这些跳跃中的大多数都没有留下痕迹，但那些触发对称性破缺相变的跳跃会被放大并定格下来，成为新出现的有效定律的一部分。这是达尔文式的变异和选择的相互作用在早期宇宙的原始环境中再次上演——这是我们所能想象到的最古老，也是最底层的"进化"。

六维空间的可变范围之巨大，意味着弦论对我上面提出的问题给出的答案是，变化和机会战胜了必要性，而且是大获全胜。那么，难道说强大的万物理论什么都决定不了吗？

一方面，振动的量子弦产生引力，这一事实意味着，弦论拥有统一所有力和粒子，实现爱因斯坦的这一梦想的理论所需的一切。此外，与标准模型不同，弦论没有那些我们在使用这个理论框架前必须测量好的自由参数。从理论上看，这在物理学中已经够纯粹了。另一方面，这种纯粹性显然使得该理论所拥有的有效定律多到令人倒吸凉气。布赖恩·格林在其精彩的著作《隐藏的现实》中详细描述了这一令人震撼的数学景观，并介绍了在弦论的复杂结构中，有不少于 5 种能使大量有效定律得以存在的不同方式。

从实践的角度来看，这座"定律的沃尔玛超市"意味着弦论不是一个定律，而是一个元定律。事后看来，这并不应该令人惊讶，因为弦论背后统一的数学中缺少参数以及预先确定的结构，这意味着它所编码的任何有效定律中都必然会存在演生元素，而在量子世界中的演生，则会受到随机变化的影响。

因此，大统一的故事可以用两种方式来解读，每种方式都展现了故事的不同一面，这很有意思。

从低能向高能看，即在图 36 中从上往下看，我们回顾了粒子物理学统一计划的成功历程。随着能量的增加，我们从越来越深刻的数学模式中发现了越来越具有包容性的对称性，这些模式将我们所观察到的力和粒子，甚至可能包括暗物质，都连接在了一个更加包罗万象的统一框架中。这是正统的粒子物理学对统一的解读，也是在实验室中检验这些想法的途径。粒子物理学家需要更大的加速器以使用更高的能量粉碎粒子，从而探索更深层的统一对称性（前提是制造出黑洞的能量阈值更高）。这一解读还强调了构成自然的基石之间的相互依赖性，以及其必然性的核心，这些都是统一理论想要揭示的。

而从高能向低能看，即在图 36 中从下往上看，我们看到了一系列相变，这些相变创造了物理力和各种粒子形成的树杈状结构，很容易让人联想到生命之树（见图 5）。这是宇宙学背景下的自然解读，膨胀导致冷却，冷却导致分岔。从这个角度来看，大统一首先是一个巨大的变异源，它使物理法则发生变异并多样化，就像上百亿年后各生物物种所做的那样。

这两种解读彼此并不矛盾。它们只是同一枚硬币的两面——变异和选择。

弦论中有一系列广阔得令人吃惊的分支路径，这一重大发现彻底改变了多元宇宙理论。早些时候，像林德和维连金这样的多元宇宙论者已经意识到，各个岛宇宙——暴胀结束并进入热大爆炸的区域——的结构和成分会有所不同。有的岛宇宙将有足够的物质产生数十亿个星系，而有的则几乎空无一物。在弦论中，岛宇宙之间命运的差异范围会飙升至难以想象的地步。弦论预言，如果真有那么一片永恒暴胀的地方的话，那么它将容纳多样到令人震惊的岛宇宙。每一个岛宇宙都会有它诞生的印记，在膨胀并冷却时也会有自己的一系列相变过程。多元宇宙作为一个整体，将是一个真正千姿百态、令人迷惘的宇宙拼图，由弦论的元定律这样的无形之手以某种方式缝合在一起。

如果某个特定岛宇宙的居民环顾四周，他可能会得到这样的印象，即物理定律是普遍存在的，他们甚至会好奇这些定律是不是为了创造生命而精心制定的。但在弦论下丰富多彩的多元宇宙中，这将是一种错觉。我们所谓的"物理定律"只是一些局部的范式，是定格后的遗迹，它反映的是我们这片空间从热大爆炸中冷却的特定方式。粒子和力的性质就像树雀的尖喙或DNA的右手性一样，并不是宇宙大设计的一部分，而仅仅是我们这个宇宙环境的特征。是达尔文式的过程产生了有效的物理定律，只不过这一过程发生在很久很久以前，它向我们隐藏了这些定律的进化特征。

我清楚地记得伦纳德·萨斯坎德的演讲——《弦理论的人择景观》[5]，它被收录在名为《宇宙：单元还是多元？》的会议文集中，这是首批将弦论学家和宇宙学家聚于一堂的科学会议之一。会议于2003 年 3 月在斯坦福大学举行，召集人是林德和保罗·戴维斯。在与会的理论学家之中洋溢着一种欢欣鼓舞的气氛。多年来，人们一直在追求与观察到的世界相自洽的终极理论，但一直止步不前。而萨斯坎德在会议上辩称，这种追求其实是误入歧途。这话可谓是惊人的反转。他解释说，弦论是建立在坚实而深刻的数学原理之上，但该理论并非通常意义上的物理定律。相反，我们应该把它看作一种元定律，它支配着由无数岛宇宙组成的多元宇宙，每个岛宇宙都有自己的局部物理定律。

同年晚些时候，斯坦福南边的加州大学圣巴巴拉分校卡弗里理论物理研究所开展了第一个超弦宇宙学项目。在一个座无虚席的礼堂里，林德眉飞色舞地向座下的弦论学家们解释了他那创造宇宙的永恒暴胀机制如何不断地产生岛宇宙，并占据了弦论景观中哪怕最偏远的角落，听众们竖耳聆听着他说的每一个字。林德提出，永恒暴胀将理论中巨大的可变空间变成了真正的宇宙拼图，这就是多元宇宙。

然而，令人担忧的是，弦论的元定律中没有任何一条说明我们在这个神奇的宇宙拼图中处于什么位置，以及我们应该期望观察到什么样的宇宙。多元宇宙本身不是以人为本的，也是不完备的。这就是我在第 1 章中描述的矛盾情况：作为一种物理理论，多元宇宙标志着物理学所拥有的许多可预测性将会终结。

但萨斯坎德提出了一项新的伟大的方案。他认为，将多元宇宙与人择原理相结合，可以避开这个关于解释能力的尴尬局面，因为人择原理在多元宇宙中选择了一片对生命体友好的区域。就其本身而言，人择原理不符合科学的要求，但他提出，当与多元宇宙结合时，人择原理的确具有预言能力。因此，他提出了“人择多元宇宙学”作为基础物理学和宇宙学的新范式，以取代仅基于客观、永恒规律的正统框架。

事后看来，真正引发宇宙学中人择“革命”的，是弦论中的这些新的理论见解与一些刚出炉的观测结果之间引人注目的相互作用。这些观测结果指向了一种不可见的暗能量，它弥漫在空间之中。我之前提到，在 20 世纪末，对超新星的天文观测表明，在过去的 50 亿年中，宇宙的膨胀速度一直在加快，这几乎让所有人都大吃一惊。理论学家们争先恐后地寻找解释，他们重新启用了爱因斯坦讨厌的宇宙学常数项，该项给出的暗能量及其负压可以让引力在很大尺度上产生相互排斥的效果。然而，用以解释观测到的加速度所需的暗能量，在某种程度上也就是宇宙学常数λ的值，非常之小：只有许多人认为的自然值的 10^{-123}，这非常不可思议。我们的期望值和观测值之间的这种令人尴尬的差距与量子力学有关。量子力学预测，空的空间应该充满虚粒子，即量子真空的涨落。与真空中这些乱糟糟的活动有关的能量，实际上就给出了一个宇宙学常数。但当粒子物理学家将所有虚粒子的贡献相加时，他们发现由此得出的是一个荒谬的大数，这个宇宙学常数是如此之巨大，以至于它甚至会在星系形成之前就将宇宙撕裂。直到 20 世纪 90 年代末，大多数理论学家都认为弦论的核心有一个尚未被发现的对称性原理，它能将暗能量的值固定为零。但理论学家在 21 世纪初发现，该理论包含了一个庞大的多元宇宙，而观测则带来了宇宙学常数最终不是零这一难缠的结果，从而引发了对于λ的值"究竟是多少才是自然的"这一观点的戏剧性转变。人们很快由寻求从基本上解释暗能量的零值结果，转变为相信在一个巨大而多样化的多元宇宙中，暗能量的值在一个岛宇宙到另一个岛宇宙之间随机变化，而人择原理选择了一个非常小但又非零的值，这就是我们观察到的值。

有趣的是，这种背景下的人择考虑的首次出现，比 20 世纪 90 年代末所有这些理论和观测发展都还要早。早在 1987 年，当多元宇宙的猜测基本上还被视为糟糕的形而上学时，史蒂文·温伯格就进行了一次非常引人注目的思想实验，从人择的角度反思了宇宙学常数的值。温伯格考虑了一个假想的多元宇宙，并研究了哪些岛宇宙会形成星系网。他注意到，这个条件对宇宙学常数局域上的值设置了一个极其严格的上限。事实上，岛宇宙中的值若比我们现在观察到的值仅仅大一点点，那它就会在大爆炸后的数百万年（而非事实上的数十亿年）就开始加速膨胀，没有时间让物质聚集。[6] 而如果没有星系的话，宇宙就是一个没有生命的地方。因此，温伯格总结道，我们的存在这一事实自然会让我们关注那些只有极少量暗能量的岛宇宙，它们位于一个非常狭窄的对生命体友好的窗口中。

同时，我们也不能期望暗能量的密度比我们生存所需的能量密度小很多，这是他的论点中人择的一面。温伯格假设，我们是被随机选择的观察者，生活在由岛宇宙组成的多元宇宙中。这些宇宙尝试了几乎所有可能的λ值，也包括与生命相容的狭窄范围内的值。绝大多数可居住的岛宇宙中暗能量的能量密度都接近生命体存在限定范围的上限，这只是因为，要选择更小的λ值的话，就需要进一步精细调节。根据这些推论，他得出的结论是，观测到的暗能量不应该是当时普遍认为的零值，而应该是尽可能地大，只要不破坏星系形成就行。早在 1987 年，这一结论就使温伯格预言，可能有一天，天文观测会揭示宇宙学常数不会消失，而是有一个非常小的非零值。没过 10 年，超新星的观测结果就证明他是正确的。

更重要的是，弦论似乎刚好提供了温伯格在他的思想实验中假设的丰富多彩的多元宇宙。因此说来凑巧，在一系列引人注目的事件中，我们对λ的观测、推论和人择推理这三者——每一样都是革命性的——在 20 世纪初不约而同地到来。正是这种思想的融合促生了人择多元宇宙学这一新范式，它为人们在宇宙精细调节问题上的观点的全面转变插上了翅膀，并为萨斯坎德和其他人所拥护。

如果真的有多元宇宙的话，那么偶尔某处就会有稀稀拉拉、随运而生的岛宇宙，上面有适合生命产生的局部法则。显然，生命只会在那些岛宇宙上出现。其他生存条件对生命体不友好的岛宇宙将不会被观测到，这仅仅是因为我们不会观测到我们无法观测到的地方。人择原理可以在多元宇宙中挑选出可居住的岛宇宙，哪怕这些岛宇宙非常稀少。因此，综合起来，人择多元宇宙学似乎解决了那个古老的大设计之谜：我们居住在一个罕见的对生命体友好的区域内，这个区域是在一个几乎没有生命的宇宙大拼图中，由人择原理挑选出来的。

乍一看，这一思路似乎与我们解释可观测宇宙中普通选择效应的方式没有太大区别。我们不可能存在于宇宙中物质密度太低而无法形成恒星的区域，也不可能存在于还没有大量碳等元素的时代。更确切地说，我们生活在一颗拥有大气的岩质行星上，该行星位于一个特别稳定、安宁的恒星系统的宜居区，且距离大爆炸已经过去了数十亿年，因为这是一个特别适合生命体的环境，智慧生命才有机会发展。同样，人择多元宇宙学认为，我们这个宇宙之所以拥有在本质上对生命体友好的物理定律，只是因为我们很难在一个物理条件阻碍我们生存的宇宙中进化。从某种意义上说，人择原理说的是：我们发现了可观测宇宙的物理学，是因为我们在这里。

然而，史蒂芬并不为所动。他非常赞同萨斯坎德、林德和他们的追随者的观点，即宇宙对生命体友好的这一引人关注的设计需要一个解释。但他认为人择多元宇宙学完全没有解释任何事情。在圣巴巴拉会议结束后返回帕萨迪纳的路上，我们在贝弗利山的一家古巴舞蹈俱乐部落了脚，在那里，史蒂芬从跳舞的间隙中抽出时间来表达了他对新的弦宇宙学的不满。“在一个典型的观察者会看到什么这个问题上，永恒暴胀和多元宇宙的拥护者们是在作茧自缚，”随着古巴萨尔萨舞的节奏，他打出了这样的话，“在他们的图景中，灾难就在眼前。”

*　*　*

到了世纪之交，史蒂芬越来越担心宇宙学中的人择推理破坏了理性方法，后者可是科学的生命之源。这一点也许有些难以理解，但请稍微忍耐一下，因为我们已经触及了林德与霍金的争论中的核心所在。

主要问题是，人择原理依赖于一个经常被掩盖的假设，即在某种程度上，我们是多元宇宙居民的代表。也就是说，为了进行人择推理，我们必须首先明确哪些东西是有代表性的，哪些东西不是。为了做到这一点，我们在物理世界中挑出一些我们认为对生命很重要的亲生物性质，这些性质把“我们”或“观察者”这样的词转化成了物理语言。然后，我们利用它们的普遍性以及多元宇宙的统计性质来推断我们这样的多元宇宙居民代表应该在什么样的岛宇宙上，以及我们可以通过我们的望远镜发现什么样的物理规律。

但是，是什么东西选择了这样的“人择”性质，使得我们在观察者集合中是有代表性的，并且是随机选择的成员呢？我们是应该考虑有效定律的某些性质，还是应该计算旋涡星系的数量，或者是最终形成星系的重子的丰度，乃至先进文明的数量呢？在某些方面，我们是有代表性的，但在其他方面却并不是。我是因为生活在地球上的人口大国所以具有代表性吗？来自印度的读者也许会回答是的，但其他人也许不会。我是因为生活在一个四季分明的国家所以具有代表性吗？大多数读者会回答是，但也有些人不会。此外，还有大量的集合根本不具有区分性。我们是生活在拥有最多文明的那个宇宙中吗？也许是吧。但我们也可能生活在一个在这方面不具代表性的宇宙中，它可以有一些文明，但远远少于其他宇宙。目前和未来的数据都无法说明这一点，我们根本无从知道，这是人择多元宇宙学的一个问题。因为在缺乏明确的标准来为多元宇宙居民规定合适的参考类型的情况下，人择多元宇宙学的所有理论预测都变得模糊不清。该理论受制于个人偏好和主观性。从你的观点来看，我们应该处于这种类型的岛宇宙中，而我的观点则选择了那种岛宇宙，而且我们无法在实验和观测证据的基础上提供一个合理的解决方案。

温伯格的人择“预言”，即我们应该测量到一个小但非零的宇宙学常数，就是一个很好的例子。更仔细的审视表明，λ的预测值强烈依赖于我们所选择的多元宇宙居民的参考类型。温伯格假设各个岛宇宙的暗能量不同，但其他方面的物理参数完全相同，而我们是岛宇宙中的代表性居民。宇宙学家马克斯·泰格马克和马丁·里斯指出，假设我们是从更大的观察者群体中随机选择出来的，这些群体所居住的岛宇宙中宇宙学常数和星系种子的大小都互不相同，那么λ的预测值将比我们现在测量的值大 1 000 倍。[7] 对参考类型更富创造性的选择会带来更荒谬的结论，甚至我们应该期望自己是由真空涨落形成的大脑，飘荡在一个空荡荡的岛宇宙中，我们所有的记忆在几分之一秒前才开始出现。最起码从人择的角度出发，人们总能将任何挫折转化为明显的成功，反之亦然，随自己的喜好调整随机观察者的数量就可以。

这样一来，要让多元宇宙学在旧的波普尔意义上可以证伪，这样的要求可能就太高了。大自然可能并不那么善解人意。也许根本不存在一个可以让我们明确排除整个多元宇宙理论的确凿证据。然而，要求一个物理学理论能做出明确的预言，使得进一步的观测和实验至少可以增强我们对它的信心，这样的要求并不高。如果不做这样的要求，科学的进程就会受到损害。人择多元宇宙学将自己的预言建立于事例的随机分布之上，而你只能从中观察到一个例子，即我们的宇宙，因此它连这一最基本的标准都无法满足。任何类似的理论皆是如此。

宇宙学家将这称为多元宇宙学的测量问题：我们缺乏一种明确的方法来测量不同岛宇宙数量的相对权重，因此当面对我们的观测结果时，理论的预言能力便被削弱了。事实上，这一测量问题可能在我们试图预言与生命无直接关系的宇宙性质时表现得最为明显，因为在那时，人择原理无法再为我们提供退路了。[8]

我们遇到了一场教科书式的库恩危机①。人们希望人择原理能在永恒暴胀给出的宇宙拼图中指明"我们是谁"，并将抽象的多元宇宙理论与我们作为这个宇宙中的观察者经历并测量到的结果联系起来。然而，它未能以符合基本科学实践的方式将"我们"插入方程式中，后果就是理论完全无法解释。

事实上，人择原理凌驾于元定律之上、调用随机选择的过程，掩盖了其对待宇宙事务完全非人择的、上帝般的视角。随机选择设想的是我们在某种程度上从外部俯瞰宇宙，并在所有和我们一样的观察者中"选择出"我们是谁。如果我们，或者是某个形而上的代理人确实执行了这样一个操作，并能知道这种选择的结果，那这个做法就是合理的。然而，没有任何证据表明这一点。仅凭我们意识到自己是生活在宇宙中的人类，就将其等同于随机选择这样的宇宙学行为，这种推理是错误的。[9]因此，我们不应该得出类似"我们是从我们选择的集合中被随机选择出来的"这样的理论预言。我们确

① 库恩危机又称范式危机，由科学哲学家托马斯·库恩提出。简单地说，库恩危机就是常规的科学范式遇到（通常是由新的观测现象带来的）无法解决的问题时引发的危机。其后果往往是带来科学革命，产生新的范式。——译者注

实完全有可能（或者说不见得不会）生活在一个有效定律在许多方面都不具有代表性的宇宙中。事实上，这正是对称性破缺相变的随机性所导致的结果。

我们看到的是这样一个宇宙，它拥有自己的有效定律、恒星和星系的结构，偶尔也有生命存在。无论这是宇宙的全部，还是它只是作为一个巨大的多元宇宙的一部分而存在，逻辑上情况都是一样的：我们所看到的这个宇宙展现了一系列非常适合孕育生命的物理性质。当我们试图理解这个宇宙的设计时，在遥远的、与之因果分离的宇宙中无论发生或者不发生什么，都应该与之完全无关。

从生物进化到人类历史，其他历史科学对这种基于代表性的推理中所埋藏的陷阱都再熟悉不过。如果达尔文假设我们是具有代表性的，他就会认为有一堆类地行星，上面有各种各样的生命树，每棵树上都包含着一个智人分支。然后，他会试图预测，我们——这个地球上的智人版本——应该属于所有可能的带有智人分支的生命树中最常见的那棵树。也就是说，他绝对会错过自己目前最重要的见解，那就是：每一个分支都是一场机会游戏，而我们所知的生命之树概括了错综复杂的历史，它历经了数十亿年的生物实验，包含了数万亿次的偶然曲折，并非来自随机选择这样一个外部行为。

生物进化中各种可能情况的范围如此之大，这意味着对“我们为什么偏偏处在这棵生命树上？”这一问题的任何一种因果决定论解释都注定会失败。这就是为什么生物学家都以事后回溯的方式工作，他们所描述的是通过给定的结果如何能回溯到特定的分支序列。若非要说代表性有什么用的话，那就是它可以成为一个有用的指导性原理，去解释生物圈几个最普遍的结构性特征。

紧随大爆炸之后的，是一段伴随着随机跳跃和一系列对称性破缺相变的量子过程。对于在这期间有效的物理定律如何形成，弦论同样为其可能的路径设想了广阔的空间。因此，某一结果既不可能具有代表性，也不能是先验给定的。[10]然而，与现代生物学不同，人择多元宇宙学则无视这种随机性，从本质上坚持决定论的解释方案，将“为什么”置于“如何”之上。而生物学的情况表明这样给出的基础是有缺陷的，无法为宇宙学中表观上的设计提供一个更好的理解。例如，诺贝尔奖得主戴维·格罗斯就一直持有这样的观点：“我们对宇宙观察和了解得越多，人择原理就越糟糕。”[11]

多元宇宙理论断言，进化的整个想法在根本上就有局限性。多元宇宙学把指向有效物理定律的古老宇宙演化框定在永恒的元定律这一固定背景之下，倒也坚持了物理学中相对正统的解释方案。它假设当我们走向物理学和宇宙学底层的时候，我们会发现稳定的、永恒的元定律。它假设这些元定律以一个核心主方程的形式来控制整个宇宙大拼图，我们可以由此计算出针对低能观测（如我们的观测）的盖然性预言。从这个最宏大的方案来看，多元宇宙不过是牛顿认识论上的又一个本轮，有点儿像古人为了拯救托勒密的世界模型，在本轮上又添加本轮的方式。演化和演生最终仍然是多元宇宙学中的次要现象，并不是那么根本。这就是霍金与林德之争的核心所在：到底是变革获胜，还是永恒能赢。

仅此而已吗？在人择多元宇宙革命开始之后，那天晚上，在贝弗利山，背景音是古巴乐队的演奏，史蒂芬已做好准备，要永远抛弃人择原理。“让我们好好干吧。”他说。我们不再满足于将宇宙学理论的可证伪性托付给一个非科学的原理，我们发誓要重新思考其

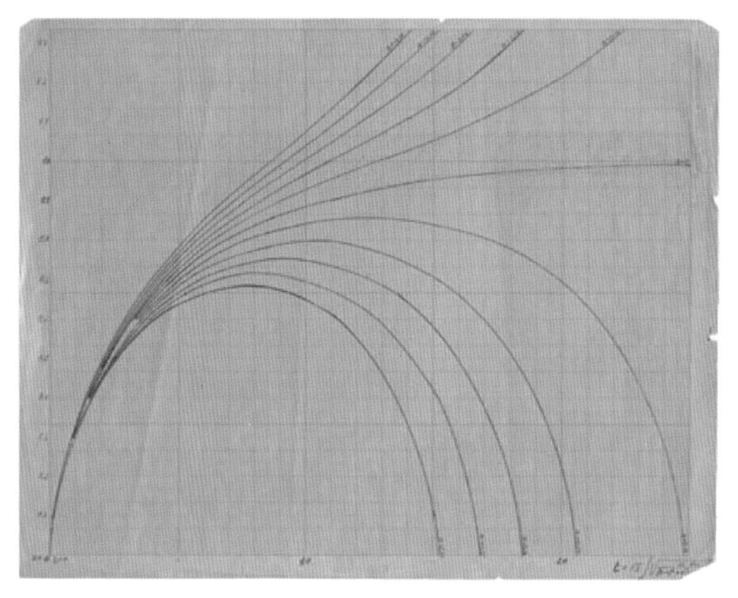

彩图 1　乔治 · 勒梅特于 1930 年前后绘制了这幅标志性的宇宙演化图。在左下角，他写下“$t = 0$”，这是时间的初现，后来被称为大爆炸时刻

彩图 2　“是谁吹大了气球？是什么引发了宇宙的膨胀？”这幅漫画把荷兰天文学家威廉 · 德西特画成了希腊字母λ的形状，代表爱因斯坦的宇宙学常数。他像吹气球一样吹大了宇宙

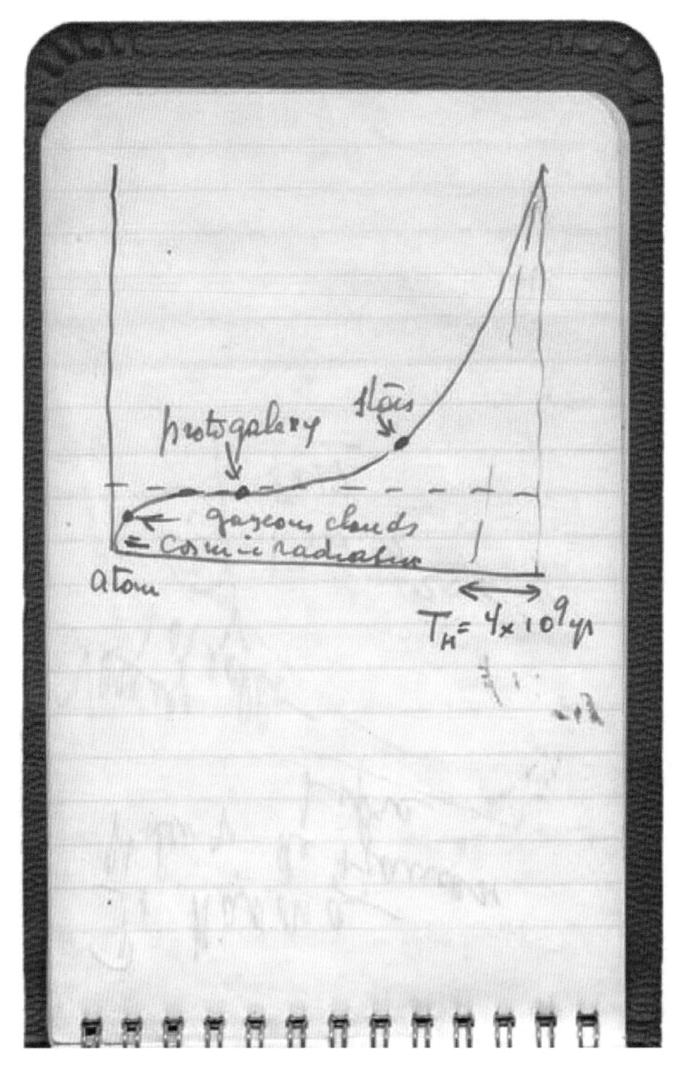

彩图 3　乔治·勒梅特在他的紫色笔记本上描绘了一个徐行中的宇宙。该宇宙诞生于一个原始原子，其步履蹒跚的膨胀曲线创造了使生命成为可能的物理条件

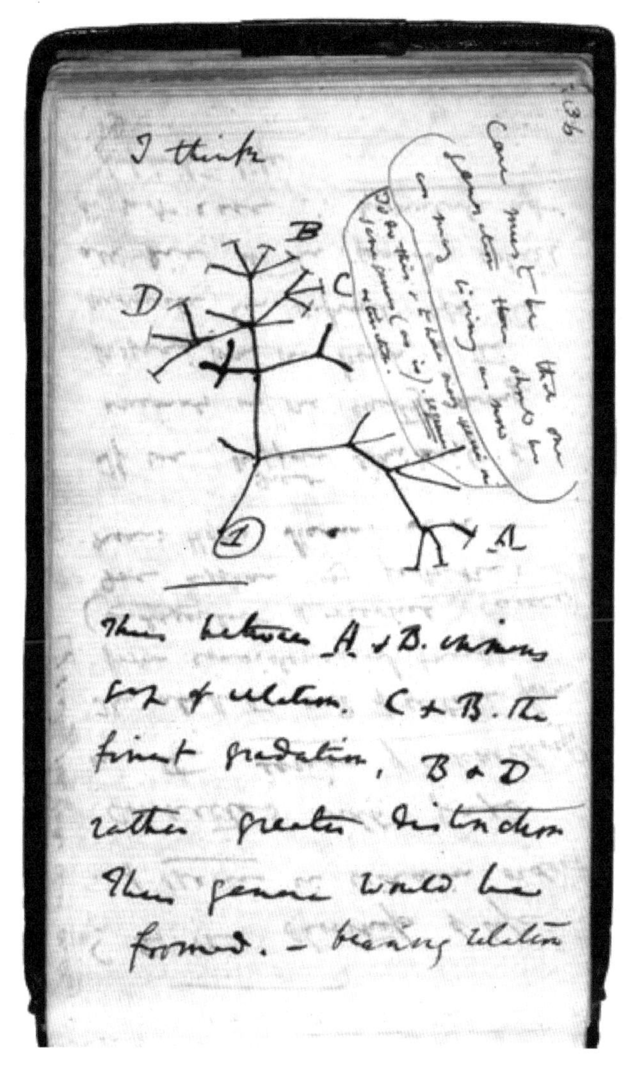

彩图 4　查尔斯·达尔文在他的红色笔记本B中绘制的最初的生命树草图，这幅图展示了一个属的相关物种如何起源于一个共同的祖先

LEMAITRE FOLLOWS TWO PATHS TO TRUTH

The Famous Physicist, Who Is Also a Priest, Tells Why He Finds No Conflict Between Science and Religion

By DUNCAN AIKMAN

"THERE is no conflict between religion and science," the Abbé Lemaitre has been telling audiences over and over again in this country and thus proving it by explaining the [illegible] of both. His view is interesting and important not because he is a Catholic priest, nor because he is one of the leading mathematical physicists of our time, but because he is both. Here is a man who believes firmly in the Bible as a revelation from on high, but who develops a theory of the universe without the slightest regard for the teachings of revealed religion on [illegible]. And there is no conflict!

Such an attitude would have been preposterous to a Victorian physicist. Either you accept the whole Book of Genesis and therefore shut yourself out of the world of science, or you accept science and repudiate the prophets as [illegible] of the manner in which the universe began. Today the physicist is [illegible]. Behind his formulas there is something that is still [illegible]. He is half mystic and ready to admit that the universe may reveal itself in other ways than in mathematical equations or the bands and lines of a spectrograph. The abbé therefore follows the trend of modern thinking and derives [illegible] more than ordinary [illegible] [illegible]

[illegible]

that there must be authentic religious dogma in the [illegible] chromosome. Nevertheless a lot of otherwise intelligent and well-educated men do go on believing or at least acting on such a belief. When they find the Bible's scientific references wrong, as they often are, they repudiate it utterly. Should a priest reject relativity because it [illegible] that it took perhaps one thousand million years to create what we think is the universe. Genesis is simply trying to teach us that one day in seven should be devoted to rest, worship and reverence—all necessary to salvation."

"And that story about Jonah and the big fish?"

"I admit that a whale [illegible] powers with which they are credited in the Bible.

"If scientific knowledge were necessary to salvation," he says, "it would have been revealed to the writers of the Scriptures and they would have set it down in their [illegible]. For instance, the doctrine of the Trinity is much more abstruse than anything in relativity or [illegible] doctrine of salvation. On other questions they were as wise or as ignorant as their generation. Hence it is utterly unimportant that errors of historic and scientific fact should be found in the Bible, especially if errors relate to events that were not directly observed by those who wrote about them. The idea that because they were right in their doctrine of immortality and salvation they must also be right on all other subjects is [illegible] fallacy of people who have an incomplete understanding of why the Bible was given to us at all."

Lemaitre tells of a [illegible] in which he figured. An old father was [illegible] at the desk. Before him sat the lad who was to discover the expanding universe and who, even then, was [illegible] of science. He [illegible] the lad read into a passage of Genesis an anticipation of modern science.

"I pointed it out," says Lemaitre, "but the old Father was skeptical. 'If there is a coincidence,' he decided, 'it is of no importance. Also if you should prove to me that it exists I would consider it unfortunate. It will merely encourage more thoughtless people to imagine that the Bible teaches infallible science, whereas the most we can say is that occasionally one of the prophets made a correct scientific guess.'"

* * *

THERE is, the abbé admits, a [illegible] sense of conflict between science and religion in the different [illegible] of science. "The geologists seem to have peculiar difficulties," he reasons. "There is every reason for this. They have [illegible]

[illegible]

Einstein and Lemaitre—"They Have a Profound Respect and Admiration for Each Other."

contains no authoritative exposition of the doctrine of the Trinity?"

If the Bible does not teach science, among other things, what does it teach?" you ask.

"The way to salvation," comes the reply. "Once you realize that the Bible does not purport to be a textbook of science, the old controversy between religion and science vanishes."

"But the Bible says that creation was accomplished in six days," you persist. "Isn't that a direct, literal statement?"

"What of it?" retorts the abbé. "There is no reason to abandon the Bible because we now believe [illegible] swallow a man and that a whale could not survive the swallowing of a man whole. But what of it? The real lesson is that by faith and righteousness a good man may attain security and salvation, whatever his perils may be."

Like Eddington, the abbé believes that some things are imparted to us by revelation. There is no reasoning about the process. There is a lifting of a veil. The means of expressing what is revealed are often faulty, but the truth is there for all that.

So strongly is Lemaitre of the opinion that he is willing to attribute to the prophets all the [illegible] quantum mechanics. Yet, being necessary to salvation, the doctrine is stated in the Bible. If the theory of relativity had also been necessary to salvation it would have been revealed to St. Paul or Moses. Even though handicapped by the lack of a terminology and the necessary equations, all the result of an evolution that has been going on for centuries, either would have made some stumbling effort to expound it.

"As a matter of fact neither St. Paul nor Moses had the slightest idea of relativity. The writers of the Bible were illuminated more or less—some more than others—on the [illegible]

[illegible]

(Continued on Page 18)

彩图 5 《纽约时报杂志》对勒梅特的报道

彩图 6 《世界之初》，形为一个抽象、永恒的蛋，由生于罗马尼亚的雕塑家康斯坦丁·布兰库希于 1920 年创作

彩图 7　在《宇宙的原始理论》（1750）中，托马斯·赖特设想了一个永无止境的宇宙，其中充满了星系。这些星系“创造了无尽的浩瀚……与银河系没有什么不同”。若把星系换成岛宇宙，则赖特的画面便类似于今天的多元宇宙理论，在这个理论中，新的岛宇宙不断地被创造出来。那么什么样的岛宇宙应该是属于我们的呢？

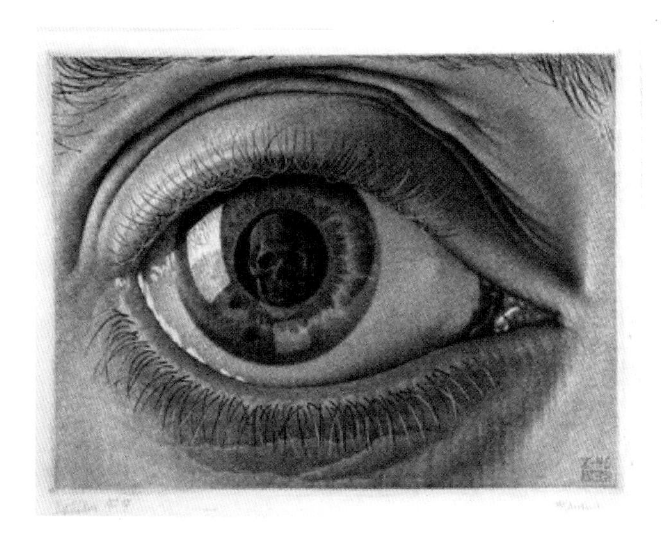

彩图 8　莫里茨 · 科内利斯 · 埃舍尔的《眼睛》。它提醒我们，人类具有有限性。我们是身处宇宙中，抬头向外看，而非以某种方式在宇宙外部徘徊

彩图 9　宇宙中残留的微波背景辐射（CMB）从空间中的不同方向到达地球时的温度。这里地球位于天球的中心，残留的辐射在我们周围形成了一个球面，它提供了宇宙大爆炸后仅 38 万年时的快照。这个 CMB 球面也代表着我们的宇宙学视界：我们无法看得更远了

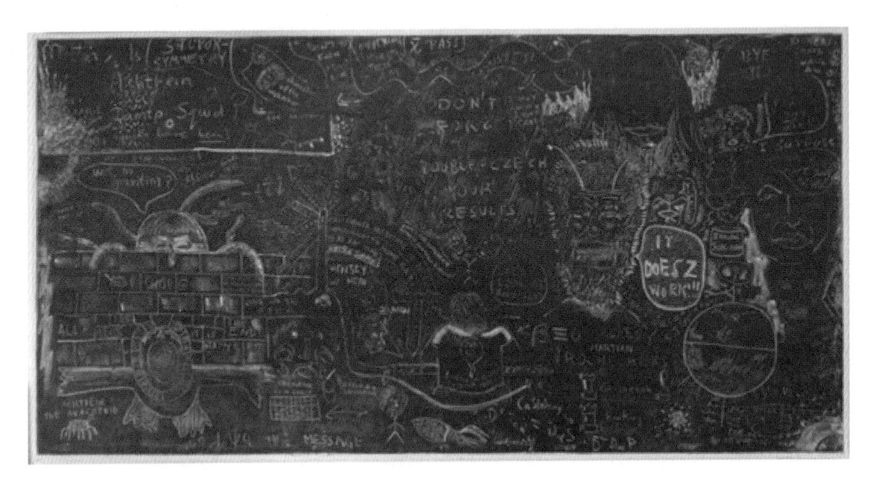

彩图 10　这块黑板挂在史蒂芬 · 霍金在剑桥大学的办公室里。这是他在 1980 年主持的一次超引力会议的纪念品。早年的史蒂芬曾预言，超引力是潜在的万物理论

彩图 11　史蒂芬在他剑桥的办公室，拍摄时间是 2012 年，他 70 岁生日的时候。背景中的是“第二块黑板”，上面有本书作者将宇宙视为全息图的第一次计算。晚年的史蒂芬认为，从更深的意义上讲，宇宙理论和观测者是联系在一起的。我们创造了宇宙，正如它创造了我们

底层基础。大设计之谜必然会让我们深深潜入物理学的根源，而我们只能靠自己。弦论学家们还在另一个宇宙中。

图 40　2006 年，史蒂芬·霍金和作者在欧洲核子研究中心 ATLAS 探测器所在的洞穴里，与 ATLAS 发言人彼得·詹尼和 ATLAS 副发言人，也是后来的欧洲核子研究组织总干事法比奥拉·贾诺蒂在一起

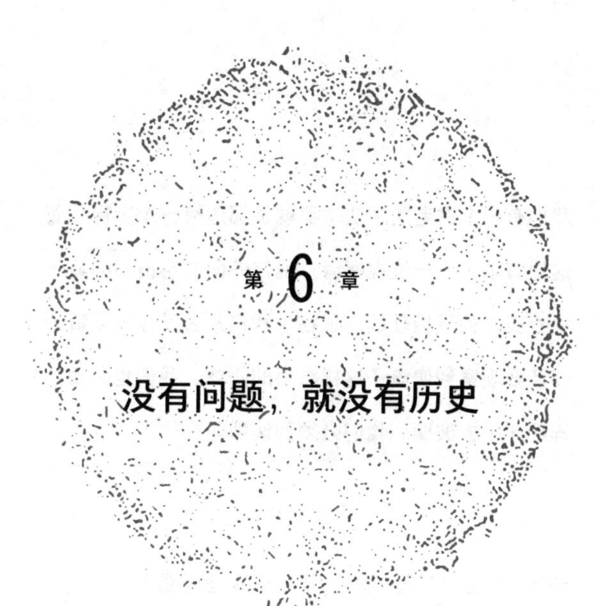

第6章

没有问题，就没有历史

我们有一个古老的想法，那就是那边有一个宇宙，而这边有个人，一位观察者，他与外面的宇宙间隔着一块 6 英寸的平板玻璃。现在，我们从量子世界了解到，即使要观察到像电子这样微小的物体，我们也必须打碎那块平板玻璃。我们必须到达那里……

约翰 · 阿奇博尔德 · 惠勒，《一个物理问题》

我曾经问过史蒂芬，他认为什么叫有名气。他回答说："就是知道你的人比你知道的人更多。"2002 年 8 月，当他的名气解决了一个小小的紧急情况时，我才意识到这个回答是何等谦虚。

那是我刚从剑桥毕业后不久，我们合作也有几年了。我和妻子正沿着丝绸之路前往中亚旅行。我此前决定，如果我要用余生研究多元宇宙的话，我最好先看看我们这个宇宙。然而到了阿富汗，在我们前往乌兹别克斯坦撒马尔罕那座伟大的天文台（其于 15 世纪 20 年代由帖木儿帝国苏丹兼天文学家兀鲁伯建立）的途中，史蒂芬给我发了一封电子邮件，敦促我去剑桥看他。我们有点儿担心，于是立刻动身。然而，在离开阿富汗的途中，我们被困在横跨阿姆河（该河位于乌兹别克斯坦和阿富汗之间）的一座苏联旧桥上。驻扎在桥中央的只有一位卫兵，他解释说，为防止人们进入阿富汗，边境过境点已关闭。我告诉他我们是想出去，而不是进来，但这对他来说没什么区别。我们回到了乌兹别克斯坦驻马扎里沙里夫领事馆，试图通过谈判以过桥，我向好心的乌兹别克斯坦领事展示了史蒂芬那条敦促我回去的简短信息。他正好是史蒂芬·霍金的粉丝，几分钟后，他亲自开车送我们过桥进入乌兹别克斯坦，我们从那里奔赴剑桥。①

这时，DAMTP已经搬离剑桥市中心，成为一个现代化的数学科学园区的一部分，该园区新建于市西郊的圣约翰学院操场后面。史蒂芬宽敞、光线充足的角落办公室②可以俯瞰校园，里面塞满了家居装饰，还经常换来换去，这与我们第一次见面时在银街的那个尘土飞扬、昏暗无光的办公室有着天壤之别。当我冲进去看他时，他的眼睛里充满了兴奋，我大概知道为什么。

史蒂芬跳过了他习惯性的寒暄，直奔正题，打字也比平时快了一两个档次。[1]

"我改变主意了。《时间简史》的视角错了。"

我笑了："我同意！你告诉出版商了吗？"史蒂芬抬起头来，满脸好奇。

"在《时间简史》中，你以上帝的视角看待宇宙，"我解释道，"就好像我们在从宇宙的外部观测宇宙或其波函数。"

史蒂芬扬了扬眉毛，用他的方式告诉我，我们是在同一个频段上。"牛顿和爱因斯坦也是这么做的。"他说道，似乎是在为自己辩护。他继续说道："上帝视角适用于实验室实验，如粒子散射，在这种情况下，人们制备好初始状态，然后测量最终状态。然而，我们不知道宇宙的初始状态是什么，我们当然也就不能尝试制备出不同的初始状态，去看它们产生了什么样的宇宙。"

我们都知道，实验室的设计就是为了从外部角度研究系统的行

---

① 后来我们在试图离开乌兹别克斯坦时却遇到了严重的麻烦，因为通过关闭的过境点入境是非法的。

② 角落办公室（corner office）位于建筑物的一角，拥有两面窗户，通常被认为是地位较高的管理人员的象征。——编者注

为。实验室科学家会一丝不苟地让他们的实验与外界保持完全隔离。（CERN 的实验粒子物理学家更是应该远离他们的高能碰撞以确保安全！）正统的物理学理论反映了这种分离，它把自然规律所支配的动力学行为和代表着实验安排和系统初始状态的边界条件在概念上明确地切割开来。前者我们设法发现和检验，而后者我们则努力控制。这就是我在第 3 章中描述的二元论。

定律和边界条件之间的这种泾渭分明使实验室科学可以进行严谨的预言，但也限制了其适用范围，因为我们很难将整个宇宙打包塞进一个实验室。我预料到了史蒂芬的想法，于是果断回应道："在宇宙学中，上帝的视角显然是错误的。我们是身在宇宙之中，而不是在宇宙之外。"

史蒂芬表示同意，又集中精力写下一句话。

"由于没有认识到这一点，"他敲着字，"我们进入了一条死胡同。我们需要一种新的（物理）哲学思想来为宇宙学服务。"

"啊哈，"我大笑道，"终于轮到哲学了！"

他点了点头，抬起眉毛。他暂时将对哲学的怀疑抛开了。我们已经明白，林德与霍金之争不仅仅是一种宇宙学理论与另一种宇宙学理论之间的争论。这场多元宇宙之争所围绕的是一些关乎物理学理论更深层次的认识论本质的核心问题。我们与我们的物理学理论之间有怎样的联系？关于存在这个大哉之问，物理学和宇宙学的非凡发现又到底告诉了我们什么？

自从现代科学革命以来，物理学一直在蓬勃发展，它得益于一种类似上帝的宇宙观——这并不是说它真的像一个造物主，至少不完全是——而是从理论的角度来说的。

哥白尼在挑战古人的地心世界观时，想象自己是从恒星间的一个有利位置去俯瞰地球和太阳系。他假设行星是在圆形轨道上运动，这说明他的日心模型并不准确，但当时的天文观测也不准确。[2]然而，在构想地球和行星的时候，哥白尼让自己的视角凌驾于它们之上，并由此开创了一种革命性的新思维方式来思考宇宙和我们在其中的位置。他发现我们可以从一个遥远的视角（可以被称为物理学和天文学中的阿基米德点①）来看待研究对象，以促进客观的理解。尽管这一想法启发的新科学花了几个世纪才发展完善并改变了世界，但哥白尼革命只花了几十年时间就开辟了一个全新的观念，在这个观念中，人类不再是宇宙的焦点。[3]

今天我们知道，哥白尼的著作只是人类对阿基米德点不懈追求的开始。几个世纪以来，哥白尼的视角在物理学语言中变得越来越根深蒂固。在今天的物理学中，无论我们研究什么，是加速粒子、合成新元素还是捕捉微弱的CMB光子，在推理的时候，我们总是想象自己是在自然之外的一个抽象点上来处理自然——你如果愿意的话，可以称这个点为“天外之眼”。[4]物理学家并非真正身处“天外”，他们仍然在地球上，受地球条件制约，但他们已经设计出了更加巧妙的方法来处理和思考关于宇宙的问题，使得我们似乎可以客观地看待宇宙。

朝着这一追求迈出的最大一步，莫过于牛顿发现的运动定律和引力定律。牛顿明白，数学世界和物理世界之间的关系自柏拉图以来就一直困扰着科学家，这一关系涉及动力学和演化，而并非永恒的形状和形式。他的定律的成功和普适性强化了这样一个观点，即

① 来自叙拉古的古希腊科学家阿基米德用杠杆做了一个举起重物的实验。据传说，他使用杠杆的伟大之举让他说出了这句名言：“给我一个支点，我就能撬动地球。”

科学正在发现关于世界的真正的客观知识。牛顿试图在他的工作中落实“天外之眼”，他想象出了一个固定空间所形成的舞台，由遥远的恒星所标识，所有的运动都以这个固定舞台为参照。他认为这是一个不变化也不运动的绝对空间。他的引力定律和三大运动定律决定了物体在舞台上如何运动，但绝对空间本身是永远无法改变的。在牛顿物理学中，绝对空间和绝对时间就像坚如磐石的脚手架，是上帝赋予的固定而永恒的竞技场，一切都在其中上演。

然而，牛顿的绝对背景并不像他希望的那样，能作为一个客观的参考点。他的定律的简单数学形式只适用于这个宇宙舞台上一部分享有特权的演员，他们不用相对于绝对空间旋转或加速。比方说，假设你是一座正在旋转的宇宙飞船里的一名“不享有特权的宇航员”。如果你往窗外看，你会看到远方的恒星也在旋转，并且与你的宇宙飞船旋转的方向相反，哪怕没有任何力作用在它们身上。这违反了牛顿第一运动定律，即物体在没有力的作用下保持静止或匀速直线运动。因此，牛顿优雅的定律只适用于处在绝对空间中的特殊观测者，对他们来说，运动定律在某种程度上看起来比其他人要更简单。

这就足以让爱因斯坦对牛顿定律感到不满了。我们所描述的自然竟会使某些演员享有特权，让世界对他们来说更简单，仅仅是因为他们的运动方式，这对他来说太讨厌了。对爱因斯坦来说，这是前哥白尼时代世界观的遗迹，这种世界观亟待废除。他说到做到。爱因斯坦用一个新的、互相关联的动态时空概念取代了牛顿的绝对空间和时间，他的天才之处在于他找到了一种物理定律的数学表述，使所有观测者眼中的方程形式都是同样的。广义相对论方程对每个人来说都是一样的，无论你身在何处，无论你以何种方式运动。为了解释对于任何一名给定的观测者来说，他的观测结果如何依赖于他们的位置和运动，该理论还配备了一套变换规则，将不同观测者感知到的现象相互联系起来。这些规则允许任何人从这个普适的方程中提取自然的“客观内核”，至少在经典引力范围内可以。

相对论实现了爱因斯坦的梦想，即任何人都不应该拥有特权。对爱因斯坦来说，现实的真正客观的根源并不存在于特权观测者的特定视角中，而是存在于支撑自然的抽象数学体系中。他使物理学对阿基米德点的探索超越了空间和时间，进入了数学关系这一超凡的领域。这一愿景巩固了科学界的这样一个观点，即具有超越物理宇宙的现实性的根本定律是存在的，它们提供了真实的、符合因果性的解释。诺贝尔奖获得者谢尔登·格拉肖也许是持这一立场的地位最高的发言人，正如他在 1992 年所说：“我们相信世界是可知的。我们确信，存在永恒的、客观的、超越历史的、社会中立的、置身于世外的、放之四海而皆准的真理。”[5]

多元宇宙学不顾重重阻力，坚持认为物理学最终建立在牢固、永恒的基础上。从某种意义上说，多元宇宙理论把阿基米德点移得更远，它比阿基米德、哥白尼甚至爱因斯坦都要大胆得多。多元宇宙学设想具有某种先验存在的多宇宙元法则，并由此再次重申了这样一个范式，即把物理现象的构造空间嵌入固定背景结构之中，而我们可以从上帝的视角来理解并处理。这又回到了牛顿的观点。

虽然在实验室这样一个可控环境中，物理定律的本体论地位几乎无关紧要，但当我们思考它们更深层次的起源时，问题就会暴露在我们面前，更不用说要研究它们的亲生物特性了。我已在前一章中叙述了，当人们冒险进入这些更深层次的谜团时，多元宇宙理论是如何陷入自我毁灭的旋涡的。这让我们怀疑，整个大厦或许并没有建立在坚实的基础上。宇宙学中的哥白尼钟摆是否过于偏向绝对客观性这一边了？

事实上，哥白尼和与他同时代的杰出人物的科学发现所带来的困惑，并没有逃过早期现代哲学家的眼睛。我们这些注定要生活在地球环境中的人类，怎样才能客观地看待我们所处的世界呢？哲学家对现代科学时代黎明的第一反应不是胜利的狂喜，而是深刻的怀疑，这始于笛卡儿“怀疑一切”的理念，该理念质疑真理或现实这样的东西是否存在，产生了深远的影响。*Ignoramus*（即“我们不知道”）这一伟大的见解引发了科学革命，也打击了人类对世界的信心。20 世纪最著名的思想家之一汉娜·阿伦特就曾在其著作《人的境况》中一针见血地阐述了这一令人不安、喜忧参半的处境：“伽利略的伟大进步证明，人类的思考既会带给我们最糟糕的恐惧，即我们的感官可能背叛我们，也会带给我们最大胆的希望——希望宇宙外部有个阿基米德点，我们可以通过它来解锁普世知识。二者只会同时变成现实。”[6]

对于科学革命，笛卡儿的回应是将阿基米德点向内移动，移动到人类自身，并选择人类的思想作为最终的参考点。现代的黎明使人们开始重新审视自身，从“我怀疑故我在”，到“我思故我在”。因此，科学革命产生了一种矛盾的情况，即人类转向自身内部，而人类的望远镜以及随之而来的所有实验和抽象，则向外部扩展，延伸至宇宙深处的数百万乃至数十亿光年。5 个世纪过去了，这两种方向相反的趋势的结合让人类感到迷惑不解、不知所措。在某种层面上，现代科学和宇宙学揭露了一个非常奇妙的关系网，它将宇宙的本质和我们在宇宙中的存在相互联系起来。从几代恒星中的碳聚变，到原始宇宙中星系的量子种子，我们对宇宙的现代理解揭示了这样一个奇妙的综合体。然而，在更基本的层面，即史蒂芬试图揭示的层面上，这些发现让人类对自己在大宇宙方案中的地位变得非常没有把握。现代科学在我们对自然运作的理解和我们人类的目标之间造成了一道裂痕，这破坏了我们对这个世界的归属感。史蒂文·温伯格是一位狂热的还原论者，也是极具天赋的阿基米德式的思想家，他在《最初三分钟》一书的结尾处表达了这种焦虑，他在书中写道："宇宙看起来越容易理解，就越显得毫无意义。"

我不禁感到，温伯格在这里所表达的情感源于他对物理学法则的柏拉图式理解。在这样一种科学本体论中，我们与物理学和宇宙学最基本的理论是不搭界的。因此科学允许我们发现的宇宙看似毫无意义，从而使其亲生命的特性变得十分神秘且令人困惑，这也就不奇怪了。

那么，如果我们不采用上帝视角来看待这个世界，那又将如何呢？如果我们放弃了天外之眼，而是把自己也和其他一切东西一道拉入我们想要理解的系统中，会怎么样？在真正完整的宇宙学理论中，不应该分出一个"宇宙的其余部分"来指定边界条件，或维持一个绝对的形而上学背景。宇宙学是一门由内向外的实验室科学——我们是在系统内部，抬头向外看。

* * *

"是时候停止扮演上帝了。"当我们吃完午饭回来时，史蒂芬笑着说。

新数学园区的食堂与DAMTP熙熙攘攘的旧公共休息室相去甚远，后者造就了很多优秀的科学成果和亲密的友谊。这个新食堂的主要问题倒不是东西难吃，而是它不允许我们在桌子上随手写方程式。

这一次，史蒂芬似乎同意了哲学家们的观点。“我们的物理学理论并不是免费生活在柏拉图式的天堂里，”他敲着键盘，“我们不是在天外窥探着宇宙的天使。我们和我们的理论都是我们所描述的宇宙的一部分。”

他继续说道：

“我们的理论从未与我们完全脱节。”[7]

宇宙学理论最好能解释我们在宇宙中的存在，这一点显而易见，看起来像一句废话。我们生活在银河系的一颗行星上，周围布满了恒星和其他星系，沉浸在微波背景的微光中，这一明显的事实意味着我们必须对宇宙有一个“由内而外”的视角。史蒂芬称之为“虫眼”视角。我们是否必须学会接受虫眼视角中固有的那些微妙的主观性元素，才能获得对宇宙学更高水平的理解？这看起来似乎很矛盾啊。

在我们思考这些问题时，史蒂芬的办公室已经变得像个鸽棚。从同事到医护人员再到各界名流，人们来来往往，但史蒂芬似乎并没有注意到周围的喧嚣。我意识到，和往常一样，他需要一个恰到好处的嘈杂环境来集中注意力。在我们习惯性的下午休息期间，他给了我一杯茶，同时自己狼吞虎咽吃了大量的香蕉和猕猴桃。然后，他开始再次仔细审视多元宇宙学的经典基础，并将其视为宇宙学中长期以来的上帝思维的罪魁祸首。

“多元宇宙的拥护者紧抓住上帝视角不放，因为他们认为，宇宙在整体上有着单一的历史，其形式上有着一个明确的时空，有着良好定义的起点和唯一的演化途径。这本质上就是一幅经典的图像。”

公平地说，多元宇宙学是经典思维和量子思维的杂合体。一方面，人们想象随机的量子跳跃会产生各种各样的岛宇宙。而另一方面，人们认为这发生在一个巨大的、预先存在的暴胀空间内。后者就是多元宇宙理论的经典背景，它也是一个脚手架，与牛顿的竞技场本质上类似，只不过这个会不断膨胀。这种背景使得我们有可能——也很想要——置身其外地去思考这个岛宇宙形成的大拼图，仿佛产生岛宇宙与在普通的实验室里做一个实验没有根本的区别。

史蒂芬继续敲着键盘，试图将这一点解释到位。"多元宇宙带来了一种自下而上的宇宙学哲学，"他说，"在这种哲学中，人们设想宇宙在时间上是向前演化的，并以此来预言我们应该看到什么。"

作为一种解释方案，多元宇宙理论赞同牛顿和爱因斯坦的本体论纲领及其对宇宙本质上的因果性和决定论推理。这种思维方式的一个相关表现就是，人们会认为在多元宇宙中，给定岛宇宙的居民有着独一无二的、明确的过去。

"但你和吉姆同样是以自下而上的方式构思了你的无边界理论，"我说道，"尽管这种方式应该是量子的。这种有缺陷的因果论观点就是你在《时间简史》中提出的愿景。"

我的话似乎触及了一个关键点。史蒂芬扬起了眉毛，很快又敲起键盘来。

在等待他造句的时候，我浏览了一下身后书架上他 1965 年的博士论文。在论文快到结尾处，我看到了一段话，他详细地阐述了他刚刚证明的大爆炸奇点定理，并指出，这意味着宇宙的起源是一个量子事件。史蒂芬后来发展了无边界假说来描述这种量子起源（见第 3 章）。然而，他是通过经典宇宙学的因果透镜特征来解释他的无边界理论的。

从自下而上的角度来看，无边界假说描述了宇宙从无到有的创生。该理论被视为另一座柏拉图式的大厦，仿佛它矗立在空间和时间之前抽象的“虚无”当中。吉姆和史蒂芬第一次提出他们的无边界宇宙创生说时，他们渴望对宇宙的起源做出一个真正的因果论解释，不仅要解释宇宙是如何产生的，还要解释宇宙为什么存在。但事情进展得不太顺利。作为一种自下而上的方案，无边界理论预言了一个空宇宙的产生，没有星系，没有观测者。这使得该理论极具争议，这也可以理解，我在第 4 章中已经介绍过了。

史蒂芬停止了敲击，我倚向他的肩膀去读那些文字。“我现在反对宇宙具有整体上的经典态这一观点。我们生活在一个量子宇宙中，所以应该用费曼的历史叠加来描述它，每个历史都有自己的概率。”

史蒂芬开始念起了他的量子宇宙学咒语。为了判断我们是否仍处于同一频段内，我把我所认为的他的意思重新表述了一遍：“你是在说，我们不仅应该对宇宙中发生的事情——诸如粒子和弦的波函数——而且应该对整个宇宙采取全面的量子观。也就是说要放弃‘存在整体上经典的背景时空’的这种想法。相反，我们应该把宇宙看作许多可能的时空的叠加。因此，即使在最大的尺度上，哪怕远远超出了我们宇宙学视界，就像在与永恒暴胀有关的尺度上一样，量子宇宙也是*不确定的*。林德和多元宇宙支持者们认为存在一个永恒的背景，而这种大尺度的宇宙模糊性将颠覆这一观念。”

他的眉毛再次上扬，又开始敲击键盘，这让我松了一口气。不过这次他的动作更慢，好像是在犹豫。但最后出现了这句话：

“我们所观测到的宇宙是宇宙学中唯一合理的起点。”

此刻，神谕的级别肯定在上升。他桌子上像装饰品一样的加湿器正在喷出白色蒸汽，使得这种感觉更为明显。史蒂芬正在把哲学家通常所谓的宇宙的事实性——它存在着，并恰好是它本身而非别物这样一个事实——搬上了舞台中心。这听起来很合理，但它要把我们引向何方？他准备好重新思考一切了吗？我有很多问题，但我早就领教过，史蒂芬说某件事“合理”的意思是指这些想法他无法完全证明，但基于直觉又觉得一定是正确的，因此并不打算讨论。因此，我试图把对话继续下去，迫切地想知道量子宇宙学更广阔、更流畅的历史观——无论是单个历史还是许多可能的历史——是否能以某种方式让宇宙学理论的整个框架摆脱阿基米德点。一个合适的宇宙学量子理论能否在将我们的虫眼视角纳入其理论框架的同时，还能够坚持基本的科学原理，而不像人择原理那样呢？在哥白尼理论被提出的500年之后，这将是某种意义上的非凡统一。

面对着这场库恩式的范式转变过程中我们所遭遇的重重迷影，史蒂芬积蓄了所有的精力，再一次慢慢地写了一句话：

> “我认为，（对宇宙的）正确量子观将带来一种不同的宇宙学哲学，在这种哲学中，我们自上而下，在时间上往回演化，从观测所及的表面上开始工作。[①]”

我大吃一惊——史蒂芬新的自上而下的哲学似乎把宇宙学理论中的因果关系弄颠倒了。但当我向史蒂芬提到这一点时，他只是

---

① 史蒂芬所说的“表面”是指四维时空的三维切片。严格地说，“我们观测的表面”就在我们过去的光锥内。举个近似的例子，通常可以考虑处于某个时刻的三维空间宇宙。

笑了笑。他显然正在享受新发现的甜头，没有退缩。在我们离开的路上，他以其特有的简练和雄心，清楚地阐释了我们这一全新的视角：

“宇宙的历史取决于你问的问题。晚安。”

史蒂芬指的是什么呢？当然，量子力学中“观测行为”——史蒂芬所说的“你问的问题”——的关键作用，自 20 世纪 20 年代该理论诞生以来就得到了公认。实验者的观测和测量明确地参与了预言的过程，这是量子力学最令人惊讶的特征之一。

事实上，这一特征正是爱因斯坦对量子力学感到最为困扰的地方。1927 年 10 月，早期一代的量子物理学家们在于布鲁塞尔举行的第 5 届索尔维会议上再次聚首，并在会上庆祝了一个新的微观世界理论的成功。据说，德国物理学家马克斯·玻恩表示，物理学将在 6 个月后迎来终结，这与欧内斯特·索尔维最初的想法相差不远。索尔维于 1911 年创办了这一系列会议，为期 30 年，因为他认为到那时，物理学所能向世界提供的东西都提供完了。[8]

然而，对 20 世纪最伟大的科学革命者之一来说，这一新的量子力学简直令他如鲠在喉。在第 5 届索尔维会议召开时，爱因斯坦已经对量子理论深感不安。他拒绝了洛伦兹请他在会上发表论文的邀请，据说他在会议期间也未发一言。不过，正式的会议并不是唯一的讨论地点。科学家们住在同一家酒店，而在酒店的餐厅里，爱因斯坦更加活跃。诺贝尔奖获得者奥托·施特恩给我们留下了这样的第一手资料：“爱因斯坦下来吃早餐，并表达了他对新量子理论的担忧。每当他发明了一些漂亮的实验，让人们从中看到这个理论的核心包含着逻辑上的不自洽……玻尔都会仔细思考，然后晚上在晚餐时详细地澄清一下。”[9]

图 41　尼尔斯 · 玻尔和阿尔伯特 · 爱因斯坦在比利时布鲁塞尔的第 6 届索尔维会议上

量子力学认为，粒子在被观测到时可以在一个确定的位置上，但在未被观测到时只有在这里或在那里的概率。爱因斯坦反对这一观点。“物理学试图去做的是把握现实的真实样子，与是否被观测到无关。”[10] 他反驳道。并且他开玩笑似的提问，要确定粒子位置必须得用人类观测者吗？一只老鼠随便看一眼是不是就可以了？

对爱因斯坦来说，量子力学概率性的本质表明该理论是不完整的，一定有一个更深层的框架，可以对物理现实进行客观真实的描述，而不用考虑任何观测行为。“（量子）理论产生了很多东西，但很难让我们离那老家伙的秘密再近一步，”他在给玻恩的信中写道，“无论如何，我是不信他会掷骰子。”[11]

而另一方面，具有哲学和数学背景的尼尔斯 · 玻尔则怀有深刻的直觉，认为量子力学是自洽的。玻尔认真对待了量子力学的核心原则：观测——我们对自然提出的问题——会影响自然的表现。他认为："在被我们观测到之前，没有任何现象是真正的现象。"

第 5 届索尔维会议开启了 20 世纪最伟大的科学辩论之一：爱因斯坦与玻尔的对决。量子革命的深度和规模是否到了危难关头？

在某种程度上，他们的争论关乎因果性和决定论在物理学中的基本地位。量子力学凭借其随机跳跃和概率性的预言，显然破坏了我们现在和未来之间的直接联系，这种联系在经典物理学中是我们再熟悉不过的了。我们对自然的描述中缺失了因果性和决定论，这是爱因斯坦眼中的权宜之计，还是玻尔眼中物理理论的根本性改革？

但他们的争论也将我们带入了量子力学更深层的本体论，因为为了回应爱因斯坦的反对意见，玻尔不得不解释清楚，在量子力学中，究竟是什么导致了波函数从如幽灵般相互叠加的、模糊的实体，转变为日常所见的确定的实体。我们没有观测到实体的叠加：实验者要么在这里发现粒子，要么在那里，但不能在这里和那里同时发现。这到底是怎么回事？玻尔所领导的哥本哈根学派对此的大胆回答是，正是实验者本身的干预行为触发了这种转变。玻尔认为，测量的行为促使大自然做出决断，将粒子到底在这里还是那里的真相揭示于众。你看，当我们决定测量，比如说，一个粒子的位置时，我们就必须对它施加影响，例如向它发射一束激光。玻尔断言，这种影响会导致粒子弥散的波函数在某个位置，即观测到的位置坍缩并形成尖峰。将激光拿开，波函数则将再次传播，并依照薛定谔方程平稳地演化，正如我在第 3 章中所描述的那样。然而，一旦照射并测量粒子波，它便会瞬间合成一个具有特定位置的状态。

玻尔方案的问题在于，这种突然坍缩与薛定谔方程完全不一致。按照薛定谔方程演化的波函数不会突然坍缩，而是始终平稳而温和地起伏。因此，玻尔对观测行为中所发生的事情的解释为观测者及其测量赋予了一个特殊的角色，这与该理论的数学框架完全不一致。

这也意味着哥本哈根方案其实就是人们常说的对量子理论的工具主义解释，它承认，我们能用仪器测量的东西与用方程描述的物理现实之间有根本差异。爱丁顿有一次谈到哥本哈根方案时说："我们的测量结果与真实情况的相似度，就跟电话号码与其用户的相似度一样。"[12] 但这种工具主义造成了一个深刻的认识论难题：如果事实真是这样的话，量子力学到底是关于什么的呢？哥本哈根诠释并没有解决这个难题。事实上，它试图通过断言量子世界（由薛定谔方程支配，包含原子和亚原子粒子）与外部背景现实（包括宏观实验者及其设备以及宇宙的其他部分，均遵循经典定律）之间在本质上是分开的，来回避这个问题。玻尔通过波函数在观测行为中的坍缩将这两个不连通的世界连接了起来，在某种程度上也类似于人择原理在多元宇宙中选择岛宇宙的方式。这两种操作都是为了将客观的数学形式与我们所观测的物理世界联系起来，但它们都失败了，因为它们的这种联系仍然与它们要完成的理论的基本框架无关。

多年来，玻尔和爱因斯坦一直针锋相对，从未达成一致。事后看来，玻尔的深刻见解极有价值，即在量子宇宙中，观测过程对物理现象的产生发挥着关键作用。但另一方面，他用波函数的突然坍缩来描述观测过程，这是有很大缺陷的。今天的所有证据都表明，薛定谔方程的数学描述不仅适用于少数粒子的微观集合，也适用于组成宏观系统的更大的粒子团，包括实验室和观测者，甚至整个宇宙。因此，爱因斯坦并没有被玻尔的方案说服，这也是正确的。然而，他错在转而追求一个以预言为基础的物理学替代理论的梦想，这将再次使观测变得无关紧要。

当观测彻底融入量子理论的数学形式中时，我们终于迎来了进展，并且远远超出了玻尔的预期。这就是我们现在正在引领的方向。

这条路始于 20 世纪 50 年代中期约翰·惠勒的学生休·埃弗里特三世的出色工作。他最初研究的是博弈论，但在听了爱因斯坦关于量子测量问题的演讲后，对这一课题产生了兴趣。埃弗里特推倒了玻尔在量子微观世界与经典宏观世界之间砌起的墙。他的主要想法是认真对待量子力学背后的数学，并将其应用于一切。他建议，可以假设没有波函数的坍缩，只有一个单一、普适的波函数，包含着观测者和其他一切。它温和而平稳地演化，并在这个过程中探索如费曼所说的所有可能的历史路径。这样一来，埃弗里特便迈出了里程碑式的一步，开始以一种由内而外的方式，将量子世界视为一个没有任何外部干预的封闭系统。图 42 重现了这一观点，在这幅图中，薛定谔的猫、一名观察者和他的实验室被一起放在一个大盒子里。

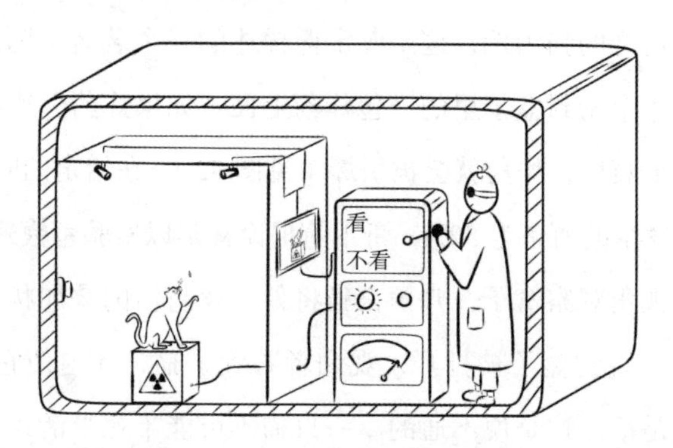

图 42　埃弗里特将宇宙设想为一个封闭的量子系统，就像一个大盒子，里面不仅有粒子和实验，还有观测者以及他们的仪器，原则上还有其他一切事物。这一盒子宇宙的可能历史包括观测者是否以及何时决定去看一眼猫，当他看猫的时候放射性原子核是否已经衰变，观测者如何在其大脑中记录并解释这种情况，等等。埃弗里特希望找到一种量子力学的表述，可以预测不同历史的概率。这些历史描述了大盒子里发生的事情，且不受任何来自外部的观测或其他对盒子内部的干预

那么，埃弗里特面临的最大挑战就是解释，比如说在测量的时候，这个普适的波函数如何能够给出一个单一、具体的答案，同时避免坍缩。这就是他的推理让人感到兴奋，甚至震撼的地方。

埃弗里特仔细地思考了量子观测行为到底是什么。他推断，当实验者进行测量时，他们与所测量的系统之间的相互作用会使得先是几个粒子，然后是他们的设备，最后是他们的精神状态与系统的量子状态发生纠缠。薛定谔方程告诉我们，这种纠缠并不会使它们共有的波函数像玻尔所说的那样神秘地坍缩，而恰恰相反，会使它们发生分岔，形成不同的波片段，每个波片段代表着测量得到的不同可能结果。因此，按照包含观测者和被观测者的统一波函数的思路进行推理，埃弗里特让所有可能的测量结果都能被感知。当然，这也意味着观察者会发生分岔。量子力学中的观测者会分成几乎相同的副本，每个分支上都有一个副本，他们之间的区别只在于各自记录的测量结果不同。

以薛定谔的猫为例，这是薛定谔描述的一个著名难题，即将一只猫放在一个密封盒子里的一包炸药上面。如果炸药旁边的放射性原子核发生衰变，炸药就会被引爆（见图 42）。在给定的时间段内，这种情况发生的概率为 50%。哥本哈根诠释是以实验室模式为基础，即从外部视角观察盒子，并预言猫将处于死与活的叠加状态，正如僵尸一般。直到盒子被打开，观测者看到了猫，才迫使它“决定”到底是死是活。这是说不通的。一只猫不可能半死半活，就像一个人不可能半怀孕一样。但埃弗里特从内而外的视角所描述的故事却截然不同。该故事称，在这样一个将猫与放射性原子核的命运纠缠在一起的实验中，宇宙的历史不断分岔。在一个历史中，原子核在某一时刻衰变，炸药被引爆，猫死亡。在另一个历史中，原子核不会衰变，猫便可以快乐地活更长的时间。整个分岔的过程进行得很顺利，猫的两个副本都没有经历奇怪的叠加过程，尽管其中一个副本的结局当然比另一个要好得多。

因此实际上，埃弗里特波函数的各个片段表现得就好像是现实的独立分支。每个波片段都描述了一个特定的历史路径，包括一个记录了特定结果的测量设备，观测者对这一测量设备的感知，以及实验室、地球、太阳系和大尺度宇宙中的其他一切。对于生活在给定分支中的观测者来说，整个分岔过程无缝进行，就像一条河流分成两股支流一样。没有一个观测者会意识到他们的分身的存在，因为这些分身将在不同的历史中度过余生，在宇宙量子波的不同波峰处冲浪。埃弗里特宣称："这些观测者及其各种各样的认知，只有作为一个整体，才能包含完整的信息。"[13]

埃弗里特本人表示，他试图以某种方式在爱因斯坦和玻尔的立场之间架起桥梁。他声称二者的差异是一个视角问题，并将他的方案描述为"客观上是决定论的，而概率则出现在主观层面"。这是一个有趣的观点。在早期的哥本哈根学派给出的量子力学公式中，概率是公理化的，是基本的。打开一本 20 世纪 30 年代的量子力学教科书，在前几页中你就会发现，概率被定义为波函数振幅的平方。但埃弗里特的框架并非如此。在该框架中，概率以一种更微妙的"主观"方式进入量子理论，就像它在日常生活中进入我们的思维一样。无论我们是考虑天气、彩票，还是下一次穿过地球的引力波的形状，在我们的知识不完整的情况下，我们总是会使用主观的概率来量化我们的不确定性。这种概率的概念是由意大利数学家布鲁诺·德菲内蒂正式提出的，他在 1974 年写了一篇论文："我的论点尽管会有些矛盾，甚至会有些冒犯，但可简单表述如下：（公理化的）

概率不存在……只有主观概率存在，即在特定的时刻，在特定的信息集下，特定的人对一件事情发生的相信程度。”[14] 这就是日常生活中发生的事情。在我们的一生中，我们大多数人都会对主观概率越来越有信心，因为我们发现我们认为很可能发生的结果经常发生，而我们认为不可能发生的情况很少发生。

埃弗里特提出了这样一个不同于教科书的观点，即就像我们使用的所有其他概率一样，量子理论中的概率是主观的。他的方案中之所以会出现概率，是因为实验者对特定结果的无视造成了信息的不完整。概率量化了这种不确定性，从而指导实验者押注他们会发现什么结果，就像我们使用天气预报来判断我们是否需要带伞一样。量子理论的美妙之处和实用性在于，薛定谔方程可以用来提前预测波片段的相对高度，这些波片段对应于所有可能的测量结果，而对这些波振幅取平方则给出了下赌注的最佳策略。

因此，从经验的角度来看，每一次观测行为都相当于对可能的未来分支进行某种修剪。量子理论中的测量就像一个岔路口，在这里，历史分为两个或多个独立的分支。在这样的分支点上，在任何给定观测者的经验里，只有一个分支存活了下来。更确切地说，对于每个分支上的观测者来说，只有他那个分支存活了下来。与观察者的测量结果不一致的分支，以及从它所生长出来的所有分支均是独立进化的，与观测者的测量无关。从某种意义上说，它们渐行渐远，进入了广阔而深不可测的可能性空间。物理学家把这种互不干涉的历史分支称为解耦，或者退相干。

但并不是每个历史都会退相干，一个著名的例子就是我在第 3 章中讨论的双缝实验中的干涉轨迹。在这个装置中，通过隔板中的一条狭缝的电子路径与通过另一条狭缝的电子路径并没有解耦，而是混合在一起，并在屏幕上产生干涉图案（见图 21）。它们的混合意味着我们无法通过屏幕上的观察结果分辨出电子来自哪条狭缝。这就好像每个单独的途径都没有一个单独的身份，只有把到达屏幕上给定位置的所有干涉路径加起来才构成现实的一个独立分支，并具有一定的概率，这就是费曼的历史求和方案解释观察到的干涉图样的方式。

但我们现在想象一下这个实验的一个变体，在狭缝附近添加一种由相互作用的粒子组成的气体（见图 43）。那么现在当电子迅速穿过隔板时，从这两个缝隙中出来的两个波片段将与气体相互作用，并迅速变得完全不同，因此它们几乎不可能在路上发生干涉。因此不出所料，屏幕上的干涉图案消失了，取而代之的是与两条狭缝大致对齐的两条亮条纹，反映出通往屏幕的两条主要路径。用埃弗里

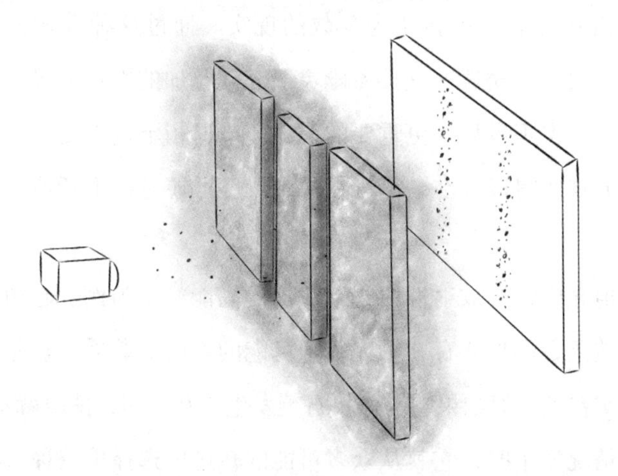

图 43　双缝实验的一种变体，在狭缝附近有一种与电子相互作用的粒子气体。这一相互作用即使对电子的轨迹没有太大影响，也仍然会使电子射向屏幕的所有可能途径之间微妙的相干性消失。因此，干涉图案被破坏，取而代之的是与两条狭缝大致对齐的两条亮条纹，对应于通往屏幕的两条主要路径。气体中的粒子实际上就是进行了一次量子意义上的观测行为

特的语言来说，就是狭缝附近的粒子环境进行了一次观测行为，导致波片段被退相干成两个泾渭分明的历史——或者说现实的分支，它们从那时起便独立演化。我们可以说，粒子气体实际上会“问”电子选择了哪个狭缝，而通过提出这个问题，它推动电子的波函数分裂成两个不连续的片段，分别对应于两种可能的答案。

双缝实验的这两种变体表明了埃弗里特方案的两个关键性质。首先，我们所问问题的确切性质会影响所有这些独立分支的树状结构。其次，只有对完全独立、非相干、差异很大的历史路径，我们才能以合理的、概率归一的形式进行有意义的预测。我们将在第 7 章重新讨论这一点，届时我会讨论一旦采用量子宇宙学观点，多元宇宙理论中还会剩下什么。

在宏观世界中，引发退相干的过程无处不在。在每一刻，我们的环境都在进行无数的观测行为，这些行为将洗去量子相干性，将无数的潜在可能结果转化为少数的现实。通过这种方式，环境充当了一座自然的桥梁，连接着幽灵般充满叠加的微观世界和日常经历中确定的宏观世界。更重要的是，环境退相干过程使一个相当稳健的经典现实得以存在，尽管在微观尺度上还是会不断地产生量子起伏。

以地壳中铀等放射性原子释放出的高能粒子为例。起初，这种粒子以波函数的形式存在，往每个可能的方向上散播，它并不完全是一个实粒子。但如果它与一块石英发生相互作用，情况就不同了。当这种情况发生时，它就从众多可能的轨迹中选择了一种，并固定了下来。与石英的相互作用将铀原子衰变时“可能发生”的事情转化成了“曾经发生”的事情。在历史的任何一个分支中，这一过程都表现为一场定格事件，其形式是原子阵列受到了高能粒子影响，而高能粒子的轨迹有时被用来确定矿物的年代。我们所看到的宇宙——现实的这一分支——正是无数这样的环境观测行为的共同结果。我们记录并建立了几十亿乃至上百亿年间无数的偶然结果，每一个结果都为我们这一历史分支贡献了一些信息，正是它们给我们周围的世界赋予了特殊性。因此，难怪在我们的谈话中，史蒂芬会推断，量子宇宙观会将某种沿时间回溯的因素带入宇宙学。

从数学上讲，埃弗里特的方案极其优雅：薛定谔方程规定了一切，毫无例外。埃弗里特的框架表明，玻尔的经典包装是可以扔掉的累赘。子系统相互纠缠的交互过程让原本统一的波函数分裂成互不可见、相互分离的退相干分支，这为量子测量提供了一个非常令人满意的微观描述。在埃弗里特的方案中，人类意识、人类实验者和人类观测既不是完全无关，也不被视为独立的、遵循不同规则的外部实体。它们只是被视为更加广阔的量子力学环境中的一部分，与空气分子和光子没有本质区别。埃弗里特提出了一种由内而外思考量子世界的方式。他表明，对于这统一的宇宙量子波，我们可以亲身驾驭，而不仅是隔海相望。

这不仅仅是一个语义上或解释上的问题。埃弗里特和玻尔的方案对量子测量和观察的展开做出了真正不同的预测。玻尔认为，在所有的结果中，只有一个结果能留存下来，而埃弗里特则称这只是历史的某一分支的观点。他的方案认为，对于任何一个观察者来说，其他结果好像都消失了。在埃弗里特的框架中，如果人们能够以某种方式将组成观测的所有相互作用逆转，原则上就可以逆转分岔，让所有的分支再次相互干涉。当然，在实践中，任何观测行为所涉及的粒子数量之大都会使这项工作变得极为艰巨。但如果波函数在观测时就坍缩了的话，那么哪怕在理论上，这项工作显然也是不可能完成的。

在我们要回顾过去时，玻尔与埃弗里特的争论就变得至关重要了。可以看到，玻尔的坍缩模型甚至让人无法设想追溯过去。玻尔认为，为了弄清过去是什么样子而让薛定谔方程逆时间运行是没有用的，因为过去无数的观测行为已经干扰了该方程规定的平稳演化。但回顾过去以了解现在是如何产生的，这是宇宙学的核心。因此对于宇宙学来说，哥本哈根的数学表述是完全不够的。我们需要将哥本哈根理论的数学公式与埃弗里特对观测的诠释整合起来，才能使量子宇宙学成为可能。埃弗里特的方案让支撑量子理论的更深层原理凸显出来，事实证明，这些原理对该方案来说至关重要，可以为量子力学应用于整个宇宙铺平道路。

然而在当时，埃弗里特的提议被置若罔闻。他的同事们要么不理解他的意思，要么不为所动。无论如何，将量子理论应用于整个宇宙的这个想法似乎很奇怪。即使是富有远见、从不羞于提出宏伟猜测的惠勒，也不得不在埃弗里特的论文中加了一个注释[15]，用一种缓和的语气解释了他学生的量子力学公式，希望它能被人们接受。然而这些都无济于事。埃弗里特感到沮丧、挫败，并将他的同事比作伽利略时代的反哥白尼主义者，他离开了学术界，开启了军事研究生涯。

学界的怀疑大部分都来自这样一个情况：作为描述世界的物理图景，埃弗里特对量子理论的表述不仅令人困惑，而且显得铺张浪费。我们真的需要大量观测不到的路径以及我们的副本来解释我们所观察到的东西吗？而且，埃弗里特的方案还被称为量子力学的多世界诠释，这些世界通常被描述为都是同样真实的，尽管他真正的意思是物理系统有许多可能的历史。

然而，人们最终还是无法绕过它。埃弗里特的普适波函数概念最后成了一种基本的见解，使我们得以开始从量子的角度思考整个宇宙，一个既没有副本，也没有包含在更大的盒子里的系统。埃弗里特的工作给了我们希望，让我们认识到对宇宙正确的量子观真的有可能摆脱上帝的视角，并从虫眼视角重新构建宇宙学。因此，它为量子宇宙学埋下了种子，而史蒂芬、他的剑桥小组和其他人会继续发展这门学科。

在这些工作中发展起来的量子宇宙学体系结构如图 44 所示。它采用了一个相互关联的三联画的形式，包括了宇宙创生模型（比如无边界假设），以及演化的概念（比如弦论景观中来自费曼的多个可能历史的想法）。除此之外，它还包括了关键的第三个元素：观测。

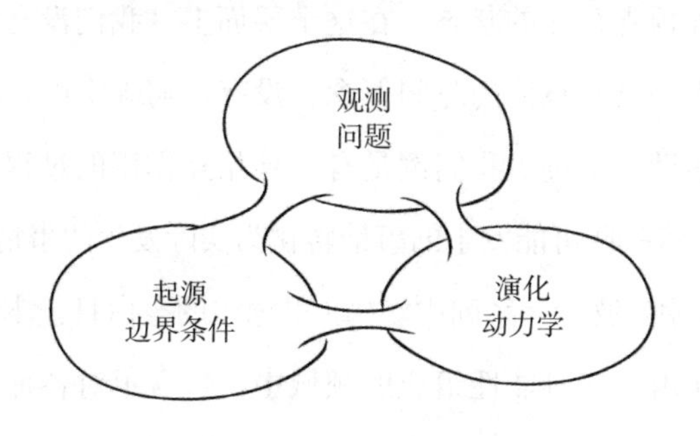

图 44　物理学中预言观测结果的一般体系会将演化规律、边界条件和观察或测量三者从根本上区别开来。对于大多数科学问题，这种互相割裂的体系就足够了。但宇宙学中的设计之谜钻得更深，因为它质问的是物理学定律的起源，以及我们在大宇宙计划中的地位。它需要一个更普遍的预言体系，将这三个实体联系在一起。量子宇宙学的视角恰恰提供了这一点。这里描绘的相互关联的三联画构成了一个新的量子宇宙理论的概念核心，在这个理论中，宇宙演化、边界条件和观测互相交织，形成一个单一的、整体的预言方案。这种关联表明，量子宇宙学中的任何定律都是由这三种成分混合而产生的

我得尽快澄清一下，这个方案中的观测可不是像你骑自行车时环顾四周那样。量子宇宙学中的观测包括了我在本章中一直讨论的更基本的量子观测行为，即一系列可能结果中的一个在历史的分岔点转化为事实的过程。虽然这个过程总是涉及某种相互作用，但它绝不局限于人类的观察，所产生的事实也不必与生活本身有任何关系。观测可以通过专用探测器、薛定谔的猫、一块石英、早期宇宙中对称性的破缺，甚至通过单个微波背景光子来进行。

图 44 中的三联画总括了史蒂芬和我发展出来的新宇宙学概念上的核心。它设想物理现实是通过两个步骤产生的。首先，我们设想了宇宙所有可能的膨胀历史，每一个膨胀历史都起源于，比如说，一个无边界的开端。历史不断分岔——每一次分岔都是一场博弈游戏——以产生分支上的有效物理学定律，并可能产生更高层次的复杂性。但这种包含了不确定性和潜在性的深不可测的领域，只描述了宇宙的某种预先存在的状态。在这个层面上，我们没有预言，没有统一的方程，没有整体的时间概念，没有任何确定的东西，只有一系列的可能性。不过，我们倒是有一种相互作用的过程，我们称之为观测，它将一些可能发生的事情转化为实际发生的事情。

想想《哈利·波特》系列中汤姆·里德尔的空白日记本吧，宇宙也是如此。在由一切可能性组成的领域中，包含了对各种各样问题的答案，但它对这个世界的揭示，仅限于我们问到的内容。在量子宇宙，也就是我们的宇宙中，一个有形的物理实体是通过不断的提问和观察过程，从广阔的可能性视野中浮现出来的。

当我们考虑未来的时候，观测正在修剪我们面前的可能路径之树。在这个过程中，对于某个特定观测者，在他的经验中只有一个分支存活了下来。这就是我所说的，埃弗里特的量子测量由内而外的描述。但是，观测也可以触及过去。霍金的神谕说“宇宙的历史取决于你问的问题”，我想它就是这个意思。史蒂芬是在说，从地球上的生物圈到观测到的低温有效物理定律，描述我们周围宇宙特征的全部事实实际上就构成了我们对宇宙提出的一个重大问题。那幅三联画唤起了这样一种想法，即宇宙历史中只有少数几个分支具有我们现在所观察到的性质，而这一重大问题通过溯及既往，将这些分支引入了现实。也就是说，量子宇宙学中的观测不仅仅是事后的想法，也不是运作于一个预先存在的巨大多元宇宙中的事后人择原理，而是一个在更深层次上运作的力量，是产生物理现实以及物理理论的这样一个持续过程中不可或缺的一部分。从某种意义上说，量子宇宙和观测者是同步出现的。早在 2002 年，史蒂芬就预见到了这种自上而下的哲学的深度，尽管我们花了更多的年头进行思想实验、走死胡同，以及偶尔在薄雾消散前灵光乍现。这一哲学便是：宇宙学的理论和观测是联系在一起的。

我刚才间接提到，这种纠缠给量子宇宙学注入了一种微妙的沿时间倒退的元素。我们不再会沿时间正向、自下而上地跟踪宇宙，因为我们不再假设宇宙有一个客观的、独立于观察者的历史，有一个明确的起点和演化方式。恰恰相反，三联画中包含了一个违反直觉的想法，即在某种我还未详细阐述的基本意义上，最深层次的历史是逆着时间方向出现的。就好像是有一系列的量子观测行为追溯性地挖掘出了大爆炸的结果，从增长的空间维度数量到所产生的力和粒子类型都是如此。这使得过去取决于现在，从而进一步削弱了因果律，这远远超出了玻尔的设想。

当然，在思考其他层面——包括从生物进化到人类历史——的演化的时候，我们都非常习惯逆着时间进行推理。在第 1 章中，我简要描述了无数分岔事件的偶然结果是如何塑造了各级历史的。这些定格事件为历史研究增加了一个回顾性的成分，因为它们共同包含的大量信息根本不存在于较低级别的法则中。它只能在事后通过实验和观察收集。

在第 1 章中，我回顾了达尔文进化论是如何巧妙地将因果性解释与回顾性推理结合在一起，形成一个连贯的方案的。我大胆地宣称，同样通过自上而下的宇宙学方法，正如图 44 中相互关联的三联画所示，在宇宙学中我们也找到了“为什么”和“如何”之间的最佳平衡点。我们将看到，这种三联预言方案十分通用而灵活，可以提出包含设计之谜在内的更深层次的问题。

话虽如此，量子宇宙学的可追溯性特征远比生物进化的回顾性特征更加深刻。生物学家不会提出，有很多棵生命树以幽灵般的叠加态共存，直到他们发现对这棵树或那棵树有利的确切证据时，这种叠加态才会消失。相反，他们（正确地）认为我们一直是某一棵特定的生命树的一部分，只是在我们拼凑出证据之前，我们不知道是哪一棵。两者之间的差异源于这样一个事实，即在生物进化中，我们可以放心地把潜伏于量子层面上的东西忽略掉。在达尔文式进化的每一个分岔点，不同的可能进化路径会立即相互解耦，因为让生命发展的相互作用环境会瞬间冲掉所有量子干扰。也就是说，环境会不断地将生命之树的叠加态一点一点地转化为明显分离进化的树，其中之一就是我们这棵树。事实上，由量子事件引发的基因突变只需要远小于一秒的时间就可以退相干。因此，早在生物学家决定挖掘化石以重建它们所属的生命树之前，我们的生命之树就已经独立于其他生命树进化而来。物理环境已经进行了更基本的量子观测。当然，这并不是说我们对生命之树的认识就不重要，因为与环境不同，生物学家可以解释他们的发现，甚至可能利用这些知识来影响未来的分支。

相比之下，量子宇宙学探究的则是物理环境的起源。它一直下沉到量子观测的层面，不仅如此，在遥远的大爆炸那里，它也试图这么做。在那里，观测参与了物理定律的产生：在叠加态的幽灵世界中，混合是至关重要的。它把逆时间推理从一个用于研究这段历史的回顾性元素，提升为创造了这段历史的追溯性组成部分。

正是在这个更深的量子层面上，三联画关键成分之间的连接变得至关重要，整个方案使我们远远超越了正统物理学。

* * *

20 世纪 70 年代末，约翰 · 惠勒提出了一项奇妙的思想实验，该实验在很大程度上澄清了量子宇宙中这种奇怪的逆向因果关系。惠勒的思想实验说明了在普通粒子的量子力学中，观测行为是如何微妙地触及过去，甚至是遥远的过去的。

惠勒是费曼和埃弗里特的导师，在第二次世界大战期间加入曼哈顿计划之前，他曾与玻尔一起研究核裂变。20 世纪 50 年代，在普林斯顿大学，他重振了广义相对论的研究，将爱因斯坦中断的研究传承了下来。在当时，广义相对论只经过一次精确的观测检验，分别是水星的近日点偏移，以及两次定性检验——宇宙膨胀和光线偏折，因此已经成为物理学的一潭死水。它通常被认为是数学的一个分支，甚至是一个不怎么有趣的分支。但正如惠勒所说，相对论太重要了，不能留给数学家，所以他要给这个领域重新带来活力。在

图 45　约翰 · 惠勒于 1967 年在普林斯顿大学讲授经典力学和量子力学之间的差异

普林斯顿大学，惠勒开设了首门讲授相对论的课程，课程内容包括去阿尔伯特 · 爱因斯坦位于默瑟街的家中喝茶和讨论的环节。这可是物理系学生在课堂上最梦寐以求的、最荣幸的年度郊游了。

和史蒂芬一样，惠勒似乎也充满着无限的科学乐观主义精神。他富有想象力的远见以及精准地聚焦于物理学中最重大的问题的能力启发了未来几十年的研究方向。他于 2008 年去世，享年 97 岁，当时刊登于《纽约时报》上的讣告引用了弗里曼 · 戴森的话："富有诗意的惠勒是一位先知，他像摩西一样站在毗斯迦山顶，俯瞰着他的应许之地。总有一天，他的子民会将它继承。"

惠勒的思想实验考察的是量子理论中观测和因果性所扮演的角色。在该思想实验中，惠勒考虑的是粒子，而不是宇宙，因为粒子更加容易处理。他的思想实验今天被称为延迟选择实验，这是光子双缝实验的变体，双缝实验由 18 世纪英国博学家托马斯 · 杨首次进行。在杨氏实验的现代版本中，光线穿过在一块隔板上切割出的两条平行狭缝，照射到狭缝后面的感光板上。这会在感光板上产生具有明暗条纹的干涉图案，因为光波穿过两条狭缝传播到屏幕上的给定一点，要走的距离一般是不同的。当我们大幅度地调暗光源，将光波削减为光子一个一个发射的微弱光子流时，光的量子性质就变得明显了。就像我在第 3 章中描述的电子实验一样，每个光子粒子到达感光板，都显示为板上的一个小点。但是，如果在这种极低强度模式下进行一段时间的实验，一个个光子的痕迹集合起来就会开始产生干涉图案。量子力学预测了这一结果，因为它将每个单独的光子描述为一个传播着的波函数，它在狭缝处劈裂并扩散，并在远端再与自身混合，从而产生了一种图案，表征着每个光子落在板上某一位置的概率的大小。

然而，如果实验者决定"作弊"，在狭缝附近添加一对探测器来跟踪光子是走这一条路还是走那一条路，或者两条路都走，那么干涉图案就不再会出现。结果是，光子斑点共同在板上形成了两条明亮的条纹，这两条清晰的经典路径表明光子要么穿过这条狭缝，要么穿过那条狭缝。这是因为，就像图 43 所示装置中的粒子环境一样，将探测器放置在狭缝附近相当于一种观测行为，导致从两个狭缝中出来的波片段互相解耦。探测器"询问"光子穿过哪个狭缝，实际上是迫使光子波函数展现出了光的粒子性质。

现在，惠勒设想了杨氏实验的一个巧妙变体，即探测器不放在狭缝附近，而是放在感光板附近（见图 46）。事实上，他曾想象用百叶窗来代替这个板，并将这两个探测器放在它后面，每个探测器都对准其中一个狭缝。如果我们关闭百叶窗，则实验机制与以前一样：波函数片段混合并产生干涉图案。而如果我们打开百叶窗，光子便会快速穿过窗叶，探测器就可以检测它们是从哪个狭缝射出的。这样，对于每个光子个体，实验者都可以决定采用哪种方式来进行实验——或者说问哪个问题——从而决定是揭示它的粒子性质还是波动性质。

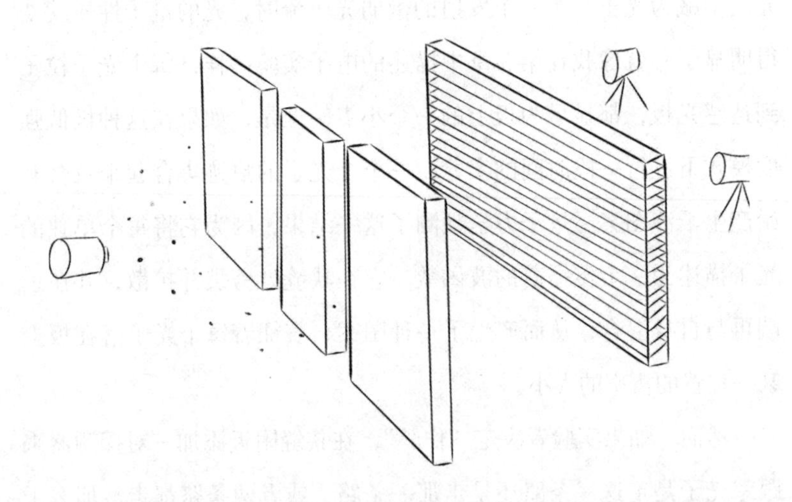

图 46 杨氏光粒子双缝实验的一个变体，将右侧的感光板换成百叶窗，并在其后面放置一对探测器，各对准一个狭缝。操作探测器的实验者可以延迟到每个光子个体到达百叶窗的那一刻，再去决定是关闭百叶窗并进行通常的双缝实验、产生干涉条纹，还是打开百叶窗并检测光子穿过了哪条缝。人们可能会认为这种延迟的选择会让光子无所适从，然而情况绝非如此：大自然很聪明，光子总是准确完成任务，这表明量子理论中的观测行为微妙地延伸到了过去

惠勒的关键见解是，人们可以将打开或关闭百叶窗的选择推迟到光子到达板的那一刻。这种情况很有意思。光子在到达隔板时，它怎么知道要作为波同时走两条路径，还是要作为粒子只走一条路径？这毕竟取决于实验者未来的选择。很明显，光子无法提前知道实验者稍后会打开还是关闭百叶窗。另一方面，它们也不能推迟决定要变成波还是粒子，因为如果光子要为百叶窗关闭的可能性做好准备，它的波函数就最好在隔板处分裂，这样两个片段的组合就可以产生观察到的干涉图案。但这似乎是有风险的，因为如果由于实

验者恰好在最后一刻决定他想知道光子的路径，最终打开了百叶窗，那么互相干涉的波动光子就不会产生正确的结果。

事实上，自惠勒的思想实验被提出后，有人真的将其付诸实践了。1984 年，马里兰大学的量子物理实验学家使用了一种高科技的百叶窗，并将一个超快电子开关内置在感光板内，以在两种操作模式之间进行切换。他们得以证实了惠勒想法的本质：击中“百叶窗”的光子会产生干涉图案，而被放过的光子则不会。不知怎的，光子总能做出正确的选择，哪怕打开或关闭路径跟踪探测器的选择被推迟到给定光子通过隔板之后也是这样。

怎么会这样呢？因为在量子力学中，未被观测到的过去只作为一系列可能性——一个波函数——而存在。就像电子或放射性衰变粒子一样，只有当这些模糊的光子波函数所产生的未来已经被完全确定，也就是被观察到时，它们才会变成明确的现实。延迟选择实验生动而显著地表明，量子力学中的观测过程将一种微妙的目的论引入了物理学，这是一种沿时间倒退的成分。我们今天所做的实验和观测，也就是我们对自然提出的问题，追溯性地将可能发生的事情转化为已经发生的事情，而且通过这样做，它参与了对过去的描述。

惠勒，这位永远的乐观主义者，甚至为延迟选择实验想出了一个大尺度版本（见图 47）。他设想来自遥远类星体的光会因途中星系的质量影响产生引力弯曲，这种弯曲再将光导向地球。在天空中有很多这样的引力透镜的例子被发现，天文学家经常由此了解宇宙中暗物质和暗能量的数量。这种偏转意味着来自类星体的光子可以以不同的方式绕过途中的星系，通过多条路径到达地球，这与双缝或多缝实验中的情况相仿。惠勒思考，天文学家如果能够在这种宇宙环境中进行延迟选择实验，就会塑造数十亿年前的过去，触及太阳系形成之前的时代。“我们不可避免地参与促成了现在看起来正在发生的事情。”惠勒写道。[16]

> 我们不仅仅是旁观者。
>
> 我们同时也是参与者。
>
> 从某种奇妙的意义上说，这个宇宙是参与式的。

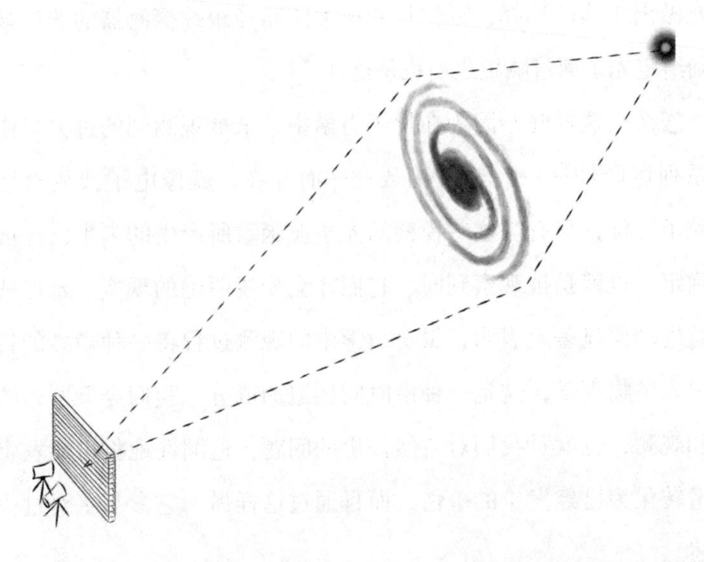

图 47 双缝实验在宇宙尺度上的延迟选择变体。星系的引力透镜效应使来自遥远类星体的光线发生弯曲。这为光到达地球创造了多种途径，再现了双缝（甚至三缝）实验的装置

然后，他便画了这幅很吸睛的画，如图 48 所示。这幅画将宇宙的演化描绘成一个U形物体，一端有一只眼睛，凝视着另一端自己的过去。这幅画的意思是说，在量子宇宙中，今天的观测为“当时”的宇宙赋予了有形的现实。[17]

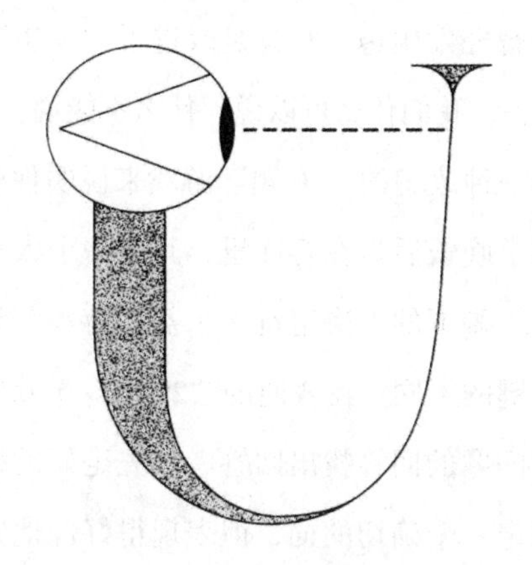

图 48　惠勒认为量子宇宙是一种自激回路。宇宙从右上角的一小块开始，随着时间的推移而长大，并最终产生了观察者，他们的观测行为将有形的现实赋予了过去，甚至是遥远的过去，那时还未有观察者

惠勒的参与式宇宙的愿景虽然在他那个时代看起来很牵强，但 40 年后，它将成为我们自上而下式的宇宙学的核心内容。霍金非常认真地对待了惠勒的观测者参与论，不仅将其用于追溯并确定量子粒子的路径，还将其用于确定整个宇宙的路径。

图 44 中的三联画将观测与动力学及边界条件相结合，形成了一个很新颖的宇宙学概念框架。这样的综合不是一个简单的补充说明，也不是对方程的微小修正，而是物理学本身的一个基础性扩展。该三联画统一了动力学和边界条件，从而脱离了自现代物理学诞生以来就主导着它的二元论。它将观测者包括进来，从而放弃了天外之眼的探索视角。

然而，量子宇宙学自上而下的特征并不意味着我们可以沿时间往回发送信号。观察使过去更加牢固地存在，但不会把信息往回传递。在惠勒的宇宙尺度上的延迟选择实验中，在 21 世纪打开或关闭我们的望远镜都不会影响数十亿年前光子的运动。量子宇宙学并不否认过去的事情曾经发生过，它只是改进了“发生”的含义，尤其是明确了关于过去，我们什么可以说，什么不能说。

惠勒喜欢用一种改编的“20题”游戏来说明他的愿景。在这个游戏中，一群同事晚饭后坐在客厅里，其中一个人被请出房间。在他缺席的情况下，剩下的人决定玩一个益智游戏，只是与通常的游戏版本有一处关键的不同：在普通的“20题”游戏中，提问者依次提问，最后根据问题的回答找出回答者事先定好的词，而这次他们达成一致，不指定一个确切的词，但表现得好像他们已经一致同意选定了某一个词。当提问者返回并提出答案为“是/否”的问题时，每个回答者都可以随心所欲地回答，唯一的条件是他的回答应该与之前的所有回答一致。因此，在游戏的每个阶段，房间里的每个人都会想到一个与之前给出的所有答案一致的单词。自然，一个接一个抛出的问题会迅速缩小选项范围，直到提问者和回答者都被牵着走，引导到一个单词上。然而，最后一个词是什么，取决于提问者提出的问题，甚至取决于问题的顺序。惠勒说，在游戏的这个变体中，“这个词在经过选择所问的问题和给出的答案而被提升为现实之前，什么也不是”。[18]

以类似的方式，量子宇宙不断地将自己从可能性的迷雾中一块一块地组合起来，有点儿像在一个潮湿灰暗的早晨，一片森林从迷雾中浮现出来。它的历史不是我们通常认为的历史，即一件又一件事情发生的序列。相反，这是一个包括我们在内的奇妙的综合体，在其中，现在出现的东西追溯性地塑造了当时的东西。这种自上而下的元素在量子意义上赋予了观测者在宇宙事务中微妙的创造性作用。它给宇宙学注入了微妙的主观色彩。我们——在观测中——实际上参与了宇宙历史的创造。

惠勒在谈到量子粒子时说道："没有问题，就没有答案！"而霍金在谈到量子宇宙时说道："没有问题，就没有历史！"

自上而下宇宙学（史蒂芬更喜欢用这个术语[19]）的第二发展阶段是从 2006 年到 2012 年。在此期间，史蒂芬发展出了一种深刻的直觉，把观测者作为主体整合在一个预言框架内，借此，我们终于走上了发现能解释大设计之谜的宇宙学理论的道路。如果我们能理解三联画到底想告诉我们什么，那就好了。

前面提到，用自下而上的策略探索宇宙亲生命的本质的步骤是：从时间起源处的一块空间开始，应用永恒的物理学客观定律（或元定律），观察宇宙（多元宇宙）的演变，希望最终结果能同我们活在其中的这个宇宙吻合。这是物理学中正统的推理方式，从实验室实验到经典宇宙学都很常用。这类推理以某种类似定律的绝对结构为基础，为宇宙的生命体友好性寻求一个根本性的因果解释。自下而上解开大设计之谜的第一次尝试便是在存在的核心处寻找深刻的数学真理。第二条进攻路线便是多元宇宙学，它也依赖于永恒的元定律，但加入了人类对宜居岛宇宙的选择。

但自上而下的宇宙学将大设计之谜颠倒了过来。首先，它把各种成分以一种非常不同的顺序相混合。我们从三联画中归纳出来的方案看起来更像是这样：先看一下你周围的情况；在你所掌握的数据中识别出尽可能多的类似定律的范式；用这些范式来构建宇宙的历史，要求其最终演化结果和你所观察到的一致；把所有这样的历史加在一起，创造出你的过去。因此，自上而下的宇宙学优先考虑的是一切事物的历史性质，而不是一个绝对的背景。该理论追溯宇宙对生命的适应性后得到这样一个事实，即在量子的深层次上，有形的宇宙和观测者是联系在一起的。在自上而下的宇宙学中，人择原理已经过时，因为前者避开了自下而上思维的裂痕，这种裂痕将我们的宇宙理论与虫眼视角割裂开来。这就是自上而下宇宙学的用处，而史蒂芬认为，这也是它革命性的潜力所在。

有三联画在手，我们就可以开始使用它了。“今天我们该如何处理自上而下的问题？”史蒂芬早上经常这样半开玩笑地问我。

现在，为了进入宇宙早期量子阶段的核心，我们必须从横在我们与宇宙开端之间的各种复杂情况中杀出一条血路，以回到过去。这可以通过往回追溯宇宙的演化来实现。首先，我们脱离人类和多细胞生命层，以及这些生命层所遵循的一些类似定律的规则。然后我们脱离原始生命，最终也脱离位于更低一层的地质、天体物理甚至化学层。最后，我们进入热大爆炸时代，在那里，物理定律的进化特征凸显在我们面前。这就是史蒂芬想要冒险进入的领域。

> “让我们把观测表面一直回放到接近暴胀结束的时候，”他说，“也就是宇宙只膨胀了远不到一秒的时候。让我们从那里开始再往回看。”

史蒂芬手握着这幅自上而下的三联画，它就像一台理论上的强大显微镜一样，强到足以解剖这一最底层。他已准备好做有史以来最雄心勃勃的思想实验。量子宇宙学有很多可能的路径，因此在某种意义上，它“揭开”了经典的大爆炸奇点。由此，一系列令人惊叹的更深层次的演化突然出现，将我们带入大爆炸的时刻。在这个层面上，我们发现了某种元演化，在此阶段我们熟悉的演化定律本身也在演化。我在第 5 章中描述过，这一过程所带来的达尔文式的变异和选择分岔过程只能在回顾中才能理解。要想了解这一真正的古老演化层，我们必须从上到下——逆着时间往回看。

以大空间维度的数目为例。根据弦论，大空间维数可能取从 0 到 10 的任意一个数，这样的历史都有可能。为什么正好是三维空间变大了，而其他维空间没有变大，其原因还不得而知。因此，自下而上的哲学无法解释为什么我们的宇宙应该有三个大维度。然而，自上而下的方法告诉我们，这问题提得就不太对。根据自上而下宇宙学的追溯，在膨胀的最早阶段，从最原始的环境就“观测”到三维空间挣脱束缚并开始膨胀，这在最终形成三维空间的所有可能历史中挖掘出了为数不多的历史。维度的概率分布并不重要，因为“我们”已经测量到我们生活在一个有三个大空间维度的宇宙中。这就像是在问生命之树的出现概率相比于其他完全不同的树（包括没有智人分支的树）如何。这既无意义，也无法计算。只要可能的膨胀历史中包含着一些三维空间膨胀宇宙的历史，那么无论它们相比于其他多维度的宇宙历史有多罕见，都无关紧要。这与 3 这个数字是不是唯一适合生命的数字也没有关系。自上而下的宇宙学将对生命体友好的属性与其他属性同等对待，使人择原理成为明日黄花。[20]

粒子物理学的标准模型也是如此。根据大统一理论和弦论，标准模型具有 20 个左右看起来经过精细调节的参数，这绝不是热大爆炸中那一系列对称性破缺相变的唯一结果。事实上，越来越多的证据表明，在弦论领域，最后到达标准模型的演化路径极为罕见，就像地球上的生命之树也许在所有可能的树中是极为罕见的一样。因此，因果律的自下而上的方法再次未能解释为什么宇宙最终应该采用标准模型。而自上而下的范式对这个问题的处理方式则截然不同。它设想在早期宇宙中“进行”的观测从所有可能的宇宙学历史这一广大谱系中提炼出了与标准模型一致的历史。这些观测的结果被印刻在定格事件中，后者创造出了有效定律。

但自上而下的宇宙起源观最吸引人的结果或许与原始暴胀爆发的强度有关。前面提到，作为一种自下而上的理论，无边界假设预言了暴胀量的最小绝对值，小到刚刚足以让宇宙存在。到目前为止，无边界波函数最突出的分支是一些几乎空无一物的宇宙，伴随它出现的只有一小段暴胀（见图 32）。也就是说，如果我们忽略我们是由原子组成的有感知力，并在时空中移动的生物，而暂时用上帝的眼光来看待无边界波的形状，假装我们不是它的一部分，那么我们就会发现我们不应该存在。20 多年来，这种情况一直是史蒂芬在宇宙学里最头疼的问题。对史蒂芬来说，无边界假设非常有道理，但它似乎是错误的。

再来看看自上而下的情况。自上而下的宇宙学采用的是虫眼视角，从内而外并沿时间往回进行推理。这样的话会怎么样？无边界波的形状会发生巨大的变化。自上而下的方法把对应于空宇宙的波片段贬谪到波的远端，而把伴随着剧烈暴胀诞生的宇宙放大。我在图 49 中对此进行了说明。与图 32 中无边界波的自下而上视角进行比较，我们会发现，自上而下的宇宙学确实将构成波函数的各个分支完全重新排列了一番。此外，由于不同波片段的高度规定了它们的相对似然性，这意味着自上而下的宇宙学倒推出宇宙是以一次较剧烈的暴胀开始的，这与我们的观测结果一致。[21] 显然，史蒂芬对这一结果感到满意。“终于啊。”他说。然后他又补充道：“我对无边

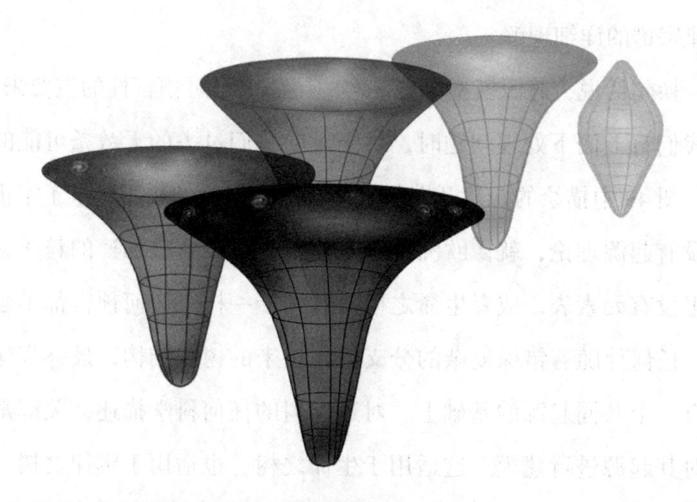

图 49　从自上而下的视角所看到的无边界波的形状。当我们自上而下去看时，无边界假说会倒推出我们的宇宙是在一次较剧烈的膨胀中形成的，并产生了一个星系网，这与我们的观测结果一致。在自下而上的无边界波中占主导的几乎空无一物的宇宙（见图 32）则逐渐消失在远处

界提案一直感觉很好。”对此我早就心知肚明。

*　*　*

无边界假说命运的这一显著转变生动地说明，在更深层面上，过去取决于现在。但是，如果我们从上到下观察宇宙的话，那么起源理论又扮演着什么角色呢？有人可能会说，无边界假说对宇宙学的意义，就像LUCA（所有生物的最后一个共同祖先）对生物进化的意义一样。显然，LUCA的生物化学成分并不能决定从其之中长出来的生命树。而另一方面，没有LUCA可能就不会有生命树。同样，无边界起源对宇宙的存在也至关重要，但它并不能预言从如此简单的开端出发会出现某一棵特定的物理定律之树。[22] 相反，我们只能从观测——并且是自上而下的观测——中收集我们对宇宙及其

定律宗谱的详细理解。

换句话说，起源模型在更基本的层面上是可预言性的重要来源。当我们自上而下处理问题时，对于通向我们过去的无数条可能的道路，图 49 中描绘的碗状开端起着关键的锚定点的作用。量子宇宙学里没有起源理论，就像欧洲核子研究组织里没有被加速的粒子，化学里没有元素表，或者生命之树没有树干一样，任何预言都不会存在。任何伴随着错综复杂的分支进化出来的树状结构，最终都建立在有一个共同起源的基础上。对这棵树的任何科学描述，关键都在于对其起源进行建模。这适用于生命之树，也适用于定律之树。我敢说，如果没有真正的开端，宇宙学就不可能有真正的达尔文革命。事实上，多元宇宙学中缺乏适当的初始条件理论，很可能是该理论未能预言任何事情的根本原因。

不过，你可能会想，通过在所有的宇宙学观测的基础上（这显然又回到了我们的观测）塑造一个过去，我们希望得到什么呢？如果自上而下的宇宙学不为宇宙及其有效定律寻求一个因果性解释，如果它不预言宇宙必须如此发展，那么它的用处到底又在哪里？

正如达尔文进化论一样，该理论的用处就在于，它能够揭示宇宙的内在联系。该理论使人们能够确定宇宙中乍一看好似互相独立的性质之间的新关联。请想一想 CMB 辐射中的温度变异。它们的统计特征与含有剧烈暴胀的宇宙所产生的涨落几乎完全一致。若是自上而下进行推理的话，这些都是到目前为止最有可能形成的宇宙。因此，自上而下的理论预言，我们所观测到的 CMB 变异与其他选择了剧烈暴胀的数据之间存在很强的相关性。通过这种相关性，以及对当前和未来数据之间相关性的预言，自上而下的宇宙学在揭示宇宙中隐匿的相干性方面具有很大的潜力。这就是为什么这一理论比多元宇宙理论要好用得多，后者由于自相矛盾而失去了预言能力。[23]

而作为描述物理实体的图像，自上而下的宇宙与多元宇宙也有着根本的不同。在多元宇宙学中，充满了无数岛宇宙的巨大暴胀空间就在那里（见插页彩图 7）。无论哪些岛宇宙上有生命，或者哪些岛宇宙被观察到，宇宙拼图都是存在的。观测者及其观测作为被选择以后的效应进入理论，不会以任何方式影响宇宙的大尺度结构。

相反，在史蒂芬的量子宇宙中，观测者是整个行为的中心。那幅自上而下的三联画还原出了观察者和被观察者之间的微妙连线。在自上而下的宇宙学中，任何一种可感知的过去都是观测者的过去。这就好像在一个一切皆有可能的、深不可测的王国中，观测者被量子宇宙学当成了一个操作总部。在图 50 中，我试图用另一种分岔的

图 50　量子宇宙。今天的观测长出“可能发生的事情”的树根，表示可能的过去，并勾勒出树枝，这些树枝表示可能的未来

树状结构来描绘出这种“世界观”。我们不断地行动并进行（量子意义上的）观测，在这个过程中树生长出树根和一些树枝，前者提炼出可能的过去，而后者则勾勒出可能的未来。图 50 中的所有的树根都与我们的观测情况（包括我们对有效定律的了解）有关，这意味着与多元宇宙相比，这种树状结构的复杂性会相形见绌。绝大多数岛宇宙与我们观察到的宇宙没有任何相似之处，因此它们所对应的树根不会出现在量子树中。那些岛宇宙的历史在充满不确定性的海洋中消失了。

然而，我有必要强调一下：自上而下的宇宙学仍然是一个假设。我们所处的境地与 19 世纪时达尔文的境地并没有什么不同，因为数据太少，我们无法详细地重建自然定律之树在热大爆炸中的演生过程。我们掌握的关于那个遥远时代的证据仍然不完整。以共同构成了宇宙 95% 成分的暗物质和暗能量为例，支配这些黑暗成分的力和粒子是由什么样的对称性破缺相变催生的？只有时间才能告诉我们真相。

鉴于现在证据是如此有限，我的宇宙学家伙伴中仍然有狂热的前达尔文主义者，坚持着自下而上的世界观。他们坚持认为宇宙学的任务是为宇宙的精明设计找到一个真正符合因果性的解释。在他们的哲学中，偶然性和历史上的意外必须退居二线，更不用说观测了。他们认为，宇宙必须在坚实、永恒的原则之基础上，以某种方式变成现在这个样子。而自上而下的哲学在其本体论的本质上挑战了这一前提，平等地对待偶然性和必然性——定格事件和类似定律的范式。总之，我们预言，未来的观测将会揭示出更多的偶然波折。

然而，回顾自上而下宇宙学发展的漫长道路，我清楚地发现，我们并没有那么受哲学考量所驱使（毕竟史蒂芬在团队中①）。相反，我们寻求的是在科学上更好的理解，背后的动力是希望解决多元宇宙悖论以及破解大设计之谜。事实上，在吉姆和史蒂芬于 1983 年提出无边界假设后，他们便分道扬镳。史蒂芬认为我们对量子力学已经足够了解，没有必要再细究其基础。“我一听到‘薛定谔的猫’这个词，就想伸手拿枪。”他曾说道。史蒂芬转而试图检验他的无边界提案，但吉姆不太确定我们是否足够了解量子力学，所以他放弃了量子宇宙学。吉姆与 1964 年曾假设夸克存在的已故博学家默里·盖尔曼合作，把埃弗里特的量子思想发展到粒子和物质场身上。他们的基础性工作，与许多其他物理学家的工作一起[24]，最终形成了一种成熟的量子理论新表述，即*退相干历史量子力学*。这一表述在很大程度上澄清了埃弗里特方案中历史分支过程的物理性质，而且至关重要的是，它将观测牢牢地嵌入了它的概念性的方案中。[25]因此，在 2006 年，我意识到如果量子宇宙学要发挥其潜力，吉姆和史蒂芬的见解就必须相互融合，于是我再次将它们结合在了一起。正是这一灵感预示着我们自上而下方法的第二发展阶段的到来。

但说实话，我相信自上而下的三联画大致就是勒梅特和狄拉克在对量子宇宙学诗意的开拓工作中所设想的最终结果。1958 年，在以宇宙结构和演化为主题的第 11 届索尔维会议上，勒梅特做了一个关于原始原子假设的进展报告。[26]在指出“原子的分裂可能已通过多种不同的方式发生”（即埃弗里特的分岔理论）以及“知道这些方式的相对概率没什么意思”（即没有代表性）之后，他继续说道：“在分裂进行到足以达到宏观决定论可操作性的要求之前，演绎宇宙学

---

① 霍金因轻视哲学而闻名，他在《大设计》一书的开篇中就断言“哲学已死”。——编者注

无从下手。”换句话说，我们不断扩展的分支必须退相干，以使自下而上的方法变得可行。勒梅特在他的报告结束时说了一句隐晦的话：“关于此刻（原始原子刚刚分裂后）物质状态的任何信息都必须从以下条件中推断，即该状态需要能够演化出真实的宇宙。”我们从中确实可以瞥见自上而下观点的早期模样。

不过，除了这几条隐晦的评论外，自上而下宇宙学最切实的基础还是在惠勒富有预言性的思想实验和他对参与式宇宙的愿景中。

在最近一次关于惠勒的纪念活动中[27]，基普·索恩回忆起1971年他与惠勒和费曼在加州理工学院附近的“汉堡大陆”餐厅共进午餐时的情景。史蒂芬在加州理工学院期间也经常光顾这家餐厅。

> 惠勒一边享用亚美尼亚菜，一边向我们描述他的观点，那就是物理定律是可变的。“这些定律一定是逐渐产生的……是什么原理决定了哪些定律会出现在我们的宇宙中？”他问道。费曼是惠勒在20世纪40年代的学生，他转向惠勒60年代的学生索恩并说道：“这老爷子说话听起来很疯狂。你们这一代人不知道的是，他说话一直都是这么疯狂。但当我还是他的学生时，我发现，如果你接受了他的一个疯狂想法，然后把它疯狂的面纱像揭洋葱皮一样一层一层地揭开，你往往就会发现，在这个想法的中心是一个强大的真理内核。”

当史蒂芬和我开始将自上而下的方法应用于宇宙学研究时，我并不知道惠勒的想法，不过我怀疑史蒂芬至少大概知道一些。事后，我们了解到，我们当时揭开了惠勒的好几层疯狂的面纱，将他伟大的直觉转化成了一个恰当的科学假说。

* * *

我们驱车前往冈维尔与凯斯学院，这是史蒂芬任职的学院，也是他在剑桥的另一个基地。那是一个星期四，这意味着我们将在学院里吃晚饭，然后是研究员们在装饰着镶板的餐后休息室里吃奶酪、喝波特酒的古雅仪式。随着波特酒绕着长木桌顺时针轮番传递，炉火噼啪作响，我们聊起了丝绸之路。史蒂芬回忆起 1962 年夏天他去伊朗，前往伊斯法罕和古代波斯国王的首都波斯波利斯，并穿越沙漠前往东部的马什哈德的经历。“当我坐在穿行于德黑兰和大不里士之间的公交车上回家时，”他告诉我们，“我碰上了布因扎赫拉地震。”（这是一场里氏 7.1 级的大地震，造成 12 000 多人死亡。）“尽管如此，我还是想回去，”他补充道，“科学合作不应该有界限。”

当学院的其他教员离开后，史蒂芬的护士也在催着我们离开，他却把讨论延长到了深夜。我并不意外。他再次将注意力转向自己的软件程序均衡器，准备讲话。我绕过桌子，想在他旁边坐下。

“我在《时间简史》里写过……”

我接过了他想说的话：“我们只是一颗中等大小的行星上的化学渣滓，而我们的行星也只不过是在围绕着普通星系中的一颗普通恒星转动。”

他扬起眉毛，表示赞同。

“那是过去的霍金，他遵循自下而上的方法，”屏幕上出现了这样一句话，“从上帝视角来看，我们只是一个可有可无的点。”

史蒂芬把目光转投向我，我觉得他是在反思他自写《时间简史》以来走过的路。我想，他就这样告别了他曾信以为真的世界观。

“您是什么时候改变的？”我大胆问道。学院小教堂的钟声响彻整个大院。史蒂芬又陷入了犹豫。我决定不再去预测他会说什么，如果他真的要说什么的话。

他的屏幕终于又亮了起来，他开始了点击，但这次很慢。“通过自上而下（的方法），我们将人类重新置于（宇宙学理论的）中心。”他说道，“有趣的是，我们正是这样被赋予了支配权。”

“在量子宇宙中，我们点亮了灯光。”我补充道。史蒂芬笑了笑。看到一个全新的宇宙学范式出现在我们的视野里，他显然感到很满意。

“多么美妙的转折啊。”我沉思着。一开始，我们是在寻找更深刻的解释，解释宇宙在时间起源时的物理条件下是否适合生命。但我们为此发展的量子宇宙学表明，我们所着眼的方向是错误的。自上而下的宇宙学认识到，物理学定律之树是达尔文式进化的结果，只能沿时间往回去理解，就像生物学中的生命之树一样。霍金在晚年提出，归根结底，这不是世界为什么会这样——其本性由超验主义原因决定——的问题，而是我们如何走到今天的问题。从这个角度来看，我们观测到宇宙恰好适合生命，这是其他一切的起点。自上而下的三联画不仅将引力和量子力学（大尺度和小尺度）联系在了一起，还将动力学、边界条件以及人类对宇宙的虫眼视角联系在了一起。它提供了一种非凡的综合方式，最终使宇宙学摆脱了阿基米德点。

“我们真的该走了。”史蒂芬的护士坚决地说道。我们穿过大院，走到位于三一街的学院门口，史蒂芬想起他给我们准备了第二天晚上在皇家歌剧院上演的瓦格纳的《众神的黄昏》的票，问我是否愿意开车一起去伦敦。“为我与上帝之战的结束做个纪念吧。”

他已与他以前的自下而上的宇宙学哲学永别。那天我从阿富汗回来，走进他的办公室时，他突然有了个新想法。几年后，史蒂芬借用了爱因斯坦关于宇宙学常数的说法，他告诉我，从一个因果性的、自下而上的角度看待他的无边界宇宙创世学说，是他“最大的错误”。事后来看，我们可以看到爱因斯坦和史蒂芬都曾对自己的理论感到过惊讶。1917 年，爱因斯坦对静态宇宙这一古老概念的执着使他未能理解自己的经典相对论所包含的宇宙学深意；同样，史蒂芬对时间起源根深蒂固的因果性思维也使他未能看清他的半经典无边界假说所揭示的新前景。

自上而下的宇宙学的发展是我们合作中最紧张、最富有成果的阶段。无论是在工作中、在酒吧、在机场还是在深夜的篝火旁，自上而下的哲学都成了欢乐和灵感的无尽源泉。在《时间简史》中，早期（自下而上）的霍金曾写道：“即使我们真的找到了一个万物理论，它也只是一组规则和方程。是什么给方程注入了活力？”而后来（自上而下）的霍金的答案是：观测。我们创造了宇宙，正如宇宙创造了我们。

图 51　史蒂芬·霍金和作者在剑桥大学数学科学新校区，史蒂芬的办公室里，此时正是他们探索旅程的中段。我们身后的书架上放着史蒂芬徒子徒孙们的博士学位论文。在这些论文下方，微波炉的旁边，是从天空中各个方向到达我们的斑点状的微波背景辐射在我们周围所形成的一个球体——我们的宇宙学视界

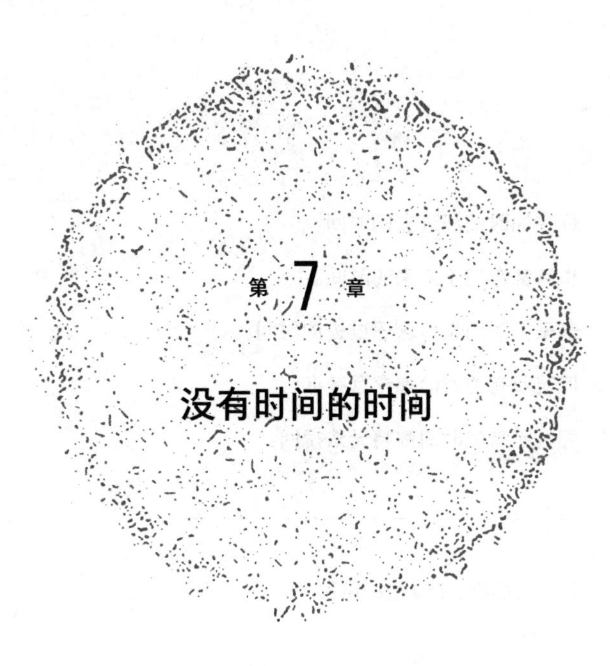

第7章 没有时间的时间

现在的时间和过去的时间

也许都存在于未来的时间。

未来的时间又包含于过去的时间。

倘若所有的时间都永远存在，

那么所有的时间都将无法挽回。

T. S. 艾略特，《烧毁的诺顿》

在宇宙学领域发动一场达尔文式的革命，这很符合霍金的典型作风。这是大胆、富于冒险精神、受直觉驱动的物理学实践的典范，也是他后来大部分工作的标志性特征。

我们最早关于自上而下宇宙学的工作可以追溯到2002年。虽然事后看来，我们走的路是对的，但当时我们真的是举步维艰。即使在后期阶段，自上而下哲学的核心概念之一——时空叠加仍然难以把握。这些时空叠加在一起，是否构成了对埃弗里特统一波函数的巨大扩展，形成了一种量子版的多元宇宙，并延伸到弦景观的各个角落？但要是这样的话，宇宙的大波函数不是又变成了我们长期以来所寻求的，支撑所有物理理论的元定律吗？这不就再次将观测者降级为一个选择后的效应了吗？

吉姆·哈特尔曾把我们早期自上而下的想法称为“想法的想法”，也就是说，这些见解可能深刻而重要，但需要栖身于适当的物理理论中才能结出硕果。因此，我们开始寻找更坚实的基础。

灵感来得令人猝不及防。差不多在那个时候，物理学的第二次革命正在兴起。这场革命是弦论学家们在办公室的桌子和黑板上酝酿出来的，他们在对假想的宇宙进行（思想）实验时，发现这些宇宙具有奇怪的全息性质。

我第一次听到全息革命席卷理论物理学的消息是在1998年1月。作为一名研究生一年级的学生，我正在DAMTP学习高等数学课程，这些课程用剑桥的行话来说叫作“第三部分”。那个时候恰逢春季学期开始，教员们举办了一系列特别的学术研讨会，主题是一项重要的新进展，有人告诉我们，有传言称这一进展将“改变一切”。

这听起来很令人兴奋，所以在第一场演讲的时候，我决定溜进研讨室里听听。在剑桥市中心银街的旧DAMTP大楼里，演讲室里光线昏暗，窗户一如所料是雾蒙蒙的，一块大黑板从前面墙壁的一端延伸到另一端。房间里挤满了近百名理论物理学家，气氛嘈杂而随意。一些人沉浸在激烈的讨论中，另一些人疯狂地涂画着方程式，还有一些人显得颇为轻松，正喝着茶。

我正在找一个可以让我清晰听到所有演讲内容的位置，这时我的眼睛扫到了当天的演讲者身上。我之前就见过他——史蒂芬，他坐在轮椅上，这在剑桥是一番熟悉的景象。但在他的科学总部里，我见到他的第一眼，就为我揭示了他人格上的一个全新维度。尽管史蒂芬几乎一动不动，但他仍充满活力。他很明显深受同龄人的喜爱，在他的引力小组中位于中心地位。他面带微笑，以各种我无法理解的微妙方式与周围的人互动。整个场景散发出一种亲密和纯粹喜悦的气息。我觉得自己好像闯入了一个大家庭聚会。大屏幕上显示着标题：我们所知道的时空的终结。

史蒂芬操纵着他的轮椅，他的左手握着椅子扶手上的一个转向杆，眼睛向上再微微向右，试图让他的位置更向上，能看到观众，眼睛向上再稍微向左移动一下，这样也能看到投影仪屏幕。史蒂芬终于调到了自己满意的位置后，加里·吉本斯站起来告诉观众，史蒂芬将发表他们这一特别系列的第一场演讲，于是房间里鸦雀无声。史蒂芬右手拿着点击器，开始执行一系列操作，把他事先准备好的一份文本打在固定于轮椅之上的屏幕上。然后他停顿了一下，抬头看了看我们，又回头看了看屏幕，然后又点击了一下。

“我一直对反德西特空间情有独钟，觉得它被不公正地忽视了。所以我很高兴它又流行起来了。”

史蒂芬将他的讲稿一句一句地发送到连接在椅子上的电脑语音系统中，让系统逐句阅读他的演讲稿。前排坐着一位助手，腿上放着打印出来的文本。他用投影仪放映了几张幻灯片，幻灯片上有史蒂芬在演讲中重点介绍的反德西特空间及其他空间形状的基本插图。有时史蒂芬会停下来与观众进行眼神交流，看看我们对他所得意的笑话有何反应，或者给听众时间来理解一句颇有争议的话。

我被深深地吸引住了，先是被史蒂芬的表演，再是被那个奇怪的反德西特空间，这东西太令人兴奋了。我完全不知道，仅仅一年后，史蒂芬就会指导我同他的学生哈维·雷亚尔一起，把我们可见的宇宙想象成一个在五维反德西特空间中游走的四维膜状全息图。我们一起写了《膜的新世界》。[1] 这篇短文的一个科普版本最终出现在了我们当时正在编辑的《果壳中的宇宙》一书中。史蒂芬将他的专业研究几乎同步地融入他的书中，这样的方式令人印象深刻，在精确科学领域，这样的做法十分罕见。[2]

事实上，宇宙可能像一张全息图的这一想法由来已久。你可能还记得柏拉图关于洞穴的比喻，柏拉图将我们对世界的看法比作被关在洞穴里的囚犯看着阴影蜿蜒划过墙壁。柏拉图认为，我们的外部世界只是一个具有完美数学形式、更加高级的真实世界投射的光影，而这一真实世界独立于我们而存在。今天，物理学的全息革命正在以全新的角度理解柏拉图的愿景。最新的全息学认为，我们所经历的 4 个维度实际上都是隐藏着的真实世界在时空薄片上的表现。全息思想假设我们对真实世界有着另一种描述，这是一种完全不同的看待世界的方式，引力和弯曲时空以某种方式从中投射出来。此外，它认为，这个由量子粒子和场组成的三维影子世界可能最终会把整个故事呈现出来。21 世纪的全息物理学雄心勃勃地断言，只要我们能够解码隐藏的全息图，我们就会理解物理现实的最深层本质。

全息学在理论上的发现是 20 世纪末物理学中最重要、影响最深远的发现之一。这也对史蒂芬的思想产生了直接的影响，使他更深入地研究弦论。尽管物理学家们就全息图究竟位于何处或由什么组成仍然没能达成一致，但全息图所揭示的新前景已经使理论物理学领域的面貌焕然一新。几十年来，由弦论打头阵，理论物理学家一直在努力完成广义相对论和量子理论的统一。全息学的发现做到了这一点。它表明，引力和量子理论不一定势同水火，也可以像是阴阳两极，对同一物理现实的描述截然不同，但互为补充。

虽然全息学的发明并不是出于描述真实宇宙的目的，但在宇宙学的舞台上，它很可能最终会产生最激进的影响。全息学提供了一种途径，将自上而下的宇宙学建立在更坚实的基础上，这是我和史蒂芬一直在寻找的。我将在本章中讲述，它实际上使得我们需要一种成熟的自上而下方法去解锁大爆炸的谜团。

全息宇宙学的发展标志着我们旅程的第三阶段。2011 年秋天，在史蒂芬访问比利时期间，我们开始了第三阶段的工作，而这最终成就了一篇论文的诞生，并在他去世前不久发表。[3] 最重要的是，这是一次深入理论物理学前沿的旅程，它将风马牛不相及的领域——从量子信息到黑洞和宇宙学——联系在了一起，这种综合令人兴奋，它表明存在“没有时间的时间”。

全息学的最初迹象可以追溯到 20 世纪 70 年代初。那是黑洞研究的黄金时代，当时数学家和理论物理学家终于把这些密度极高的物体的基本属性给弄明白了。

霍金的亮眼发现标志着这一黄金时代的巅峰，即黑洞并不是完全黑的，而是会发出微弱的辐射。众所周知，起初，史蒂芬认为自己算错了。黑洞理应吞噬所有的物质和辐射，而不是将其喷出——这毕竟是黑洞公认的本质。真正让他相信自己算得没错，并且辐射真实存在的，是他发现该辐射具有热辐射，或曰黑体辐射（物理学术语，指一般的无反射物体在给定温度下所发出的辐射）的所有特征。例如，温度为 2.7 开尔文的宇宙微波背景辐射就是黑体辐射。它告诉我们，连整个可观测宇宙的行为都像一个普通的辐射体。

1900 年，普朗克对黑体辐射谱的理论推导标志着量子革命迎来了黎明。今天，每当普朗克谱在自然界中出现，物理学家都会将其视为背后存在量子过程的信号。霍金所考虑的这个过程正是如此。史蒂芬从半经典的角度观察黑洞，研究在经典、弯曲的黑洞几何结构中运动的物质的量子行为。令他惊讶的是，他发现，在视界表面，即相对论中的不归点[①]，附近的量子过程产生了微小的热辐射通量，从黑洞出发向四面八方流动。他接着计算了黑洞的温度，得出了图 52 中奖章上所示的公式。

---

① 在经典相对论中，无论任何物体，包括光，只要到达视界就无法回头，必定要被黑洞所吞噬。因此这里称视界为“不归点”。但这里所说的霍金辐射是个例外，这是个量子过程。——译者注

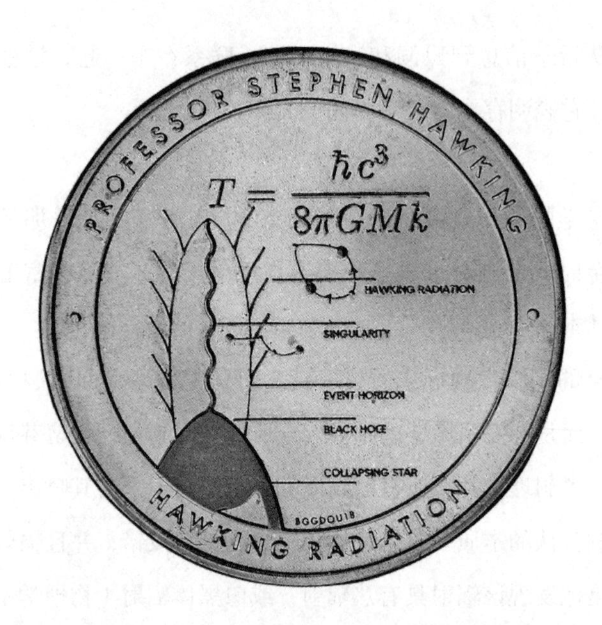

图 52　史蒂芬的黑洞温度公式。2018 年 6 月 15 日，他的骨灰安葬式在威斯敏斯特教堂举行，该公式和霍金辐射过程的图示一起被刻在纪念奖章上

在这个公式中，字母M代表黑洞的质量。其余的量都是自然界的基本常数：c是光速，G是牛顿引力常数，$\hbar$是普朗克量子常数，k是热力学（一门研究能量、热量和功的科学）中的玻尔兹曼常数。霍金公式的美妙之处在于，它将所有这些常数汇集在一个方程中。20 世纪物理学中其他著名的方程，如爱因斯坦方程或薛定谔方程，描述的是独立的物理领域，而与之不同的是，霍金的公式展现了不同领域之间的相互作用。通过将量子理论和广义相对论中的原理结合在一起，霍金在数学上冒了一点儿险，但得到了一个无论是相对论还是量子理论都无法提供的见解，那就是黑洞会辐射。惠勒曾在谈到霍金的公式时说，仅仅谈论起它，便令人感到“味甘如饴”。如今，黑洞温度方程被镌刻在威斯敏斯特教堂里史蒂芬的墓碑上，仿

佛这是他通往永生的门票。[①]

史蒂芬的这一发现犹如平地惊雷一般。1974 年 2 月，在牛津附近的卢瑟福–阿普尔顿实验室举行的一次量子引力会议上，他在一场令人震惊的演讲上公布了他的结果。他宣称，“黑洞是又白又热”，此语一出，四座皆惊。当然，确切地说，这是典型的霍金式夸张手法。对于由恒星残骸形成的黑洞，他的公式给出的黑洞温度值低于 0.000 000 1 开尔文，甚至比 2.7 开尔文这样极寒的CMB辐射还要冷得多。因此，我们不太可能观测到黑洞辐射。但这只是技术上的不便而已。仅从理论上讲，霍金辐射是革命性的，因为它颠覆了黑洞的经典形象——时空中空洞而无底的深渊，任何东西都无法逃离。

它颠覆黑洞这一形象的原因是，热辐射通常来源于物体内部成分的运动，这也是为什么温度通常与熵密切相关，熵是玻尔兹曼对系统中成分不影响系统宏观性质的微观排列种类数的度量。而熵又与信息密切相关，即宇宙中的每一个物质粒子和每一个传播力的粒子都隐含着一个是非题的答案。大致来说，较高的熵意味着可以在不改变系统整体宏观性质的情况下，在其微观细节中存储更多信息。现在，霍金可以从他的黑洞温度公式中立即导出黑洞所含熵的总量的表达式，如下：

$$S = \frac{kc^3 A}{4G\hbar}$$

---

① 在威斯敏斯特教堂，你能找到的公式并不只有这个。在教堂的中殿里，牛顿墓的附近，有一块纪念保罗 · 狄拉克的石碑。碑上刻着“狄拉克方程”，$i\gamma \cdot \partial\psi = m\psi$，它描述了电子的量子行为。有一次我和史蒂芬一起参观教堂，他忍不住说：“显然，上帝是一个纯粹的数学家。”

其实霍金并不是第一个提出黑洞具有熵的人。早在1972年，以色列裔美国物理学家雅各布·贝肯斯坦就提出了这一观点，认为黑洞拥有与其视界表面面积A成正比的熵。当时科学界几乎所有人都对贝肯斯坦的想法不屑一顾，史蒂芬就位列其首。他们认为，黑洞不会辐射，因此它们不可能有熵。而随着霍金辐射的发现，史蒂芬无意中证明了贝肯斯坦是对的。

贝肯斯坦和霍金的熵公式预言，黑洞有着巨大的信息存储能力。黑洞很可能是宇宙中最节省空间的存储设备。根据他们的公式，人马座A*是一个隐藏在银河系中心的具有400万太阳质量的巨大黑洞（其阴影于2022年春天被首次成像），其存储容量不少于10^{80}千兆字节。该公式还告诉我们，谷歌数据存储库中的所有数据都可以轻松放入一个比质子还小的黑洞中。（当然，这些信息一旦被放进去，就很难再用谷歌搜索得到了！）然而，尽管黑洞的熵可能很大，该公式也清楚地告诉我们，黑洞内的比特数是有限的。对上述熵方程最直接的解读是，存在着大量但数量有限的黑洞，它们从外部看起来是一样的，但内部结构却有所不同。

这蛮有意思的。根据经典广义相对论，黑洞是简洁的典范。相对论黑洞可以说是最“面无表情”的东西了。爱因斯坦理论认为，黑洞无论是由恒星、钻石还是反物质组成的都不重要，它最后只由两个数字完全表征：总质量和角动量。惠勒用“黑洞无毛”这句著名的格言总结了这种极致之简，它传达了这样一种观点，即黑洞似乎对自己的形成历史没有任何记忆。广义相对论中的黑洞就是一个终极垃圾桶，其内部有一个奇点，具有无限的容量，可以吸收并摧毁落入其中的一切信息。

但贝肯斯坦和霍金的半经典熵公式描绘了一幅截然不同的画面。它将黑洞描绘成自然界中最复杂的物体，与其经典形象完全相反。熵公式表明，爱因斯坦的广义相对论由于未考虑量子力学和不确定性原理，完全忽略了编码在黑洞内部微观结构中的数以千兆字节的大量信息。

话虽如此，但熵竟然随黑洞的表面积而非体积成比例增长，这一事实更令人想不通。人们熟知的所有系统的信息存储量都与其内部体积而非其边界面积相关联。例如，如果有人想估算图书馆里图书的信息量，那么他最好去统计书架上所有的书的数量，而不仅仅统计靠墙排列的书的数量。但黑洞似乎并非如此。为了计算黑洞的量子信息含量，熵公式让我们考虑视界表面积A，并假设它被一小格一小格的网格状图案覆盖，每个小格的侧边长为一个普朗克长度（见图 53）。一个普朗克长度——l_p，基本上就是长度的一个量子。它是距离这一概念有意义的最短长度尺度。若用上述自然常数表示的话，边长为单个普朗克长度的小格面积为$l_p^2 = G\hbar/c^3$，约为10^{-66} cm^2。熵公式以普朗克长度大小的方格子为单位来测量视界的表面积，预言黑洞的总信息含量是覆盖整个视界所需的格子数量除以 4。因此，熵方程得出的一个重要见解就是，视界上的每个普朗克格子都携带一比特信息。每一个这样的比特都有可能为一个与黑洞及其微观结构演化有关的是非题提供答案，而所有这些比特的集合就是关于黑洞的全部信息。

这是现代物理学中全息学的第一缕曙光：黑洞的存储容量不是由其内部体积决定的，而是由其视界表面的面积决定的。这就好像黑洞没有内部，只是一张全息图而已。

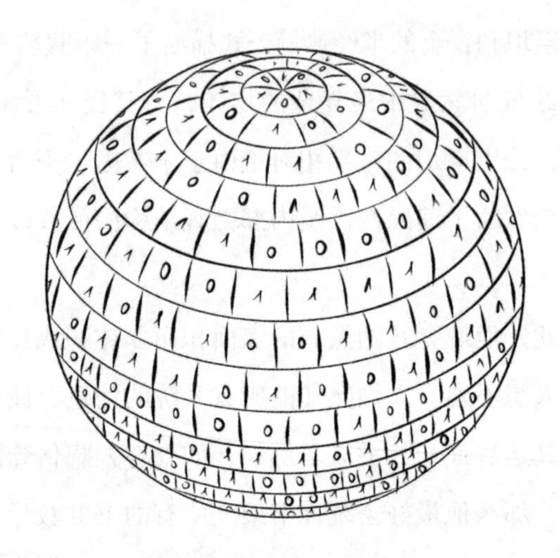

图 53　黑洞的熵等于覆盖其视界表面所需的普朗克长度大小的格子数除以 4。就好像每个这样的微小格子都存储着一个比特的信息，而它们的总和就是我们所能知道的关于黑洞的全部

* * *

我们该如何理解这一切？熵公式并没有告诉我们黑洞是如何储存这天文数字般的信息量的，甚至没有告诉我们它们的量子芯片是否真的被缝合在这捉摸不透的视界表面上。而熵也没有给出一个是非问题的列表，并指定说哪一题可能会由它所负责的信息比特来提供答案。它仅仅表明这些信息比特应该存在。

而如果我们思考当黑洞变老时，隐藏其中的信息可能怎么样，我们将会变得更加困惑。在那个温度公式里，黑洞的质量M在分母的位置上。因此，如果黑洞通过缓慢辐射能量和粒子而失去质量的话，那它的温度就会上升，发出更明亮的光，并以更快的速度失去质量。因此，尽管霍金辐射一开始速度比人们想象的要慢，但它是一个自我加强的过程，且最终会使黑洞消失。霍金注意到了这一点。[4]

“黑洞不是永恒的，”他写道，“它们会以越来越快的速度蒸发，直到在一场巨大的爆炸中消亡。”

但是，当黑洞辐射并最终蒸发时，存储在里面的大量信息又会遭遇什么样的命运？

似乎存在两种合理的情况。第一种情况是，信息将永远丢失。黑洞就是一块终极橡皮擦。考虑到黑洞的吞噬力，这似乎是一个自然的结果。但问题是，量子理论禁止这种情况的出现。量子理论的基本规则规定，任何系统的波函数演化都要保持信息量不变，始终如一。量子演化过程可以以你意想不到的办法处理信息，但它永远不会不可逆转地摧毁信息。这一性质与一个明确的要求有关，即无论发生什么，量子理论中所有概率加起来必须等于 1。信息的保留意味着，假设你烧毁一本百科全书，量子物理定律会预言，原则上你还可以从它的灰烬中检索到所有信息。同样，如果量子力学在黑洞的视界表面附近成立的话——我们没有明显的理由怀疑这一点——那么当黑洞最终消失时，每一条信息最终都必须能回收。

我们再考虑第二种情况。会不会所有的信息都会被加密在霍金辐射中并跑出来？由于蒸发过程需要极为漫长的时间，这似乎也不是不可信。更重要的是，这将与量子力学非常自洽。可惜，史蒂芬的计算结果并不是这样的。霍金辐射不会带走任何信息。当黑洞以霍金辐射的形式向外散发出部分质量时，这些辐射谱恨不得一点儿特征都没有。没有任何关于辐射的信息可以揭示黑洞的微观特征，或是其过去的历史。根据霍金的说法，一旦黑洞辐射出最后一盎司的质量并消失之后，剩下的就是一团随机的热辐射，我们哪怕从理论上都不可能知道这里是否曾经有过黑洞，更不用说甄别是哪个黑洞了。霍金宣称，蒸发黑洞与烧毁百科全书有着根本性的不同。

这是一个悖论。当黑洞蒸发时，信息似乎会丢失且不可挽回，但量子理论认为这是不可能的。物理学家们逐渐意识到，史蒂芬通过他巧妙的思想实验，发现了一个极其深刻且困难的问题，相对论和量子理论一旦碰头，这个问题就会出现。黑洞看起来像是一个把这两种理论完美融合的半经典产物[5]，在其基础上，史蒂芬阐明，将两种理论分隔开来的深渊其实比他或者其他人此前预想的要深得多，也宽得多。被锁在蒸发中的黑洞里的信息命运究竟如何，这一悖论成为20世纪末理论物理学中最令人烦恼的谜题，它困扰着不止一代，而是整整两代物理学家。在某种程度上，这是当代版的水星反常现象，后者就是19世纪发现的水星轨道进动，它挑战了牛顿理论。因此，黑洞信息悖论也成了寻找统一理论的灯塔。物理学家认为，如果他们能解开霍金的心结，了解到黑洞消失后隐藏的信息发生了什么，他们距离将相对论和量子理论结合成一个清晰的框架的目标就前进了一大步。

早年间，史蒂芬把赌注押在了第一种情况上，即信息丢失了，物理学遇到了严重的麻烦，量子理论必须修正。“可预测性在引力坍缩下的瓦解”，这是他首次阐述信息丢失之后果的论文标题。

诚然，一个质量跟太阳差不多的黑洞一直要到几千亿年后才会开始蒸发，届时微波背景辐射的温度已最终降至恒星黑洞的温度以下。而蒸发过程本身至少还需要 10^{60} 年，比目前的宇宙年龄要长得多。因此，除非热大爆炸已经产生了迷你黑洞，或者欧洲核子研究组织的大型强子对撞机有朝一日能够制造出这些黑洞，否则黑洞爆炸很可能在相当长的一段时间内都只能停留在理论思想实验中。

但史蒂芬的结论是原则性的。如果黑洞破坏了信息，那么它们最终开始蒸发时，可以发射出任何种类的粒子束。这意味着，黑洞从恒星的引力坍缩到变成一团霍金辐射云的生命周期，将在通常量子力学概率性的基础之上，给物理学注入新的随机性和不可预测性。似乎一颗坍缩恒星波函数的一部分会消失在黑洞中，或者以某种方式泄漏到另一个宇宙中去。显然，这将危及物理学对我们宇宙的未来的预言能力，即使是我们在量子力学中所熟悉的“盖然性”意义上也是如此。如果说决定论——这个宇宙基于科学定律的盖然上的可预测性——在黑洞存在的情况下会瓦解的话，那我们又怎么能确保它在其他情况下不会瓦解呢？我们又怎么能确定我们自己的历史和我们的记忆是坚实可靠的呢？“过去告诉我们，我们是谁，”史蒂芬一针见血地指出，“没有过去，我们就失去了身份。”[6] 考虑到黑洞内信息丢失的深远后果，史蒂芬得出结论，物理学确实陷入了严重困境。

多年来，争论此起彼伏，却没有取得多大进展。从粒子物理学的角度研究这个问题的人认为量子理论是坚不可摧的，史蒂芬是错误的。然而，没有一个粒子物理学家能在史蒂芬的计算中发现错误。另一方面，大多数相对论学家敏锐地意识到了时空奇点十足的破坏力，他们站在史蒂芬一边，却也未能拿出令人信服的办法来拯救物理学。最终结果就是两大科研圈纠缠在一起，形成了一个激人奋进的科学环境。采用不同工具和方法的粒子物理学家和相对论学家开始相互学习，团结起来，一起寻找隐藏在那些使黑洞发光的微弱光子中的更深层的真相。

然而 21 世纪初，物理学家们终于更好地掌握了黑洞的全息本质，黑洞悖论的僵局才由一系列全新的想法和思想实验打破。这些领悟源自所谓的弦论第二次革命。弦论在 20 世纪 90 年代末推动了多元宇宙学，并在物理学家们努力发展统一引力和其他所有力的量子理论的过程中发挥了核心作用（见第 5 章）。

在 1995 年度的世界弦论学家年会“Strings’95”上，普林斯顿大学高等研究院的杰出弦论学家爱德华·威滕的演讲打响了第二次弦论革命的第一枪。

必须说明的是，弦论在当时还并不很完善。往好了说，物理学家们对该理论的任何核心思想做出检验的希望似乎都很渺茫。在世界上最大的加速器上进行的最高能的粒子碰撞，直到今天为止都没有表现出存在卷曲的额外维度的迹象，可以使碰撞中释放的一些能量泄漏到其中。在超微小的普朗克尺度上，引力的量子性质必然会变得很重要，但那似乎完全遥不可及，因为你需要像太阳系一样大的粒子加速器才能探测到这么小的尺度。此外，该理论尽管有着发展多年、极富创新性的数学神器，但也未能阐明引力在黑洞内部和大爆炸时期的量子性质（在这两种情况下，引力的量子性质显著到无法忽略）。更糟糕的是，弦论学家已经意识到，弦论不止一种，而是有 5 种不同的变体，它们都声称自己是自然界“唯一”的统一理论。在这 5 种变体之外，又出现了第 6 种“异端”理论，被称为超引力，这是爱因斯坦相对论的延伸，内含物质、超对称，以及膜状而非弦状的物体。事实上，剑桥作为研究超引力的大户，在这一时期已经被贴上了一些“反弦论”的标签。

威滕在 Strings’95 上的演讲标题是“关于弦动力学的若干评论”。虽然标题并没有明示他即将打破这一僵局，但他确实做到了。在这场将会载入物理学史册的传奇演讲中，威滕勾勒出了一个关于弦论的全新视角。他说明，5 种弦理论以及剑走偏锋的超引力理论并不是 6 个独立的理论，而仅仅是一个数学体系的不同侧面。威滕结合了一系列新见解，识别出了一个复杂的数学关系网络，该网络可以让各种弦论相互转化，或转化为超引力，于是一个将它们相互连接的网络状实体便建立了起来（见图 54）。他将这种网络称为 M 理论。尽管 M 理论本身可能没有明确的结构——有人声称 M 代表着魔法（Magic）或神秘（Mystery）——但它有着惊人的变形能力，有点儿像博格特①。通过这种能力，它就能随着每个人视角的不同变成这 6 种理论之一的形式。M 理论所揭示的这种更深层次的和谐一致足以引发第二次弦论革命。M 理论使理论学家意识到，他们建立统一理论的 6 种不同方法在量子引力领域里并不相互冲突，而是相辅相成，相得益彰。[7]

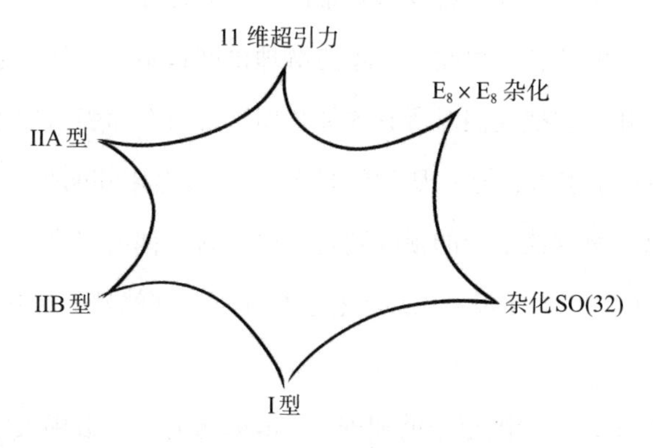

图 54　一张数学关系网将 5 种弦理论及超引力理论联系在一起，暗示着一个更深层次的统一故事

① 《哈利·波特》系列中一种可以变形的魔法生物。——译者注

物理学家称这种能让看似不同的理论相互转化的数学关系为对偶。两个对偶理论在某种程度上是等价的，它们用不同的数学语言描述了同一种物理情况。一个简单的例子是量子力学中的波粒二象性对偶，它在理论的早期引起了很大的混乱。

对偶是强大的计算法宝，它为给定的物理系统提供了互补视角，可以解锁对这些系统的新见解。M理论的对偶性尤其强大，因为它经常能将一种弦论中令人望而却步的分析转化为其对偶理论中一个直截了当的问题。在第二次弦论革命之前，物理学家不得不依靠近似方法来分析每一种弦论。这将它们的适用范围限制在了半经典情况下，也就是说只能有相对较少的弦在弯曲得并不厉害的经典背景空间中振动。所以黑洞中迷人的量子性质仍然超出了他们的分析范围，更不用说大爆炸了，统一大业仍然陷入僵局。第二次弦论革命戏剧性地改变了这一切。从那以后，每当一种弦论变得棘手时，人们就会求助于对偶性，将复杂到难以进行的计算重组为另一种弦论中完全可行的计算。因此，威滕的M理论网远不只是构成它的这些理论的总和。它把我们对所有 5 种弦理论以及对超引力的理解融合起来，在量子引力和统一理论中开辟了一个完全未知的领域。

而第二次弦论革命的顶峰则是一种全新对偶的发现，这种对偶是如此奇怪，以至于没有人想到它会存在——这就是全息对偶。

1997 年，生于阿根廷的胡安·马尔达塞纳还是哈佛大学一名年轻的助理教授。他发现了一个最有趣的对偶性，它所联系的既不是两种弦论，也不是两种粒子理论，而是一个含引力的弦论和一个不含引力的粒子理论。更重要的是，马尔达塞纳这种对偶的双方还是在不同的维度上：粒子理论就像引力理论的一张全息图。

马尔达塞纳通过在一个特定的假想环境中思考弦论和超引力，揭示了这种奇怪的对偶性。[8] 马尔达塞纳对偶的引力一边涉及广义相对论，以及形如反德西特空间（简称AdS空间）的宇宙中的超引力。顾名思义，AdS空间就是与德西特空间正相反的空间。德西特空间是荷兰天文学家威廉·德西特在1917年发现的爱因斯坦方程的解，它描述了一个充满正宇宙学常数（$\lambda > 0$）的指数膨胀宇宙。反德西特空间的宇宙学常数是负的（$\lambda < 0$），且不膨胀。它有点儿类似于桌上水晶球——一个被无法穿透的表面包围的球体——的内部。

马尔达塞纳对偶的另一边涉及粒子的量子理论，很像标准模型。这些理论属于量子场论（简称QFT），因为它们将粒子和力描述成弥散场的局部激发态。马尔达塞纳对偶中的QFT类似于量子色动力学，即标准模型中描述强核力的那部分。

这种对偶之所以有着令人惊讶的全息性质，是因为粒子这边的量子场不会渗透到AdS水晶球世界的内部，但可以被认为是围绕在其周围的边界表面。因此，QFT显然就是在一个少一维的时空中运作。如果AdS空间有4个时空维度，那么QFT就存在于3个维度中。它没有AdS那样向内的纵深，即垂直于其边界表面的弯曲维度。QFT也不含引力。在AdS空间的边界上，没有引力波，没有黑洞，甚至没有任何像引力的东西。引力在粒子的QFT中不存在。

至少我们是这么想的。马尔达塞纳大胆宣言的关键在于，这两种理论无论看起来多么不同，实际上都是彼此的伪装版本。马尔达塞纳认为，AdS中的（超）引力理论和边界上的QFT在某种意义上是等价的。这就是全息的力量！因为这意味着，人们想知道的一切关于四维AdS宇宙中弦和引力的东西，都可以编码在完全位于其三维边界面上的普通粒子和场的量子相互作用中。表面世界就是一种全息图，作为内部AdS世界的一张蓝图，它包含了所有信息，但在表观上与内部空间的信息有着显著差异。这就好像你通过仔细分析一个橙子的外皮，就可以了解它内部的一切一样。

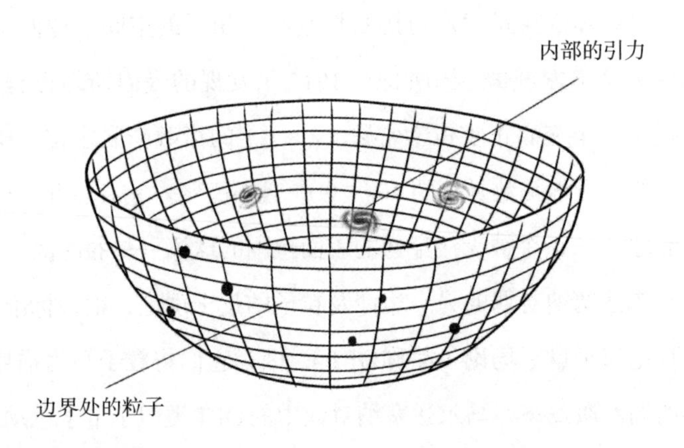

图55　全息关系将弯曲时空内部的弦论和引力，与该时空边界上的某些不含引力的粒子和场的量子理论等同起来

全息对偶最具野心的形式表明，量子场和粒子构成的边界完全指定了AdS内部引力和物质的行为，而不仅仅是后者的经典或半经典近似。更令人兴奋的是，马尔达塞纳对偶中出现的粒子理论就是人们最熟知的量子场论之一，粒子物理学家们自20世纪中叶以来就对其进行了深入研究。因此，全息学中最具野心的形式为引力和物质的完备量子理论提供了一个可行的例子。

这一突破完全改变了局面。几十年来，物理学家们一直在努力试图将广义相对论和量子理论结合起来。自从马尔达塞纳顿悟以来，这两种看似矛盾的理论便一直在共生中运作。全息对偶揭示了相对论和量子理论并不是死对头，而只是从不同视角看待同一物理现实的结果，可以彼此替代。全息学称，物理系统可以同时既是引力系统，又是量子系统，尽管二者的维度不同。这就是马尔达塞纳的对偶性所带来的视角上的惊人变化。

全息对偶性中双方之间的关系具有这样一种性质，即当一方的计算非常简单时，另一方的情况往往会非常复杂，这与M理论中的其他对偶性一致。例如，当引力较弱，AdS宇宙只是轻微地弯曲时，其边界所描述的各成分之间的量子相互作用就会极其强烈，以至于其量子场论变得完全难以处理，甚至连单个粒子的概念都不再有多大意义。

这种性质使得全息对偶很难被证明，但它也非常强大。因为这意味着物理学家可以利用爱因斯坦的引力理论及其超引力扩展来了解粒子在量子世界中的新现象，反之亦然。多年来，全息术已经成为一个名副其实的数学实验室，理论学家在这里进行了极为巧妙的思想实验，以更好地理解大自然迷人的全息基础，并获得一些直觉。如今，全息物理学已经远远超越了其M理论起源，它拥有一个丰富的关系网络，将我们过去认为风马牛不相及的物理学分支相互连接起来，从广义相对论、凝聚态物理学和核物理学到量子信息，甚至天体物理学。

不过还是让我们再回到黑洞的话题吧。如果全息学能被当作一个完整的量子引力理论，哪怕是在AdS背景下的话，那么它一定就能解决史蒂芬那出了名难搞的黑洞信息悖论吗？

嗯，这还真不好说。原因是，马尔达塞纳的表面表述是以一种高度混乱且极难识别的方式来编码内部的AdS世界的。这倒也不奇怪，哪怕是普通的光学全息图，也与它所编码的三维场景相去甚远。普通二维全息图的表面包含着看似随机的线条和涂鸦。需要复杂的操作，通常是通过用激光照射到表面上的方式，才可以将这些线条和涂鸦转换成三维场景。

同理，从全息的表面表述中破译AdS空间内发生的事情，也需要复杂的数学操作。遗憾的是，全息学并没有自带一本数学词典，让我们可以查到这两边是如何相互转化的。理论学家不得不一点一点地开发这本词典，来解码这张全息图，从而见识全息对偶的巨大威力。

你在AdS–QFT词典中想要寻找的第一个词条，或许就是关于对偶性可以说是最奇怪的性质：消失的维度。被囚禁在表面的粒子和场是怎样捕捉到AdS内部深处所发生的一切的？关于AdS宇宙中一切事物的每一条信息，都必然会以某种方式编码在QFT中，否则对偶就不能成为对偶了。那么，量子场论又是如何“吸收掉”这一整个维度的呢？

与此相关的AdS的关键特性是，垂直于边界表面向内的这一维是高度弯曲的。反德西特空间中的“反”是指AdS空间具有负曲率，这意味着其中三角形的内角和小于180度。（在地球表面这样曲率为正的曲面上或在德西特空间中，三角形的内角和则略大于180度。）负曲率意味着把AdS投影在平面上会产生反墨卡托效应：边界附近的区域会看起来过小（而不像地球表面的墨卡托图上那样看起来过大）。把纵贯AdS内部几何的二维空间切面投影到平面上，看起来很像《圆极限IV》，这是M. C. 埃舍尔著名的木刻圆盘，上面是无穷重复的天使和魔鬼的图案（见图56）。在真正的负曲率AdS空间中，所有的天使和恶魔大小都相同。但在埃舍尔的平面化投影中，图案越来越小并堆积在圆形边界附近，在边缘处无限分形，并逐渐消失。

图56　M. C. 埃舍尔的《圆极限IV》

现在，如果你想象将埃舍尔木刻中的一个天使（或魔鬼）投影到这个圆盘的圆形边界上，比如投成一段线段式的阴影，那么位于边缘附近的天使对应的这条线将比位于内部深处的同一个天使对应的线短得多。这正是全息学的工作原理：马尔达塞纳的对偶性将AdS中的“向内的深度”转化为边界上的“尺寸大小”。因此，AdS–QFT词典中的第一个条目就写道，边界上的收缩和增长分别对应于在弯曲的AdS宇宙中沿垂直于边界的方向接近或远离边缘的移动。

事实上，在量子场论中，把事物放大或缩小就像让它在另一个维度上移动，这样的想法由来已久。在粒子物理学中，尺寸与能量密切相关。粒子物理学家追求更大的加速器，其原因就是通过提高粒子碰撞的能量，人们得以在更小的距离上探测大自然，就像买了一台更好的显微镜一样。而至关重要的一点是，给定一种量子场论，它所描述的粒子激发和力相互作用取决于人们所考虑的距离分辨率。

在低能量或大尺度下，某一量子场论中的粒子含义可能与高能量下同一理论中粒子和力的含义大相径庭。因此，量子场论中的“尺寸”，也可以等价地说是“能量”这个基本量，存储了额外的信息。20世纪中叶，物理学家发展了一套数学体系，来精确规定某一给定的量子场论的性质如何随着人们使用的能标的变化而变化。马尔达塞纳的对偶巧妙地利用了这一特性。AdS–QFT词典将量子场论中抽象的“能量维度”转换为引力这一边的“弯曲空间的维度”。

那么，AdS–QFT词典中的“黑洞”词条又如何呢？这一词条无疑是非常令人着迷的。

马尔达塞纳发表论文还没过几个月，威滕就把一个黑洞安放在AdS内部，然后转向了它的边界理论，观察了它的全息图。由于边界中不含引力——至少不是我们熟知意义上的引力——我们不应期望黑洞的全息图与爱因斯坦相对论中那个无底的时空深渊有任何相似之处。而事实也确实如此。当威滕研究黑洞的对偶表述时，他只发现了一团热粒子。全息学似乎将宇宙中最神秘的物体变成了相当普通的东西。人们已经证明，黑洞的生命周期很难用引力的语言来理解，而它的全息版故事读起来却像是由热夸克和胶子组成的等离子体加热再冷却的过程。这一过程和实验物理学家们每天在实验室里用重核互撞创造东西一样，并不少见。此外，边界表面上这一热夸克汤的热力学熵等于AdS内部黑洞的熵，这显然是对全息对偶性的一个重要检验。事实上，黑洞熵随着视界表面积增长这一数学现象，从全息的角度来看就不再令人感到奇怪了，因为视界表面和夸克汤所处空间的维数相同。

威滕几乎是事后才想起来，黑洞形成和蒸发的表面表述似乎与量子理论一致，这仿佛是给“黑洞”这一词条加的一条脚注。全息对偶性看起来确实解决了霍金的悖论。原因是，构成黑洞对偶表述的那些相当普通的粒子团具有波函数，这些波函数依照普通的、不含引力的量子规则，以平稳、信息守恒的方式演化。虽然热夸克的量子动力学可能会扰乱及转移信息，但我们确信它不会破坏信息，因为在量子场论中，这个选项根本就不存在。那么，根据对偶性的逻辑，在AdS宇宙中蒸发着的黑洞内部的所有信息最终都必须泄漏出来，并以散发霍金辐射的形式收场。

你现在可能会认为，马尔达塞纳和威滕的发现让史蒂芬迅速改变了他对黑洞内部信息命运的看法。但事实并非如此。

为什么呢？因为威滕的论述并没有完全完成AdS–QFT词典中的信息悖论这一条目。基于对偶性，威滕正式推断出，坍缩恒星内部的所有基本信息最终都会存活下来。这并不能解释信息最终是如何进入霍金辐射中的。对偶性只是说它通过某种方式确实进去了。如果在1998年年底，有一位大胆无畏的宇航员给普林斯顿大学打电话来核实自己是否能走出黑洞，那边的理论学家就会说："当然可以，只是你会感到非常难受。"但如果宇航员一定要问他们怎样才能走出来，威滕及其同事就不得不承认他们一无所知了。在引力上如何描述从一个蒸发着的古老黑洞中逃出生天的过程，这在全息物理学的早期一直是个不解的谜团。马尔达塞纳漂亮的对偶性成功地消除了量子理论和黑洞之间所有形式上的矛盾，但它也难以说明史蒂芬最初基于引力的计算到底哪里出了问题。史蒂芬则坚持以自己的方式解决这个悖论：用引力和几何的语言描述逃生路线，而非盲目相信对偶性这一魔法。这是可以理解的，并且也值得赞赏。

又过了6年，史蒂芬终于明白过来，并公开宣称黑洞的存在并没有破坏量子力学。他的做法颇有些戏剧性。他选定在 2004 年 7 月都柏林举行的第 17 届广义相对论和引力国际会议上公布该结果，而正是在1965年的同系列会议上，他首次提出了他的大爆炸奇点定理。史蒂芬给会议召集人发了一封电子邮件，要求他们给自己安排一个演讲，因为“他已经解决了黑洞信息悖论”，而他们不仅给他安排了一个演讲，还把演讲安排在了皇家都柏林协会的主音乐厅里。这本该是一场科学性质的讲座，但没多久，这场讲座的媒体通行证就供不应求了。

和往常一样，这次会议是霍金门派的学生和前学生们叙旧的机会。在史蒂芬演讲的前一天晚上，我们到都柏林的圣殿酒吧去喝酒。史蒂芬享受着这难得的悠闲时光，调大了语音合成器的音量。“我要‘出柜’了。”他笑着宣布。确实，第二天，霍金在挤满了物理学家和记者的大厅里告诉众人，黑洞并不是他曾经认为的无底洞，它们在发出辐射以至消失时，释放出了所有关于它们过去的信息。在演讲后的新闻发布会上，史蒂芬向善于辩论的加州理工学院物理学家约翰·普雷斯基尔交付了赌注。早在 1997 年，普雷斯基尔曾与史蒂芬和基普·索恩打赌，说所有信息最终都会从蒸发的黑洞中泄露出来。赌约规定，“失败者将奖励获胜者一本百科全书（所有信息最终都可以从这本书里检索出来），百科全书的主题由获胜者选择”。史蒂芬赠送给约翰一本《全面棒球：终极棒球百科全书》，但他特别提到，他恐怕应该把书烧成灰再送给普雷斯基尔。普雷斯基尔兴高采烈地把百科全书举过头顶，仿佛他刚刚赢得了世界职业棒球系列赛的冠军一样。闪光灯纷纷弹出，拍下的其中一张照片登上了《时代》杂志。

然而史蒂芬在都柏林的表现则显得有些尴尬。当然，我们早就习惯了这样一个事实，即他对黑洞的每一个想法都在公共舞台上获得了自己的生命。史蒂芬非常善于与世界各地的听众们交流——他从小就与流行文化很合拍，现在已经成为我们这个时代科学界伟大的发声者之一，激励着全世界范围内数以百万计的人。但他在都柏林的表现是一个罕见的情况，史蒂芬的公众形象和正确的科学实践之间的界限变得模糊。因为尽管媒体大肆宣传了史蒂芬在黑洞问题上的 180 度大转弯，但无论是他在都柏林的演讲，还是随后发表的关于这一主题的论文，都没有给出太大的进展，更不用说解决问题了。出席会议的大多数弦论学家在 6 年前就得出结论，黑洞不会破坏信息，他们觉得史蒂芬早就该发表演讲以示妥协了。另一方面，相对论学家们也并没有因为史蒂芬深奥的演讲而动摇，倒是觉得他过早地改变了主意。这其中包括基普·索恩，在都柏林，他拒绝认输，我认为他从来都没有认输过。

史蒂芬一直在与一个勇敢的法国人——克里斯托弗·加尔法一起，不断尝试着解决黑洞信息悖论的新方法。加尔法是他当时的学生，在那个“黑洞年”，他有幸（或者说不幸）走进了史蒂芬的办公室。克里斯托弗也意识到，他们的计算并不像预期的那样干净利落，而是指向了更深层次的问题。那么，为什么史蒂芬要在都柏林的讲台上宣布黑洞中的信息没有丢失呢？是什么让他觉得，尽管没有确凿的证据，但主要证据还是偏向了信息守恒？我认为他关注到了全息学中的一个含混晦涩、未被重视的元素，他认为这是解决悖论的关键，那就是：存在着不止一个“内部”。

你会看到，表面全息图不仅编码了一个向内弯曲的几何，还编码了不同形状时空的混合。[9] 也就是说，全息对偶性显然建立在一种激进的引力量子思想之上，就像我在前一章提到的费曼的量子思想一样，这对解开宇宙学信息悖论至关重要。全息学强化了这些想法，并预言在某种程度上，引力所涉及的不是一个时空几何，而是几个时空几何的叠加。这就鼓励我们将AdS内部视为一个波函数，而不是一个单一的时空。

“当我们用施瓦西几何来描述黑洞时，我们就会遇到信息丢失问题。”史蒂芬在都柏林告诉他的听众。[10]他又继续说道：“然而，在另一个几何结构中，同样状态的信息被保存了下来。之所以出现这种混乱和悖论，是因为我们从经典的角度，从单一目标时空的角度进行思考。但对几何结构进行费曼求和，就可使其同时拥有两种几何结构。”

这就是霍金新的自上而下的想法。

在对霍金辐射最初的推导中，自下而上的霍金（非常合理地）假设，任何逸出的辐射都曾在黑洞的时空中移动，而这一时空就是施瓦西在1916年发现的弯曲几何结构。这样的假设理所当然地排除了一种全新的空间形态将会在后来起作用的可能性。30年过去，史蒂芬认为这种推理有点儿过于经典化了。他现在宣称，当黑洞变老时，关于黑洞及其历史的大部分信息不再存储在原始的黑洞几何结构中，而是存储在一个完全不同的时空中，这是件相当令人惊讶的事。因此，新的自上而下的史蒂芬承认——也许很不情愿——年轻的他甚至在开始计算之前就弄错了，当时他认为时空是一个给定的、不变的东西。

自上而下的史蒂芬直觉认为还有另一种几何参与其中，这在事后看来是正确的。最终证明，从内部几何的总和而不是单个几何的角度进行适当的量子思考，是我们开始解开黑洞悖论的关键。关于他的都柏林演讲的争议在于，史蒂芬并没有敲定，一个年老的黑洞可能把它的过去储存在什么样的弯曲几何形状中。他其实是在（错误地）暗示，认为一开始就没有黑洞的可能性已足以解决这个悖论了。

理论学家们还需要在马尔达塞纳的全息实验室做更多的工作，探索更多的死胡同，最后才能辨识出信息从一个年老黑洞逃逸出来的路线。事实上，在史蒂芬去世后的几年里，沉浸在全息学中的新一代黑洞物理学家已经意识到，这也许与虫洞有关。虫洞是一种奇异的空间形状，有点儿像一个手柄，它充当着几何上的桥梁，连接时空中遥远的地点或时间。图 57 展示了惠勒在 1955 年绘制的第一幅虫洞图，当时他称之为“多重连通空间”。2019 年，在斯坦福大学工作的杰夫·佩宁顿，以及普林斯顿–圣巴巴拉弦论四人组：艾哈迈德·阿尔梅里、内塔·恩格尔哈特、唐纳德·马罗尔夫和亨利·马克斯菲尔德，分别发现了惊人的证据，证明黑洞在蒸发过程的中间可能会进行一次变化莫测的重新组合。[11] 他们的计算表明，辐射粒

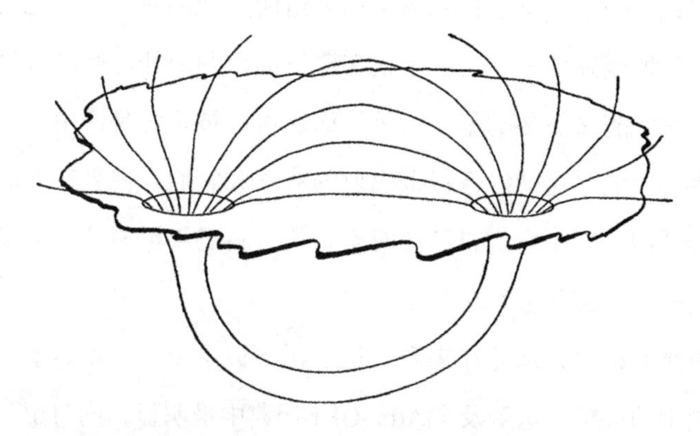

图 57　虫洞的第一幅示意图，由约翰·惠勒绘制，他于 1957 年创造了这个术语，用来描述时空几何中连接两个遥远点的隧道。近年来，理论学家们提出，虫洞可能可以提供信息从一个正在蒸发的老年黑洞中逃逸出来的通道

子缓慢但平稳的积累最终可在费曼叠加中激活潜在的虫洞几何结构，在潜在的视界区域内创造出某种几何隧道，为内部信息的逃逸提供通道。[12]

他们认为，远处的辐射是利用量子纠缠这种微妙的量子现象，来实现这一非凡之举的。前面说过，霍金辐射源于黑洞视界附近的场的量子起伏，这些起伏会产生粒子-反粒子对。每当反粒子落入黑洞时，它的伙伴粒子都可以逃到遥远的宇宙中，并表现为黑洞散发出的霍金辐射。然而，尽管粒子对和反粒子对相距甚远，但它们之间仍保持着量子力学联系。用物理学家的话说，它们仍然是“纠缠的”。纠缠的意思是说，如果你只测量一个粒子自己发射出的辐射，它看起来像是随机的热辐射。但如果我们能够把一对纠缠粒子联合起来考虑，就会发现它们确实包含信息，这些信息编码在它们的精细关联性中，后者将它们各自的性质相互联结起来。这就像用密码加密数据一样。没有密码，这些数据就什么也不是，密码（如果你选择了一个好的密码的话）本身也没有任何意义，但它们结合在一起就解锁了信息。佩宁顿和弦论四人组所发现的——以及之后许多理论学家所阐述的——是一个正在蒸发的黑洞内外之间经过亿万年时间积累了越来越多的量子纠缠，而这可以被认为是产生了一个横跨视界的虫洞。这就好像霍金辐射的粒子和它们在视界后面的反粒子伙伴共同缝合了它们自己的时空桥梁，将老年黑洞从一个隐藏的王国变成了一条直通车道。

更重要的是，从总体来看，量子纠缠似乎成了马尔达塞纳全息图机制中的关键。这触及了AdS–QFT词典中最明显，同时也是最深刻的条目：引力和弯曲时空是演生出来的现象。多年的研究表明，为了让黑洞表面的全息图编码弯曲的内部几何结构，仅靠一个含有大量粒子样成分的边界面是远远不够的。只有在量子纠缠将大量的边界成分相互连接的情况下，弯曲的内部结构才会显现出来。量子纠缠似乎是全息物理学的中心引擎，能够产生引力和弯曲时空，这相当引人注目。量子纠缠之于马尔达塞纳全息图，正如激光之于普通光学全息图一样。

这是一个惊人的见解。爱因斯坦证明了引力是时空弯曲的表现，而全息学则更进一步，假设弯曲时空是由量子纠缠编织而成的。正如热力学第二定律源于大量经典粒子的统计行为，或者声波源于物质分子的同步振荡一样，全息对偶暗示了这样一种观点：爱因斯坦的广义相对论源于在更低维度边界面上移动的无数量子粒子的集体纠缠。AdS空间内部相邻的区域对应于边界面上高度纠缠的组分，而内部距离较远的部分则对应于边界上纠缠程度较低的组分。如果表面构型遵循有序纠缠的模式，就会出现一个几乎空无一物的内部。如果表面系统处于混沌状态，其所有组成部分都相互纠缠，则内部就会包含一个黑洞。如果我们对纠缠着的量子比特进行非常复杂的量子操作，以期阅读黑洞历史的话，我们就会发现内部令人困惑的虫洞几何结构。

在这一切中存在着一个明显的自上而下的因素。用前一章的语言，我们可以说边界上纠缠着的量子比特起到了观测的作用。在自上而下的宇宙学中，观测数据从无数种可能的过去形成的海洋中选择了一个过去。全息学以类似的方式预言，球形边界面上的纠缠模式决定了内部维度的形状。因此，全息学和自上而下的宇宙学都揭示了物理学中事物对通常顺序的惊人逆转：在某些边界面上，弯曲时空出现在那个“提出的问题”之后。

最近有几场“实验室中的量子引力”系列会议，在会上，引力理论学家和量子实验学家讨论如何建立由陷俘原子或离子组成的强纠缠量子系统，来模拟黑洞的某些性质。通过对这些系统进行实验，人们希望更多地了解是什么样的纠缠模式支撑着弯曲时空，以及当把这些几何结构结合在一起的量子纠缠解体时，时空几何会怎么样。这些确实都是非常令人兴奋的进展。在 20 世纪 90 年代中期，全息革命的黎明之时，谁又能想到，量子实验学家会在 21 世纪 20 年代的弦论会议上发表关于黑洞玩具模型的主题演讲呢？

遗憾的是，史蒂芬没能活到欣赏这些亮眼的新见解的这一天。若是看到虫洞成为蒸发黑洞中难以捉摸的逃生通道，他肯定会兴奋不已。他会想出怎样的一句简洁精妙的评论，只能靠我们猜想了。我相信，如果他能看到我们对黑洞的理解和对早期宇宙的理解之间存在着另一个层面的联系，他也会同样兴奋，毕竟这两个主题一直是他研究工作的动力之源。在他的整个研究生涯中，从彭罗斯的黑洞奇点定理到他自己发现的霍金辐射，关于黑洞的种种见解就经常为他随后的宇宙学工作提供信息。我们在 2002 年开始发展的宇宙学见解，如自上而下的方法等，激发了他在 2004 年对黑洞的研究，而全息的出现使这两条主线之间的联系变得更加紧密。

不过，对于黑洞量子理论的这些最新进展，一些弦论学家却感到摸不着头脑。他们一直希望，黑洞信息悖论的解决方案不是霍金那些古怪的半经典几何组合，而是另一种完全不同的东西。而事实情况相反，现在看来，我们应该认真对待霍金的几何叠加，并且，如果得到我们足够认真的对待，这种对量子引力的思考方式将会超出所有人的期望（当然，霍金除外，他的期望一直都很高）。尽管我们还需要学习很多东西，才能通过阅读黑洞的灰烬——霍金辐射——来讲述黑洞的历史，但许多理论学家现在认为，真正的悖论是不存在的。此外，我认为，这种发展本身就是弦论学家所期待的“完全不同的东西”。从单一时空转变到多个演生的时空，这具有真正的基础性意义。

首先，这种转变标志着基础物理学中旧的还原论梦想的终结。还原论是一种非常成功的观点，在科学中，它的解释箭头总是指向下方，指向复杂性较低的层次。它认为，从物理学到化学再到生物学，在科学的多重塔中，高层次的现象原则上总可以用低层次的现象来解释。还原论并不意味着我们总是需要低层次的解释，也不意味着这种解释总是有用的，甚至不意味这种解释在实践中可以实现。在复杂程度更高的层次上出现新现象和新“规律”，与它也并不冲突。还原论的意思只是，这些更高层次上的定律并没有脱离它们的低层次根源：我们可以通过化学定性地理解生物现象，通过物理定性地理解化学现象。如果我们拥有足够强大的计算机，能够在分子化学的微观水平上模拟复杂的生物系统，我们确实就会看到它们从中演生出生物行为。

但物理学基本定律的绝对最低层次又是什么样的？它是支撑科学之塔所有更高层次的坚如磐石的基础、绝对真理的结构吗？全息学描绘出了一幅截然不同的画面。如果纠缠——这种因困扰着爱因斯坦而知名的诡异现象，也是 2022 年诺贝尔物理学奖的主题——是构建时空的核心的话，那么光凭还原论与演生论，在看待世界的方式上似乎过于有限。全息学将演生论的一个基本元素融入了物理学的根基，融入了时空本身的结构。全息对偶性体现了这样一种观点，即物理现实及其遵循的“基本”定律是从构成它们的基本要素及其纠缠方式的汇合中产生的。它创造了一种相互依赖的闭环，从还原到演生，再回到还原。全息学认为，即使是最基本的定律般的规则，最终也建立在我们周围宇宙的复杂性之上。这让我们不禁要问：这个结论的宇宙学含义是什么？

在马尔达塞纳发现反德西特空间的全息性质后，理论学家们很快推测，我们不断膨胀的宇宙可能也是一张全息图。在我记录了与史蒂芬的一些对话的笔记本中，我发现早在1999年2月，我们就在思考对膨胀的德西特空间表面的可能描述。但直到10多年后，当我们自上而下的方法稳步走上了正轨时，我们才开始认真地探索全息宇宙学的理念。

遗憾的是，那个时候，史蒂芬连对肌肉轻微的控制都慢慢丧失了。在患上肌萎缩侧索硬化（ALS）多年后，他还能一直保持着这种控制，这已经是一个奇迹。由于尚不清楚的原因，ALS患者体内用于将电化学信号从大脑传递到脊椎及从脊椎传递到肌肉的长神经细胞枯萎并死亡，导致他们的肌肉失去了所有的组织性并萎缩。当我们开始探索全息宇宙学时，ALS已经夺走了史蒂芬控制几乎所有肌肉的能力。显然，这严重降低了他的行动自由度。在我们合作的早期阶段，史蒂芬可以很轻松地驾驶着轮椅四处寻找同伴，并小心地用安装在右手上的点击器进行对话。而这会儿史蒂芬再也无法独立游荡，这意味着他的科学互动只能被局限在一个小得多的亲密同事圈子中。此外，疾病的发展使史蒂芬很难再用他的点击器操作均衡器。这一服务多年的老式设备——从聊天、发电子邮件到打电话或用谷歌搜索，成了连接他的思想与外部世界的纽带——被换成了安装在眼镜上的传感器，他通过轻轻抽动脸颊来激活传感器。这是仅剩的一条重要的交流渠道，但无法恢复他驾驶轮椅车的能力，甚至也无法恢复他在午餐或晚餐时进行讨论的能力。在之前，午餐或晚餐是他与更广泛的同事群交流的主要场合。（在点击器时代，史蒂芬喜欢打趣说他可以同时吃饭和说话。）因此，史蒂芬经常面临着被孤立的风险。可以说，晚年无法顺利交流确实是他科学生涯中最大的制约因素。这意味着他再也无法深度参与那些激烈的辩论，不管是关于一个方程中的负号还是哲学的优点。而这些辩论是我们完善和检验自己的想法所必需的。尽管他所有的认知能力都完好无损，但在他生命的最后 10 年左右，他几乎完全被困住了。

更糟糕的是，他还开始呼吸困难，我们都担心他很快就动不了了。但后来，他的支持团队在他的轮椅上安装了呼吸机，他的轮椅变得既是一个移动ICU（重症监护室），又是一个信息处理中心。他很快便又可以活动了。此外，他的富豪朋友们随时给他提供喷气式飞机，让他环游世界。这使他的旅行比过去更加容易了。他经常去休斯敦，因为他与得克萨斯州的石油商乔治 · P. 米切尔交上了朋友，米切尔主动邀请史蒂芬和他的亲密同事们每年在他的牧场上开办一次物理“务虚会”，“为史蒂芬创造一个可以工作的环境”。史蒂芬也应邀而行。远离了剑桥办公室的喧嚣，年复一年，我目睹了霍金的求知精神在得克萨斯州的林地里变得鲜活起来。在米切尔的牧场，黑板上的会议转变为晚餐和篝火讨论。而正是在这里，史蒂芬的宇宙全息理论诞生了。

将全息学应用于宇宙学的第一个障碍是，我们并不生活在反德西特世界里。我们生活在一个不断膨胀的宇宙中，它更像一个德西特空间。从经典的角度来看，反德西特与德西特这一对对映体具有非常不同的性质。反德西特空间的负曲率产生了一个引力场，它将物体拉到一起，拉向空间的中心。相比之下，德西特膨胀宇宙的正曲率则会使一切物体都互相排斥。这种差异可以追究到宇宙学常数，也就是爱因斯坦方程中那个暗能量项的符号。我们这样的宇宙具有正的宇宙学常数，导致它不断拉伸，而AdS空间具有负的宇宙学常数，从而产生额外的吸引力。更重要的是，与AdS宇宙不同，膨胀的宇宙甚至可能根本不存在一个边界表面来承载全息图。有些膨胀的宇宙是一个超球面，是球面的三维版本。超球面并没有边界，我们无法寄希望于在此之上编码其内部发生的事情。因此，似乎也不可能设计出像马尔达塞纳的全息对偶。

但是，如果我们放弃经典思维，转而采用半经典的观点呢？如果我们在虚时间里考虑AdS及其对映体的话，会怎么样？毕竟，发展全息宇宙学的主要动力就是更好地处理宇宙的量子行为，而史蒂芬长期以来一直认为4个空间维度的几何结构封装了其量子性质。这是他处理量子引力的欧几里得方法的关键所在（见第3章）。还记得他让我在医院画的那个圆圈（见图26）吗？当你将图24（b）所示的环形暴胀宇宙的量子演化投影到一个平面上时，你会得到一个圆盘，而这个圆就代表了圆盘的边缘。图58以一种更精细的方式重现了这种投影。宇宙的无边界起源位于圆盘的中心，在那里时间已经变形成了空间。今天的宇宙则对应于环形的边界。如果我能画出所有4个大维度的话，那么图58中的一维边界圆环应该是一个超球面，即四维时空中的三维表面，我们对宇宙的所有观测大致都局限于此。现在我们可以看到，在这个平面投影中，膨胀就意味着构成我们过去的大部分时空都被挤压到了盘的边缘。因此，绝大多数恒星和星系都堆积在边界表面附近。这听起来是不是有些耳熟？没错，如果我们用天使和魔鬼代替恒星和星系，则图58中的圆盘便转变为了图56中描绘的埃舍尔式的AdS空间投影。

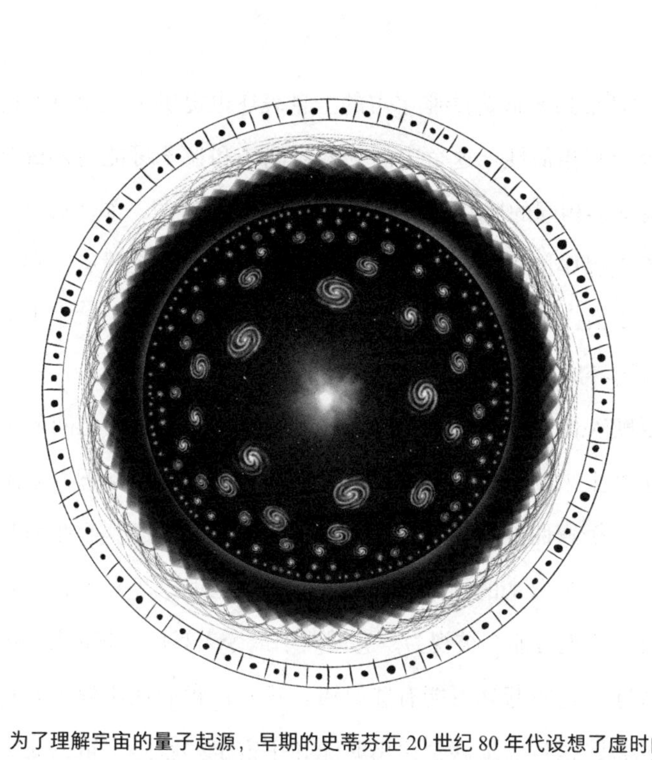

图 58　为了理解宇宙的量子起源，早期的史蒂芬在 20 世纪 80 年代设想了虚时间中的宇宙。在虚时间里思考问题的话，所有维度都表现为空间的方向，这里展示了其中两个方向。宇宙的起源位于圆盘的中心，它在径向（虚时间）方向上向外膨胀。今天的宇宙对应于环形的边界。然而，后期的史蒂芬走得越来越远，把我们从虚时间带到了根本没有时间。利用引力的全息性质，我们开始把盘的边界设想成由纠缠着的量子比特组成的全息图，内部时空——我们过去的历史——由这张图投影而来。全息宇宙学建立在自上而下的观点之上，在这种观点中，过去在某种意义上取决于现在

这正是史蒂芬所要追求的联系。经典的AdS空间一点儿也不像一个膨胀的宇宙。但从半经典的角度来看，转换到虚时间里，我们便发现这两种形状的空间实际上是密切相关的。在半经典领域，AdS和它的德西特对映体都可以被想象成埃舍尔式圆盘，它们的大部分内部体积都堆积在球形边界表面附近。史蒂芬断言，关于引力和时空的半经典思想在某种意义上统一了AdS及其对映体。就好像在量子引力领域里，λ符号并没有真正的意义。

这一见解为全息dS–QFT对偶性铺平了道路。与AdS一样，图

58 中的环形边界面为膨胀宇宙的全息表述也提供了一个自然的发源地。因为有相似性，这个表面上的对偶场和粒子可能与AdS全息图上的有很多相同的属性。[13] 物理学家正在努力探明，如何通过调节全息表面世界中的那些螺母和螺栓，来要么产生一个没有生命的AdS空间，要么产生一个会暴胀并产生星系和生命的宇宙。“宇宙最终可能是有边界的。”史蒂芬打趣道。

反映AdS内部的全息图和反映膨胀宇宙的全息图之间的主要区别在于多出来的那个额外维度的性质。在前一种情况下，多出来的方向是一个弯曲的空间维度，这是AdS向内的深度。而在膨胀宇宙的情况下，多出来的则是时间维度。也就是说，*历史本身就是全息加密的*。这很可能会被视为全息词典中最令人难以置信的词条！

现在，这听起来可能有些离谱。然而，我们在旅程中遇到的一系列见解，很自然地就会给出时间和宇宙学膨胀是宇宙的演生量这一概念。乔治·勒梅特在第一次提出量子起源的想法时，就已经思考过时间可能是演生性质：“只有当原始量子被划分为足够数量的量子时，时间才会开始有合理的意义。”[14] 50 年后，吉姆和史蒂芬的无边界表述证实了勒梅特的直觉，他们认为，当我们接近宇宙开端时，时间就会演变成空间。如图 58 所示，他们理论的全息化身将我们带入了永恒的静止。通过将引力和宇宙学演化刻印到三维表面内的数十种量子相互作用中，全息完全摆脱了先前的时间概念。在全息宇宙中，时间在某种意义上是虚幻的。这么一看，最初的无边界提案看起来确实还是相当保守的。

从牛顿的绝对时间到没有时间的时间，这是一段多么了不起的旅程啊。尽管如此，将时间的流逝视为全息投影的做法仍然让人感到陌生，即使对理论物理学家来说也不例外。我预计，物理学家还需要很多年的时间才能破译出编码了我们现在这种徐行中的宇宙摇摆不定的膨胀历史的全息图。数学上无数错综复杂的微妙之处本身就非常有趣，它将使物理学家在未来很长一段时间内忙个不停。我们不应该指望全息学很快就会在某一天重写宇宙学教科书，特别是在爱因斯坦的几何语言还是可以很好地描述大部分大尺度宇宙的情况下。但另一方面，当爱因斯坦的理论在黑洞中失效，尤其是在大爆炸中失效时，我们可以预期全息将变得极其重要。毕竟，这就是全息对偶的本质和力量。一个特别令人兴奋的可能性就是，在宇宙暴胀过程中，膨胀的全息基础可能至关重要，而未来的引力波观测可能会检测到它们在微波背景涨落中的细微印记。时间会证明一切！

全息学将自上而下的宇宙学方法在概念层面上封装了起来。全息宇宙学的核心原则是，我们的过去是从形成低维全息图的纠缠状量子粒子网中投射出来的，这就暗示着自上而下的宇宙观。如果正如全息宇宙学所假定，我们观测的表面在某种意义上就是一切，那么这就建立了时间上的逆向操作，这是自上而下宇宙学的标志。全息告诉我们，有一种实体比时间更为基本，这就是全息图，我们的过去由它而演生出来。在全息宇宙中，不断演化和膨胀的宇宙将不再是输入信息，而是输出结果。

在史蒂芬关于量子宇宙学的半经典考量中，自上而下三联画的三大支柱——历史、起源和观测——只是松散地交织在一起。虽然这三个要素之间有着密切的相互作用，但它们在概念上仍然是不同的实体。因此，对于这三个要素是否可以——或者必须——真正融合，自上而下的方法是否真的是史蒂芬所宣称的根本性变革，人们还是心存疑虑。但全息宇宙学的架构证明了霍金是对的。全息学将自上而下的三联画紧密地结合在一起，构成了一个真正新颖的预测体系。首先，它把时间从我们基本量的清单中剔除，将动力学与边界条件融合在了一起。其次，它将全息纠缠放在了时空之前，从而整合了观测。此外，全息宇宙学背后的数学将这一综合体封装在了一个统一的方程中，该方程的初级版本可以在插页彩图 11 中史蒂芬后面的黑板上看到。这确实使自上而下的思考有了更坚实的基础。

通过对纠缠的强调，全息将系统存储和处理信息的能力置于这一紧缩后的三联画的核心。全息学设想，物理现实不仅仅由物质粒子、辐射甚至时空场这样真实的东西组成，它还有一个更为抽象的实体：量子信息。这也为惠勒的另一个大胆而看似离谱的想法注入了新的活力。惠勒也喜欢将物理现实视为某种信息论实体，他把这种想法称为"物质来自比特"（it from bit）。他认为，物理世界的存在最终源于信息比特，后者在现实的核心处形成了一个无法再简化的内核。"每一个物体，每一个'它'，"他写道，"都来源于比特，即二进制中表示'是'或'否'的信息单元。"[15] 30 年后，全息学用量子信息的基本单元——量子比特（一些奇异细节仍尚未弄清），实现了惠勒的愿景。根据 dS–QFT 对偶，量子信息被镌刻在由纠缠着的量子比特组成的抽象、永恒的全息图中，形成了编织现实的线索。如果去掉边界表面的纠缠，你的内部世界就会分崩离析。

与普通信息的二进制比特（0 或 1）不同，量子比特由量子粒子组成，量子粒子可以同时处于 0 和 1 的叠加状态。当一个个量子比特相互作用时，它们可能的状态就会纠缠在一起，每个量子比特为 0 或为 1 的概率取决于另一个的概率。纠缠意味着，测量一个量子比特，你也可以了解到与它相纠缠的那个伙伴的状态，即使它们离得很远。显然，互相纠缠的量子比特数目越来越多，这种同步的可能性的数目也会成倍地增加，这就是量子计算机理论上如此强大的原因。单个量子比特容易出错，这一事实尽人皆知，这也是建造量子计算机所面临的主要难题。哪怕是最微弱的磁场或电磁脉冲都会导致量子比特翻转并破坏计算。而量子纠缠这种分散存储信息的方式则有助于弥补这一弱点。因此，量子工程师喜欢使用空间上分散的纠缠量子比特，并开发具有备份信息的专门方案，以便在单个量子比特被破坏的情况下也能保护量子信息。事实上，努力设计纠错码以便应对物理量子比特中可怕的错误率，就是建造量子计算机的角逐中的关键要点之一。

与此同时，在全息革命席卷理论物理学之后，弦论学家们已开始开发自己的量子纠错码来构建时空，这真是一个漂亮的转折！事实上，在全息对偶中，内部时空投影的方式就很像一种高效的量子纠错码。这也许可以解释为什么时空虽由如此脆弱的量子物质编织而成，却仍然能获得其内在的韧性。一些理论学家甚至认为时空就是一种量子密码。他们将低维全息图视为某种源代码，在互相关联的量子粒子形成的巨大网络上运行、处理信息，并以这种方式产生引力和所有其他常见的物理现象。在他们看来，宇宙是一种量子信息处理器，这一愿景与我们生活在模拟世界中这种想法似乎只有一拳之隔。

全息学描绘了一个不断被创造的宇宙。这就好像有一个代码在无数纠缠的量子比特之上运行，并带来了物理现实，这就是我们所感知到的时间流。从这个意义上说，全息将宇宙的真正起源置于遥远的未来，因为只有遥远的未来才能揭示出全息图的全部光辉。

那么遥远的过去呢？永恒的宇宙学是如何看待时间的起源的？假设明天的理论学家们确定了与我们不断膨胀的宇宙相对应的全息图，我们开始翻着手头的AdS–QFT词典，阅读着这张全息图，向过去进发。在时空的底部，我们会发现什么？

在全息宇宙学中，人们通过全息图上的模糊化视角来探索过去。这类似于把图像放大之后的视角。前面提到，在马尔达塞纳的对偶中，通过考虑表面全息图中越大的尺度，我们会越深入地进入AdS的内部。位于AdS中心的物体在全息上被编码为长程的关联，长到可跨越整个全息图。同样，膨胀宇宙的全息图用在表面上跨越巨大距离的量子比特来记录遥远的过去。通过一层层地剥离全息图中的信息，直至只剩下几个远距离纠缠的量子比特，我们一步步进入过去，驶向图58中的圆盘中心。从全息的角度来看，宇宙最早的时刻绝对对应着最“幽灵般的超距作用”。到了最后，纠缠的比特也会全部用完。这，就是时间的起源。[16]

早期（自下而上）的霍金将无边界提案视为一个宇宙从无到有创生过程的表述。那时候，史蒂芬努力为宇宙起源给出一个根本的因果性解释：“为什么”，而不是“怎么样”。但全息学促使他的理论给出了一个更激进的解释。全息宇宙学表明，史蒂芬提出的从时间到空间的转变真正试图说明的是，当我们朝着大爆炸往回走的时候，物理学本身会逐渐消失。从全息学中演生出来的无边界假设，与其说是一种开始的定律，不如说是一个定律的开始。那么，“什么是大爆炸的最终原因”这个古老的问题还能剩下什么？一切似乎都要蒸发了。有最终决定权的不是定律本身，而是它们改变和转化的能力。

宇宙创生这一概念作为从全息宇宙学中演生的一个真正限制性

的边界，对多元宇宙学有着深远的影响。在物理学家迄今为止构建的任何全息图中，都没有证据表明存在岛宇宙的大拼图。相反，被全息编码的宇宙内部波函数似乎只涵盖了弦论景观的一小部分。“全息宇宙学像奥卡姆剃刀一样，切除了多元宇宙”，史蒂芬总结道。[①] 在他生命的最后几年，他坚信，对多元宇宙的狂热是“自下而上的经典思想作茧自缚”的产物。

在许多方面，多元宇宙都是（半）经典黑洞理论的宇宙学类比。半经典黑洞理论未能发现黑洞可以存储的信息量存在上限。同样，多元宇宙学假定我们的宇宙学理论可以包含任意大量的信息，而不会影响它们所描述的宇宙。但全息宇宙学描绘了一幅截然不同的画面。在全息宇宙学里，延伸到弦论景观各个角落的岛宇宙组成的宇宙拼图似乎消失在了不确定性中。弦景观与其说是实际物理规律的上层建筑，不如说是一个数学王国，它可以为物理学提供信息，但在物理学中不是必须存在的，有点儿像门捷列夫的元素周期表对生物学的意义一样。“询问我们的宇宙之外有些什么东西，就像在询问双缝实验中的电子穿过哪个狭缝一样。”史蒂芬说道。我们生活在一小块时空中，被一片不确定的海洋所包围。对这片海洋，我们必须保持沉默。

在我们旅程即将结束的时候，我在一次会议上偶遇了安德烈·林德，我问他，在20年之后的现在，他如何看待多元宇宙。令我惊讶的是，安德烈说，他认为要理解多元宇宙，就需要对观测者在宇宙学中的作用采取正确的量子观。他一直都是这么想的吗？显然不是。科学就是科学家所做的事。我们在现有的证据和抽象概念

① 史蒂芬指的是哲学中的一条原则，这条原则通常被认为由13世纪英国哲学家奥卡姆的威廉提出，即“如无必要，勿增实体”。

基础之上，通过讨论和推理，通过交换思想来取得进展。在这个过程中，我们需要多元宇宙中深层次的悖论，才能使得自牛顿时代以来传统物理学范式的局限性更加赤裸地暴露在我们的目光下。安德烈的工作激发我们找到了让量子得以进入的裂缝。如果没有多元宇宙理论带给我们的异常令人沮丧的难题，我们可能仍在寻找着天外之眼，迷失在时空之外的虚无中。

2016 年 11 月，在梵蒂冈宗座科学院举行的纪念乔治·勒梅特的宇宙学会议上，史蒂芬揭开了我们对多元宇宙挑战的面纱。史蒂芬告诉我他很想参加这次会议，这也在我的意料之中。毕竟，正是在 1981 年的梵蒂冈，他第一次提出宇宙没有边界。在把宇宙的历史翻了个底朝天之后，他一定觉得自己欠科学院一次关于该主题的信息更新。多年来，这一主题对他来说是那么重要。

这成了史蒂芬的最后一次出国之旅，这次旅行也成了一次艰难的远征。霍金的医生不再让他乘坐朋友的喷气式飞机。他必须乘坐空中救护车，而且不是什么空中救护车都行，只能乘坐来自一家特定的瑞士公司的救护车。这样出行花费高昂，而且由于宗座科学院资金短缺，我们不得不想办法用自己的研究经费来支持，而研究经费只能用于支付经济舱费用。史蒂芬的医生仍然拒绝批准这次旅行，但史蒂芬告诉他们，他计划与教皇方济各会面。最后，他们不想让一位神职听众的愿望落空（尽管史蒂芬说，他们可能对史蒂芬这一说法持怀疑态度），史蒂芬还是成功飞往了罗马。

于是，在他第一次在梵蒂冈演讲 35 年后，史蒂芬再次坐在位于圣彼得大教堂后面的宗座科学院神殿里。在那里，他解释说，存在一种对宇宙的对偶表述，这是一种完全不同的、完全违反直觉的看待现实的方式。在这里，空间的膨胀——以及时间本身——都显然是一种演生出来的现象，由无数量子线缝合而成。这些量子线在低维表面上形成了一个永恒世界。“宇宙，最终可能是有边界的。”[17]

在史蒂芬去世前几周，我去他家里拜访了他。当时他几乎动弹不得，接受着最好的看护服务。他知道自己很快就会死了。在他位于华兹华斯格罗夫的书房里，我们进行了最后一次交谈。“我从来都不赞成多元宇宙的观点。”他费力地说，好像我不知道这一点似的。“是时候写一本新书了……包括全息……”这是他对我说的最后一句话——最后一道家庭作业题。我相信史蒂芬认为，对宇宙新的全息视角最终会让我们自上而下的宇宙学方法变得显而易见，终有一天我们会想，我们怎么会花了这么长时间才想到这一点。

图 59 （史蒂芬和我）在得克萨斯州“库克支部”，与吉姆·哈特尔一起研究我们的最终理论

大雪纷飞，仿佛大自然为史蒂芬最后的航行提供了一条毯子。我走回学校，穿过马尔廷斯巷，穿过科芬公园，穿过剑河，经过米尔巷，然后绕过旧的DAMTP大楼。在路上，我回想起了我们的旅程。在我们寻找现实的终极基础的过程中，通过某种奇怪的相互联系的循环，我们被带回我们自己的观测结果面前。卡尔·萨根曾说过一句名言："我们是宇宙认识自己的一种方式。"但在我看来，在量子宇宙——我们的宇宙——中，我们正在了解着自己。自上而下的宇宙学，无论是否以全息形式存在，都根植于我们与宇宙的关系。它有微妙的人性化的一面。在很多场合，我都有一种强烈的感觉，对我们的宇宙从上帝视角转变到虫眼视角，就像是回到了史蒂芬·霍金的身旁。

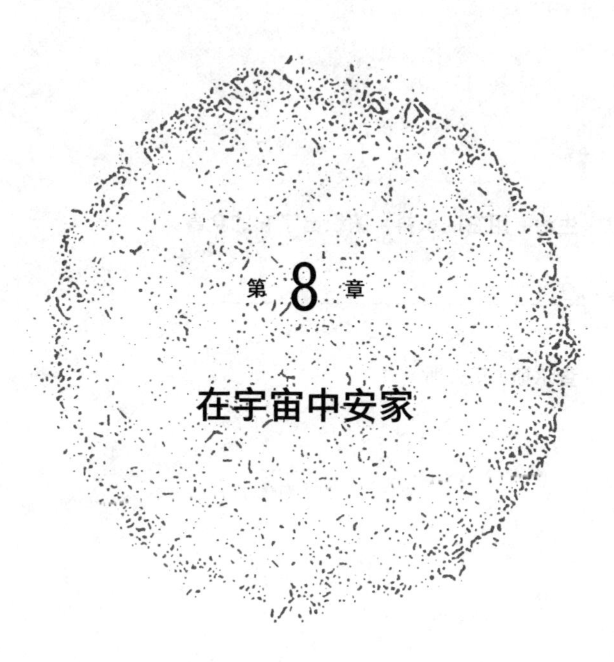

第 8 章

在宇宙中安家

生活，用它的织料，编织出了它的全身。

查尔斯·艾夫斯

1963年，汉娜·阿伦特参加了《今日伟大思想》编辑部组织的“太空研讨会”征文比赛。这是在人类首次太空探险之后不久，也是在美国国家航空航天局计划发射阿波罗11号月球任务期间。有人问阿伦特：“人类征服了太空，这让人类的地位提高了还是降低了？”答案看起来显而易见，当然是让他们的地位提高了啊。然而，阿伦特并不认同这种观点。

在她的文章《对太空的征服以及人的地位》中，她反思了科学和技术如何改变人之为人的意义。[1]她的人文主义概念的核心是自由。她认为，是行动和有意义的自由使我们成为人。[2]她又继续思考，当我们获得越来越多关于重新设计和控制这个世界（包括我们的物理环境、生活世界和智慧的本质等）的知识时，人类的自由是否会受到威胁。

汉娜·阿伦特1906年出生于汉诺威的一个德国犹太家庭，曾在马尔堡大学师从马丁·海德格尔，但与爱因斯坦一样，她于1933年被迫逃离德国。这是人类自由和尊严受到限制的切身教训。在接下来的8年里，她住在巴黎，然后于1941年移民美国，在那里成为纽约一个活跃的知识分子圈中的一员。后来，她在为《纽约客》杂志报道阿道夫·艾希曼因战争罪在耶路撒冷受审时评述道，普通人之所以会成为极权主义制度中扬扬自得的参与者，是因为他们不再自由思考（甚至根本不再思考），脱离了世界。她的这段论述非常有名（也许在有些人看来则是臭名昭著）。她将社会政治领域的这种恣意妄为描绘成对社会的一种侵蚀，而这种侵蚀来自她所说的“世界异化”，来自对世界归属感的丧失。受其影响的人认识不到，我们的利益都是捆绑在一起的，也感受不到这种纽带带来的人类和公民契约的一体化。

阿伦特强烈感觉到，现代科学技术是人类与世界隔阂的根源。事实上，她指出，罪魁祸首就是引发现代科学革命的核心观点——世界是客观的。从一开始，现代科学就在寻求一个由理性和普遍的规律所支配着的更高的真理。在追求真理的过程中，科学家们屈从于阿伦特所说的“地球异化”（不要与前面提到的世界异化混淆）观点，即寻找一个阿基米德支点，希望能够以此“撬动”这种客观的领悟。

她的中心论点是，这种立场与人文主义是对立的。当然，科学方法在理论和实践上都取得了惊人的成功，它对人类的益处也是不可否认的。但是，现代科学的特征是要飞离我们的地球这个根儿，这也导致了我们人类的目标与所谓自然界的客观运作之间产生了鸿沟。阿伦特认为，在近 5 个世纪的时间里，这一鸿沟不断扩大，不断挑战人性，这改变了社会结构，且缓慢而稳步地将地球异化（许多科学学科中固有的“天外之眼”视角）变成了世界异化（与世界的普遍脱节）。

阿伦特在她的文章中指出了现代科学的核心难题，并认为这一范式最终将会自掘坟墓。有趣的是，为了支持自己的论点，她引用了量子先驱维尔纳·海森堡的话："人类在寻找客观现实的过程中会突然发现，他处处遭逢的是他本人。"[3] 在这里，海森堡指的是观测者在量子理论中所起到的关键作用，也就是人们所问的问题会影响现实的表现形式。他和玻尔提出的对量子理论的工具主义解释体现了早期量子时代的典型观点，它产生了一个深刻的认识论难题。物理学家们被告知要"闭上嘴，只管算"，不要担心量子理论的本体论问题。但阿伦特反其道而行之，并尖锐地指出，随着量子理论的出现，科学似乎做了人文学科一直知道但永远无法证明的事情，即人文主义者应该去关心人类在新科学世界中的地位。

对阿伦特来说，苏联首次发射人造卫星的"重要性不亚于任何一件事"，它象征着向完全人工的世界，一个受人类掌控的"技术托普"的演变。她在文章中写道："这位宇航员被发射到外太空，并被关闭在装满仪器的太空舱里，在那里，他与他周围环境的任何真正物理接触都会立刻导致他丧生。他也许可以作为海森堡的'人'的象征性化身——他越是热切地想从他和周围非人世界的交往中消除一切人类中心主义的考虑，他就越可能陷入他自己和人造物当中。"

对阿伦特来说，这种脱离了所有人格化元素和人文关怀的科学技术追求是有根本缺陷的。无论是为了对另一个星球开展地质工程而征服太空，还是寻找生物技术中的点金石，甚至是寻求理论物理学的最终理论，对她来说，都是对我们作为地球上居民的人类状况的反叛：

> 人必然会失去他的优势。所有他能找到的就是那个为了撬动地球而存在的阿基米德点，但是一旦他抵达了这个点，并获

> 得了对他的地球居所的绝对权力之后，他将需要一个新的阿基米德点，如此以至无穷。人类只可能迷失在无限宇宙当中，因为那个唯一真正的阿基米德点将是宇宙背后的绝对虚空。[①]

阿伦特认为，如果我们俯视这个世界和我们的活动，仿佛我们置身于世界之外，也就是说，如果我们试图用杠杆撬动自己，那么我们的行为最终将失去更深层次的意义。这是因为，这意味着我们将地球视为一个普通的物体，而不再是我们的家园。我们的一切活动，从网上购物到科学实践，都将被简化为数据点，可以用我们在实验室研究粒子碰撞或老鼠行为时使用的相同方法进行分析。我们对自己所能做的事情的自豪感将融入人类的某种异化，我们将从地球上的主体变成纯粹的客体。阿伦特在她的文章中总结道，如果真的到了这一步，“人的地位不只是简单地按照我们所知的任何标准降低，而是会被摧毁”。也就是说，我们将失去自由。我们将不再是人类。

这就是悖论所在。在试图找到终极真理以及对我们作为地球上人类的存在取得绝对控制权的过程中，我们有可能最终变得更弱小，而不是更强大。

阿伦特的核心论点认为，只有我们把宇宙当成家园，科学和技术才能真正提高人类的地位。“地球是人类生存条件的关键。”她认为。我们发现的关于世界的一切，或对世界所做的一切，都是人类的发现和努力。无论我们的思想多么抽象和富有想象力，无论它们的影响多么深远，我们的理论和行动都与我们人类的世俗境况纵横

---

① 译文核引自汉娜·阿伦特著作《过去与未来之间》，王寅丽、张立立译，译林出版社（2011），后同。——编者注

交织，密不可分。这就是为什么阿伦特呼吁以我们的人性为基础来进行科学实践和技术上的展望：

> 现代科学中可能产生的新世界观很可能又是一个地球中心的和拟人的世界观。这并不是古老意义上的地球是宇宙的中心，人类作为宇宙的最高级存在。新的世界观以地球为中心是因为人类的中心和家园是地球，而不是宇宙之外的一点。它的人格化是指人类把他必有一死的事实视为科学探索得以可能的基本条件。

这就是汉娜和史蒂芬的切合点。这里指的是后期的、自上而下的史蒂芬。霍金的终极理论将宇宙学从柏拉图的束缚中解放了出来。从某种意义上说，它将物理定律带回了家。该理论以从内到外的角度看待宇宙，其根源在于阿伦特所说的世俗境况。这不仅仅是一个深奥的学术问题，因为若是物理宇宙学认识到我们对宇宙的虫眼视角固有的有限性，它终将重新制定出非常科学的议程。事实上，如果过去可以作为指导，我们可能希望霍金最终的理论能够成为一种新的科学和人类世界观的核心，在那里，人类的知识和创造力将再次围绕着它们共同的中心。

在宇宙学这样一种科学领域中，汉娜·阿伦特的担忧无疑是有道理的。我们当然生活在宇宙中！然而，自牛顿以来，宇宙学家一直努力从宇宙之外的角度进行推理，而到了 20 世纪末，多元宇宙猜想已经将地球异化变成了宇宙异化。宇宙学家被所谓客观定律对生命友好的本性所迷惑，迷失在了多元宇宙中，最终变得不是更强大，而是更弱小，正如阿伦特所预见的那样。

我相信，阿伦特没有预料到的是，海森堡的新量子理论，包括“人处处遭逢的是他本人”这一观点在内，也为宇宙学的重塑埋下了种子。我在本书中已论证，真正的量子宇宙观可以对抗现代科学无情的异化力量，让人们从内部视角重新构建宇宙学，这就是霍金最终理论的精髓。

在量子宇宙中，通过不断的提问和观察，有形的过去和未来会从众多可能性的迷雾中浮现出来。这种观察是处于量子理论之核心的互动过程，它将可能发生的事情转化为实际发生的事情，不断将宇宙拉进更确切的现实。这种量子意义上的观测者在宇宙事务中获得了一种创造性的角色，这给宇宙学注入了一抹细微的主观色彩。观测还将一种微妙的沿时间回溯的元素引入了宇宙学理论，因为今天的观测行为似乎追溯性地确定了“当时”大爆炸的结果。这就是为什么史蒂芬将他的终极理论称为自上而下的宇宙学：我们是在倒着阅读宇宙历史的基本原理，这就叫自上而下。

通过将观测融入自己的架构，但不为生命体赋予特权，自上而下的宇宙学同时避开了阿伦特所阐述的“迷失在数学中”的危险，以及人择原理的陷阱。通俗来讲，你可以说史蒂芬最终的理论既不把人当成一个像神一般高居宇宙之上的角色，也不把人当成处在现实边缘的宇宙演化的无助受害者。他就是把人当成他自己。史蒂芬把职业生涯的大部分时间花在与人择原理做斗争上，而显然他对这一结果感到满意。在某种意义上，自上而下的宇宙学把宇宙表面上的设计之谜颠倒了过来。它体现了这样一种观点，即在量子层面上，宇宙亲手设计了自己的生命体友好性。根据该理论，生命和宇宙在某种程度上是相互契合的，因为在更深的意义上，它们是一起出现的。

实际上，我敢说，这种观点抓住了哥白尼革命的真正精神。当哥白尼把太阳置于中心位置时，他非常清楚地意识到，从那时起，人们需要考虑地球绕太阳的运动，才能正确地解释天文观测结果。哥白尼革命并没有假装我们在宇宙中的地位无关紧要，只是说我们没有特权。5 个世纪过去了，自上而下的宇宙学又回到了这些根源，我想阿伦特会很高兴的。

话虽如此，霍金最终的理论也并非出于对某种哲学立场突如其来的同情。史蒂芬总是会尽量避免采纳某种哲学立场。他觉得，爱因斯坦认为宇宙是静止的，且不愿意接受量子理论，就是过多地被自己的哲学偏见所束缚，而他自己则努力避免犯同样的错误。我们发展自上而下的方法，主要是为了解决多元宇宙的悖论，找到更好的宇宙学理论。但回想起来，这一努力在哲学上同样也富有成效。

20 世纪 20 年代末，人们发现宇宙有自己的历史，这是有史以来最令人震惊的发现之一。近一个世纪以来，我们一直在自然规律不可变动这一坚实背景下研究这段历史。但史蒂芬和我提出的理论本质上就是说，这种方法无法表达出勒梅特关于宇宙的发现有多深多广。我们提出的量子宇宙学从内部解读宇宙的历史，并将其视为一个在其早期阶段就容纳了物理定律谱系的历史。在我们看来，处于基础地位的不是定律本身，而是它们变化的能力。通过这种方式，自上而下的宇宙学完成了这场对宇宙思考的观念革命，这场革命是由勒梅特发起的。[4]

为了揭示隐藏在最早期量子阶段的本质，我们必须剥离那些将我们与宇宙诞生分隔开来的多层复杂性。这可以通过沿时间往回追溯宇宙历史来实现。当我们最终到达大爆炸时刻时，一个更深层次的演化便向我们敞开了，在这个演化中，物理定律本身发生了变化。我们发现了一种元演化，在这个阶段，物理演化的规则和原理与它们所主宰的宇宙共同演化。

这种元演化具有达尔文的味道，变异和选择的相互作用在早期宇宙的原始环境中上演。变异之所以出现，是因为随机量子跳跃会引发对决定论行为频繁的小偏移，偶尔也会带来更大的偏移。选择之所以出现，是因为其中一些偏移，尤其是较大的偏移，可能会有助于塑造后续的演化，因而以新规则的形式被放大并定格。在热大爆炸的熔炉中，这两种相互竞争的力量之间的相互作用产生了一个分支过程，有点儿类似于百亿年后生物物种的出现。在这个过程中，维度、作用力和粒子种类先是变得多样化，然后在宇宙膨胀和冷却到 100 亿开尔文左右时获得它们的有效形式。这些转变所涉及的随机性意味着，这一真正古老的宇宙演化层的结果只能从事后理解，就像达尔文进化论一样。

当然，如何将这些点连接起来，拼凑出物理定律之树，这在可预见的未来将继续成为我们面前的难题。由于对最早时刻的“化石”记录少之又少，而且宇宙的大部分内容都是黑暗而神秘的，因此宇宙起源极难破译。但望远镜技术的进步不断地扩展着我们的感知。从对微波背景辐射的精细观测，到对暗物质粒子和引力波爆发的巧妙搜寻，世界各地的物理学家都试图揭秘那个蕴藏着我们最深根源的遥远时代。

如果物理学的有效定律是古老演化的化石遗迹的话，那么从本体论角度讲，我们可能应该将这些定律与其他演化层面上的与定律类似的特征同等看待。更进一步，有人可能会认为，在量子宇宙学的大框架下，基督教在现代科学时代初期统治西欧这一事实与粒子物理标准模型中电子的反常磁矩值之间似乎没有丝毫的本体论差异。它们都是定格事件，只是复杂程度大不相同而已。

史蒂芬关于宇宙开端的无边界模型——自上而下版——是实现我所倡导的物理学和宇宙学基本历史观点的关键，这种物理观点包含了定律的起源。无边界假设预言，如果我们尽可能地沿时间往回追溯至原初宇宙，宇宙的结构性质将会不断蒸发和蜕变，一直到时间本身。时间最初会与空间融合成一个更高维度的球面，将宇宙封闭在虚无中。这导致早期仍以自下而上的因果论进行推理的霍金宣称，宇宙是从无到有的。但霍金最后的理论对宇宙在大爆炸时期时空的闭合提供了截然不同的解释。后来的霍金认为，宇宙开端的虚无与真空的空虚完全不同，宇宙可能从真空中诞生，也可能不从真空中诞生，但宇宙虚无的开端是一个更深刻的认识上的边界，没有空间，也没有时间，更重要的是没有物理定律。史蒂芬最终理论中的“时间的起源”是关于我们对过去认识的极限，而不仅仅是一切的开始。这一观点尤其得到了该理论的全息形式的佐证，在全息形式中，时间的维度以及宇宙演化的基本概念作为典型的还原论概念，被视为宇宙中演生出来的性质。从全息的角度来看，回到过去就像对全息图进行越来越模糊的观察。该全息图会释放出越来越多它的编码信息，直到耗尽量子比特。这就是宇宙的开端。

自上而下宇宙学的一个显著特点是，它有一个内在的机制限制了我们对世界的看法。这就好像对宇宙的正确的量子解释会阻止我们知道太多东西。这一点很重要，因为正是霍金最终理论对过去的这种封印，以及其强加于我们的对某种有限性的基本认知，令我们不至于陷入多元宇宙的悖论。在量子宇宙学中，多元宇宙就像太阳底下的雪一样消失了。自上而下的宇宙学剥去了形形色色的宇宙拼图的大部分颜色，但奇怪的是，这种减除却扩大了该理论的预测范围。因此，正如汉娜·阿伦特在其精辟的分析中所预期的那样，抛弃阿基米德点，宇宙学理论不会变得更弱小，而是更强大。引用维特根斯坦在其名著《逻辑哲学论》结尾的话："一个人对于不能谈的事情，就应当沉默"，量子宇宙观的威力在于，它为我们保持沉默提供了数学工具。

而它的结果就是对我们理解宇宙学最终的发现进行了深刻的修正。早期的霍金（以及本书作者）曾试图更深入地理解在时间发源处的物理条件下宇宙的表观设计。他（我们）认为，在支配大爆炸的数学深处，隐藏着一个基本的因果性解释，正如史蒂芬经常说的那样，这将决定"宇宙为什么是这样"。也就是说，我们认为会有一个终极理论来取代这个物理宇宙，或多元宇宙。后来的霍金把宇宙学完全颠倒了过来，声称他以前错了。我们自上而下的观点颠倒了物理学中定律和现实之间的等级关系。这带来了一种新的物理学哲学，它拒绝接受"宇宙是一个机器，由先前存在的绝对定律所支配"这样的观点，而认为宇宙是一种自组织实体，各种演生出来的规律在其中出现，其中最普遍的那些，我们称之为物理定律。你可以说，在自上而下的宇宙学中，定律服务于宇宙，而并非宇宙服务于定律。该理论认为，如果"存在"这个伟大的问题有答案的话，那么它应该在这个世界之中被发现，而不是在世界之外的绝对结构中。

我在图 44 中所绘的相互关联的三联画中总结了自上而下方法背后的广泛原则。这个方案推广了传统的物理学范式。在传统的物理学范式中，历史、起源和观测这三大支柱并没有纠缠在一起，而是被认为是独立的、分离的实体，各有其地位。而三联画相当于一个新的预言框架，它描述了构建宇宙定律的归纳过程，其结果是我们的物理理论被视为众多可能性中的一种。自上而下的观点表明，物理定律其实是我们把所有的数据压缩成计算算法后从中归纳出来的宇宙的性质[5]，而不是某种外部真理的表现。物理理论的更迭被理解为我们识别出越来越普遍的模式，涵盖了越来越多相互关联的经验现象。当然，这一进展极大地增强了物理理论的预言能力和实用性，但如果说这使我们走上了一条通往最终理论的道路，而且是一条唯一的、独立于其结构和我们的数据的道路，那就大错特错了。一个有限的数据集总是可以有很多理论符合它，就像一个有限的点集总是可以用多种曲线来拟合一样，这是一个基本的事实。同样，自上而下的宇宙学方法也会让我们猜测，一直找下去的话，我们会找到一系列理论，而不是到达终点。在某种程度上，史蒂芬的最终理论表明，并没有一个最终理论。

自上而下的宇宙学摆脱了对绝对真理的任何主张，为从艺术到科学的多个思想领域提供了空间，每个领域都有不同的目标，可以激发出互补的见解。如果说我们自上而下的思维确实孕育了一种新的世界观的话，这就是一种完全多元化的世界观。我们认为，时间的概念和类似规律的范式演生自我们所问的问题，并且以我们周围宇宙的复杂性为基础。2016 年 11 月，当晚年的霍金在梵蒂冈阐述完我们的后柏拉图宇宙学时，我们与上帝或教皇之间就再也没有争端了。恰恰相反，史蒂芬与教皇方济各有了共同目标，就是保护我们在宇宙中的共同家园，以造福当今和未来的人类。在这一共同目标中，史蒂芬发现了他与教皇之间有着强烈而感人的共鸣。

我们从量子宇宙学中了解到，生物进化和宇宙学演化并不是两种从根本上泾渭分明的现象，而是一棵巨大进化树中的两个截然不同的层次。生物进化属于高复杂度的分支，而宇宙学涉及的是低复杂度层次，介于两者之间的是天体物理、地质和化学层次。尽管每个层次都有自己的特殊性，都有自己的语言，但统一的波函数将它们编织在了一起。[6]在早期宇宙中，物理定律树是以杂乱无章的方式出现的，这表明，达尔文主义的广泛原则，即典型的生物学方案，一直延伸到我们能想象到的宇宙演化的最深层。在某种意义上，量子宇宙学弥合了生物学和物理学之间长时间困扰着人们的理念上的鸿沟。它告诉我们，达尔文关于生命树的描述和勒梅特关于"徐行中的宇宙"的描述（分别见插页彩图 4 和 3）是紧密相连的，它们代表了一个包罗万象的历史进程的两个阶段。

这样一条非同寻常的连线揭示了自然界中一种深刻而强大的统一。不同层次的演化正在融合成一个相互连接的整体，彼此都有着相关性。我们整个旅程的主题，即有效物理定律对生命体令人惊叹的适应性，就可以说是多个复杂性层次之间具有相关性的绝佳示例。现在我们可以开始更深入地理解，我们作为生命之树上的一个小树枝，是如何同地球上的其他物种一起与我们周围的物理宇宙相互联系，并共同给宇宙带来活力的。实际上，查尔斯·达尔文可能已经预见到了这一发展。1882 年，达尔文在给乔治·沃利克的一封信中写道："生命原理以后会被证明是某种涵盖了整个自然的一般规律的一部分或其结果，而连续性原理使之成为可能。"我们可能终将实现达尔文的愿景。

尽管如此，许多物理学家，尤其是理论学家（他们倾向于对自然定律的深层根源有强烈的信仰）仍然宁愿相信，有一个最终的理论徘徊在物理现实之上，它是位于存在中心的科学之塔的坚如磐石的基础。史蒂芬也未能摆脱这种观念。[7]“如果最终不存在终极理论，有些人会非常失望。”他指出。但他继续说道：“我曾经也在那个阵营里。我现在很高兴我们对理解世界的探索永远不会结束，我们将永远面临新发现的挑战。如果没有它，我们将停滞不前。”史蒂芬准备继续前进，渴望踏上后柏拉图时代令人兴奋的发现之旅，这是他的典型风格。

和达尔文一样，史蒂芬也觉得这种观点很伟大。这确实是一个非常令人兴奋的前景！如果所有的科学定律，包括物理学的“基本”定律，都是演生定律的话，那么我们很快就会发现自然界更广阔的景象。事实上，这些见解正好与一系列科学学科的最新发展相吻合。科学在几个分支上已抛弃了寻找统一规律的念头，而正在把“是什么”的研究扩展到“可能是什么”。

在信息科学中，人工智能和机器学习正在创造新的计算和智能形式，其中一些具有进化的能力，甚至具有获得某种直觉的能力（可能类似于人类的直觉，也可能不似人类）。生物工程开启了新的进化途径，可基于不同的遗传密码，甚至不同的蛋白质。例如，CRISPR[①]等基因编辑技术使得遗传学家以精确而有针对性的方式修改细胞的DNA，设计出具有在“原本的自然”中不存在的形状或能

① 指clustered regularly interspaced short palindromic repeats（规律成簇的间隔短回文重复序列）。

力的生命形式。这些生命形式包括天才小鼠、长寿蠕虫，也许有一天，还会包括天才长寿人类，或者干脆叫后人类好了。与此同时，量子工程师则创造了新的物质形式，其在日常生活的宏观尺度上展现出微观量子纠缠的怪异性。其中一些材料甚至可能以全息的方式反映新的引力和黑洞理论，甚至成为膨胀宇宙的玩具模型。这些宇宙模型的演化被编译成了对大量互连量子比特的算法操作。

这些发展的影响都很深远。科学家们不再仅仅通过研究存在着的现象来发现自然规律，而是开始构想假设性的规律，然后设计系统使它们可以从中演生出来。寻找智慧的本性，或是万物理论，这样的旧目标可能很快就会被视为过时、带有局限性的世界观的遗迹。普林斯顿大学高等研究院前院长罗伯特·戴克格拉夫最近在《量子杂志》上的一篇文章中写道："我们过去称之为'自然'的东西，只是一片更大的景观中的一小部分，而这片更大的景观还有待我们去开垦。"[8]

此外，这些发展会相互助益，而它们最影响深远的结果可能产生在它们的交叉点上。2020 年，谷歌人工智能部门 DeepMind（深思）开发了一个名为 AlphaFold（阿尔法折叠）的深度学习程序，它可以训练自己根据蛋白质的氨基酸序列确定它的三维折叠形状，解决了分子生物学领域中悬而未决的一大挑战。在接下来的几年里，机器学习算法将在欧洲核子研究组织的大型强子对撞机产生的海量数据中搜索新粒子，或在激光干涉引力波天文台接收到的噪声振动中搜索引力波的规律。我们可以期待终有一天，这样的深度学习程序会与我们一起深入研究支撑我们物理理论的数学结构，说不定还会重新设计出物理学的基本语言。

因此，通过悦纳"可能是什么"这一范畴，我们已经站在了现代科学时代全新篇章的前沿。在 20 世纪，科学家们确定了自然界的基本单元：粒子、原子和分子是所有物质的组成部分；基因、蛋白质和细胞是生命的组成部分；比特、代码和联网系统是智能和信息的基础。在 21 世纪，我们将开始以新颖的方式将这些组成部分联系起来，用它们自己的规律来构建新的现实。当然，在 130 多亿年的宇宙学膨胀史和地球上近 40 亿年的生物进化史中，自然界的其他部分已经在这样做了。但正如戴克格拉夫雄辩的描述所说，自然只探索了所有可能设计中极其微小的一部分。从数学上来说，我们可以构想出的基因数量是惊人的，甚至远大于典型黑洞中微观状态的数量，但其中只有一小部分在地球上的生命中实现了。同样，弦论中可以造出的物理力和粒子的范围也是巨大的，但早期宇宙的膨胀只产生了这一个特定集。因此，在从简单的基础物理学到复杂的智慧生命这整个谱系中，可能的现实的多样性比自然演化迄今为止所产生的一切要大得多。21 世纪是历史上的一个关键时期，在这个时期，我们开始开启这一庞大的领域。

这一转变标志着一个新时代的到来。这在地球历史上，甚至可能在宇宙历史上都是前所未见的，在这个时代，一个物种试图重置并超越进化出它自身的生物圈。与汉娜·阿伦特一样，我们正从单纯的经历进化变为设计进化，并进而通过它来设计我们的人性。

这是一个充满希望的时代。开启绝对的道路选择权，将是我们以前经历过的任何事情都无法相比的美妙体验。在未来的某些领域，我们今天的选择将成为一个跳板，促进难以想象的创新和后人类的繁荣。在这样的未来中，人类时代将代表着一个伟大的过渡期，即从最初近 40 亿年来极其缓慢的达尔文式进化，过渡到未来无穷时间里由技术和智能设计驱动的进化——无论是在地球上，还是在更远处。

但这也是一个摇摇欲坠的危机时代。从核战争危机剧增和全球变暖，到生物技术和人工智能的进步，由人类造成的生存风险现在远远超过了自然灾害的风险。英国皇家天文学家马丁·里斯爵士估计，将所有风险考虑在内，我们只有50%的机会无祸无灾地活到2100年。牛津大学人类未来研究所认为，21世纪人类生存风险发生的概率约为1/6。因此，未来有无数条道路——不光是某处一些发生概率很小的岔路——可能会把我们引入混乱，甚至灭亡，在宇宙历史上只留下一串小小的印迹。

我们只有一个与我们的前景有关的切实数据：我们附近宇宙中相当大的一部分恒星系统似乎没有被任何外星文明探索过。因此，在我们局域的过去光锥以内的数十亿颗恒星中，似乎没有一颗进化成大规模的生态系统，并达到我们很快能达到的技术水平。物理定律非常适合生命，但没有证据表明那些地方有人存在。我们还未曾收听到外星无线电传来的外星诗歌，也未曾看到天空中有神秘的天体工程项目。相反，我们以一组自然物理定律为基础，在解释恒星系统、银河系和整个可观测宇宙的行为方面均取得了巨大成功。1950年夏天，意大利物理学家恩里科·费米对这一悖论感到好奇，他提出了一个著名的问题："人都到哪儿去了？"费米的观点是，在宇宙适于产生生命的条件下，我们至今未曾观测到外星文明存在的证据，这表明从普通无生命物质到我们可能很快成为的先进文明，这条进化的道路上存在着严重的障碍。这个关键的瓶颈是存在于我们的过去，还是未来，或者两者兼而有之？如果我们过去的进化是一种概率极低的事件，以至于复杂的生命形式在宇宙中很罕见，那么几乎可以肯定的是，主要的瓶颈已经过去了。但费米有一种挥之不去的感觉，他觉得障碍可能存在于一次相变中，它阻止了我们当前的文明在宇宙中传播：我们可能无法在我们创造的世界中生存下去。在这方面多思考一下，或许可以帮助我们在开创未来上达到一定程度的共识。[9]事实上，史蒂芬跟费米的感受一样，他曾说过："我们只需要审视自己，就可以看到智慧生命会如何发展成我们不想看到的东西。"

这就引出了一个问题：我们要为我们的星球和我们的物种设想什么样的未来？后人类生命会蓬勃发展并扩散到宇宙中吗？从量子的角度来看，通往未来的无数条道路在某种意义上已经存在，并形成了一个充满可能性的景观。有些未来甚至可能看起来相当合理。然而，我们应该从过去吸取的教训是，会不断有偶然因素介入，导致历史发生意想不到的转折。2020 年的新冠肺炎疫情就是一个例子。然而，我们可以为我们所渴望的未来描绘一个清晰的整体愿景，而且虽然有着不确定性，我们也可以在一定程度上把它的运作方式定量建模，并以此来勾画出避免走向绝路的路线。这方面的主要责任将落在科学家和学者群体肩上。他们将形成一个社会智囊团，确保他们的研究是一体化的，引导无论是生物工程，还是机器学习和量子技术方面的研究，使之符合公共利益。

我们不能只是怀抱最好的希望，被动等待。如果人类连一起设想一个他们所向往的未来都做不到，我们就很难指望实现任何类似的目标。我们没有任何手册可供参考，也没有任何基础可抵挡失败，哪怕在物理定律的底层处也是如此，这个我已经说过。如果人类不去写自己的剧本，就没有人会为我们写。我们要么让人类进化沿着自己的盲道走下去，把人类的地位降低到与大规模蚁群相同，集体化，被监控，被剥夺所有的自由，要么认识到我们的命运掌握在我们自己手中，并一步一步地将命运塑造成一个协调一致的未来愿景，这还可以证明，费米的悲观主义是错误的。

在这个关键的历史时刻，当我们站在大自然的立场上迈出第一步时，最重要的是记住汉娜·阿伦特的话：我们是这个地球上的骑手，而不是来自天堂的神。我们是一个不断变化的宇宙中的群体。我们正在进化。我们需要找到一种实现全球意识的方法，以缓解阿伦特的世界异化。我们要朝着一种新的世界观发展，即以一种重视未来的方式重新审视我们彼此之间以及与生物圈其他部分的关系。只有珍视我们是地球的管理者这一事实，以及由此带来的局限性，我们才能避免人类把自己的各种力量变成自己的对头。

史蒂芬的最终理论通过推翻“天外之眼”，为人类的希望提供了一个强大的内核。我们进入大爆炸的旅程是关于我们的起源，而不仅仅是从大爆炸开始的宇宙的起源。这是其中非常关键的一部分。和爱因斯坦一样，史蒂芬认为人类的长远未来最终取决于我们对自己最深层根源的理解程度。这就是驱使他去研究宇宙大爆炸的原因。他关于宇宙的最终理论不仅仅是科学意义上的宇宙学理论，还是人文意义上的宇宙学理论，在这个理论中，宇宙被视为我们的家（虽然这个家很大），而它的物理学原理植根于它和我们的关系中。霍金的宇宙学终曲将艾萨克·牛顿的数学严谨性与查尔斯·达尔文的深刻见解联系在一起，后者是说，在更深刻的意义上，我们是一体的。史蒂芬的骨灰现在被安葬在伦敦威斯敏斯特教堂中殿，位于牛顿和达尔文的坟墓之间，这确实也是恰当的。

在我与史蒂芬的整个旅程中，我逐渐认识到他十分渴望我们所有人都能更多地从宇宙的角度看待我们的存在，并从深层次的角度思考问题。他的最终理论就像一颗萌芽的种子，有可能发展成为一种完全基于科学，同时又根植于我们的人性的新的世界观。显然，从量子宇宙学到道德宇宙的连线是极其漫长而脆弱的，但阿伦特所描绘的从伽利略观测月球到今天的高科技社会之间的连线亦是如此。

史蒂芬坚信，我们提问的勇气以及答案的深度能让我们安全、明智地驾驭地球走向未来。在他的一生中，在被诊断出患有肌萎缩侧索硬化症后，他发现了自己爱的意愿、养育后代的意愿、体验世界各个维度的意愿以及掌控宇宙的意愿。他的故事激励了亿万人，并将继续成为人类所能取得的成就的有力象征。2018 年 6 月 15 日，在威斯敏斯特大教堂举行的追悼会上，他的悼词概括了这一切："当我们从太空看地球时，我们看到的是作为一个整体的我们。我们看到的是团结，而不是分裂。这是一个如此简单的图像，传达了一个如此令人信服的信息：同一个星球，同一个人类。我们唯一的界限是我们看待自己的方式。我们必须成为全球公民。让我们共同努力，让未来成为我们想要去的地方。"这段悼词被发向了太空。

从史蒂芬·霍金那里，我们可以学会热爱这个世界，爱之至深，以至于渴望重新想象它，永不放弃。做一个真正的人。尽管史蒂芬几乎无法动弹，但他是我所认识的最自由的人。

—— 致谢 ——

若是没有众多同事和朋友的帮助，我与史蒂芬·霍金的这趟旅程难以走到今天。

感谢来自爱尔兰都柏林的阿德里安·奥特威尔和彼得·霍根，是他们在 1996 年让我得以踏上前往英国剑桥的火车；真挚地感谢尼尔·图罗克，在这块理论宇宙学的圣地上，是他引人入胜的课程鼓励我敲开了史蒂芬的房门；同时也真挚地感谢在霍金和图罗克手下工作的我的博士研究生同学，包括克里斯托弗·加尔法、哈维·雷亚尔、詹姆斯·斯帕克斯和托比·怀斯曼等，感谢他们的同志情谊。

“读万卷书，不如行万里路。”在我毕业时，史蒂芬这么对我说，而我也确实是这么做的。我真挚地感谢史蒂夫·吉丁斯、戴维·格罗斯、吉姆·哈特尔、加里·霍罗威茨、唐·马罗尔夫、马克·斯雷德尼基，以及已故的乔·波尔钦斯基等人，在弦宇宙学研究激荡人心的早期岁月里，他们在加州大学圣巴巴拉分校打造出了一片充满生机的研究氛围。

在这段时间里，史蒂芬与乔治·米切尔联系非常密切。我真诚地感谢米切尔一家，感谢他们能够在“库克支部”保护区打造出一片世外桃源，让史蒂芬得以安心工作；同时也特别感谢布鲁塞尔的国际索尔维研究所，感谢所长让–玛丽·索尔维、常务主任马克·埃诺。我特别感谢玛丽–克劳德·索尔维女士，她像是研究所里的大家长，对关于奥本海默、费曼和勒梅特的回忆如数家珍，让 20 世纪物理学的历史鲜活了起来。索尔维研究所温暖而宽容的氛围，使得它对我们这趟旅程来说，已经绝不仅仅是一个栖息之地而已。

多年来，我和多位同事之间无数次的交流对我思考时间起源的问题产生了深远的影响。由此，我由衷地感谢迪奥·安尼诺斯、尼古拉·博贝夫、弗雷德里克·德内夫、加里·吉本斯、乔纳森·哈利韦尔、特德·雅各布森、奥利弗·詹森、马特·克莱班、让–卢克·莱纳斯、安德烈·林德、胡安·马尔达塞纳、唐·佩奇、阿列克谢·斯塔罗宾斯基、托马斯·范里特、亚历克斯·维连金，并再次感谢加里·霍罗威茨、乔·波尔钦斯基、马克·斯雷德尼基和尼尔·图罗克。我还要感谢欧洲研究理事会和佛兰德研究基金会支持了本书成书所需的更广泛的宇宙学理论。

当然，我与史蒂芬的成功合作也离不开他背后的团队，他一批又一批的研究生助理和私人秘书，特别是乔恩·伍德和朱迪思·克罗斯德尔，还有他背后的看护和护理团队，他们专业和开创性的护理、修缮和制订计划的工作使得“霍金号”飞船得以大大超越它预期的任务时间。

我衷心地感谢吉姆·哈特尔，他是我们在这次伟大航行中的旅伴，他天才的宇宙量子观永远是指引我们航行的明灯；同时，我也要感谢汤姆·戴德韦德，他是我旅途中无上的知音和灵感源泉。

我受恩于剑桥大学理论宇宙学中心及其赞助人，以及三一学院，它在我人生的一个关键岔路口为我提供了访问研究资金。感谢马丁·里斯和宗座科学院为史蒂芬最终的宇宙学理论早期版本的宣传做出的贡献。

特别感谢露西·霍金的温柔与坚强，尤其在史蒂芬最艰难的临终之际，我们的关键想法正诞生于此时。本书的前几行正是在华兹华斯格罗夫的厨案旁写就的。

为了推动相对论和量子宇宙学这两大领域的历史性进展，研究者进行了通力合作，而我的目标就是将我们所做的努力呈现于世。感谢约翰·巴罗（已故）、加里·吉本斯、多米尼克·朗贝尔、马尔科姆·朗盖尔和吉姆·皮布尔斯对这段历史富有启发性的讨论。同时特别感谢弗兰斯·塞鲁鲁斯先生分享他在95岁高龄时依然保留的对乔治·勒梅特神父的鲜活记忆。感谢利利亚纳·莫昂和韦罗妮克·菲利厄，当我在鲁汶天主教大学查阅卷帙浩繁的勒梅特档案时，她们向我提供了宝贵的帮助。同时也感谢格雷厄姆·法梅洛，他在霍金的早年学术及个人经历上与我的交流使我深受启发。

我在鲁汶大学的同事——尼古拉·博贝夫、图瓦纳·范普勒延和托马斯·范里耶等，立志要在理论物理所打造一个活跃的研究小组，这使我的创作环境即使在新冠肺炎疫情隔离下也充满着生机。同时我们非常感谢来自鲁汶和各个低地国家的广大学术圈同行，感谢呵护着宝贵的学术环境的追梦者，这样的学术环境为面向更广大读者的科学创作提供了丰沛的土壤；我们更感谢那些勇于检验我们最新的宇宙学理论的人，他们是我们的英雄。特别感谢罗伯特·戴克格拉夫，在不经意间，他给了我很多的鼓舞和激励。

感谢德米斯·哈萨比斯，我和他就未来的宇宙学在人工智能领域中的表现和意义进行了交流，这让我大开眼界。感谢剧作家托马斯·里克瓦尔特，他大胆地将这一系列想法（及本书作者）搬上了舞台。感谢比利时女王玛蒂尔德慷慨地参加在鲁汶举办的“去往时间的边界”展会。感谢我的联席展会负责人汉娜·雷德勒·霍斯，她对科学与艺术之间这片广阔空间的热情探索，也为所有展品赋予了艺术的气息。

我还要感谢并祝贺佛兰德公共广播公司（VRT）的档案管理员。在本书手稿墨迹未干之时，他们找到了失踪已久的1964年对乔治·勒梅特的采访记录，这份记录为我在书里所描绘的从勒梅特到晚年霍金的人类智慧演变历程提供了非常重要的证据。

感谢艾莎·德格罗韦，她熟练地将我的草图转化成图片，以对文本加以阐释。感谢乔治·埃利斯、罗杰·彭罗斯、詹姆斯·惠勒，他们热心地协助处理了一些老旧图片。我同样也要向伦敦科学博物馆霍金办公室和佛罗里达州立大学狄拉克档案库的负责人表达谢意。

我也相当感谢我的文学经纪人马克斯·布罗克曼和拉塞尔·温伯格在这部作品整个创作过程中给予我的良好建议及指导。感谢我在兰登书屋的优秀编辑希拉里·雷德蒙，感谢她作为编辑拥有的深刻见解和持续不断的鼓励，也感谢米丽娅姆·哈努卡耶夫，她统筹了从手稿到成书的过程。

最后，我衷心地感谢我的爱人纳塔莉和我们的孩子萨洛梅、艾拉、诺厄和拉斐尔，在我的整个旅程中，他们为我营造了一个温馨、有爱的家。

—— 图片来源 ——

图 1：© Science Museum Group (UK)/Science & Society Picture Library

图 2：© ESA—European Space Agency/Planck Observatory

图 3，5，10，20—22，24—26，28—32，34—39，42—44，46—47，49—50，53—55，58：© author/Aïsha De Grauwe

图 4：With permission of the Ministry of Culture—Museo Nazionale Romano, Terme di Diocleziano, photo n. 573616: Servizio Fotografico SAR

图 6：public domain/providing institution ETH-Bibliothek Zürich, Rar 1367: 1

图 7：© photo by Anna N. Zytkow

图 8，15，18，51，52：© author

图 9：public domain/Posner Library, Carnegie Mellon

图 11：© Event Horizon Telescope collaboration

图 12：reproduced from Roger Penrose, “Gravitational Collapse and Space-time Singularities,” *Physical Review Letters* 14, no. 3 (1965): 57–59. © 2022 by the American Physical Society.

图 13：first published in Vesto M. Slipher, “Nebulae,” *Proceedings of the American Philosophical Society* 56 (1917): 403

图 14：© Georges Lemaître Archives, Université catholique de Louvain, Louvain-la-Neuve, BE 4006 FG LEM 609

图 16：Paul A.M. Dirac Papers, Florida State University Libraries

图 17：photo by Eric Long, Smithsonian National Air and Space Museum (NASM 2022-04542)

图 19：reproduced from George Ellis, “Relativistic Cosmology,” in *Proceedings of the International School of Physics “Enrico Fermi,”* ed. R. K. Sachs (New York and London: Academic Press, 1971)

图 23：photograph collection, Caltech Archives/CMG Worldwide

图 27：© photo by Anna N. Zytkow

图 33：personal archives of Professor Andrei Linde

图 40：© Maximilien Brice/CERN

图 41：© photograph by Paul Ehrenfest, courtesy of AIP Emilio Segrè Visual Archives

图 45：© *The New York Times*/Belga image

图 48：reproduced from John A. Wheeler, “Frontiers of Time,” in *Problems in the Foundations of Physics, Proceedings of the International School of Physics “Enrico Fermi,”* ed. G. Toraldo di Francia (Amsterdam; New York: North-Holland Pub. Co., 1979/KB-National Library)

图 56：© M.C. Escher’s *Circle Limit IV* © 2022 The M.C. Escher Company, The Netherlands. All rights reserved. www.mcescher.com

图 57：reproduced from John A. Wheeler, “Geons,” *Physical Review* 97 (1955): 511–36

图 59：© photo by Anna N. Zytkow

插页彩图

彩图 1：© Georges Lemaître Archives, Université catholique de Louvain, Louvain-la-Neuve, BE 4006 FG LEM 836

彩图 2：first published in Algemeen Handelsblad, July 9, 1930, “AFA FC WdS 248,” Leiden Observatory Papers

彩图 3：© Georges Lemaître Archives, Université catholique de Louvain, Louvain-la-Neuve, BE 4006 FG LEM 704

彩图 4：public domain

彩图 5：© *The New York Times Magazine*. First published on Feb. 19, 1933.

彩图 6：© Succession Brâncuşi—all rights reserved (Adagp)/Centre Pompidou,

MNAM-CCI /Dist. RMN-GP

彩图 7：first published in Thomas Wright, *An Original Theory of the Universe* (1750)

彩图 8：M.C. Escher's "Oog" © The M.C. Escher Company—Baarn, The Netherlands. All rights reserved. www.mcescher.com

彩图 9：© ESA—European Space Agency/Planck Observatory

彩图 10：© Science Museum Group (UK)/Science & Society Picture Library

彩图 11：© Sarah M. Lee

参考文献

Arendt, Hannah. *The Human Condition.* Chicago: University of Chicago Press, 1958.

Barrow, John, and Frank Tipler. *The Anthropic Cosmological Principle.* Oxford: Oxford University Press, 1986.

Carr, Bernard J., George F. R. Ellis, Gary W. Gibbons, James B. Hartle, Thomas Hertog, Roger Penrose, Malcolm J. Perry, and Kip S. Thorne. *Biographical Memoirs of Fellows of the Royal Society: Stephen William Hawking CH CBE, 8 January 1942–14 March 2018.* London: Royal Society, 2019.

Carroll, Sean. *The Big Picture: On the Origins of Life, Meaning, and the Universe Itself.* London: Oneworld, 2017.

Davies, Paul. *The Goldilocks Enigma: Why Is the Universe Just Right for Life?* London: Allen Lane, 2006.

Farmelo, Graham. *The Strangest Man: The Hidden Life of Paul Dirac, Mystic of the Atom.* New York: Basic Books, 2009.

Gell-Mann, Murray. *The Quark and the Jaguar.* New York: Freeman, 1997.

Greene, Brian. *The Fabric of the Cosmos.* New York: Alfred A. Knopf, 2004.

Greene, Brian. *The Hidden Reality: Parallel Universes and the Deep Laws of the Cosmos.* New York: Alfred A. Knopf, 2011.

Halpern, Paul. *The Quantum Labyrinth.* New York: Basic Books, 2018.

Hawking, Stephen. *A Brief History of Time: From the Big Bang to Black Holes.* New York: Bantam Books, 1988.

Hawking, Stephen, and Leonard Mlodinow. *The Grand Design.* New York: Bantam Books, 2010.

Lambert, Dominique. *The Atom of the Universe: The Life and Work of Georges Lemaître.* Kraków: Copernicus Center Press, 2011.

Nussbaumer, Harry, and Lydia Bieri. *Discovering the Expanding Universe.* Cambridge: Cambridge University Press, 2009.

Pais, Abraham. *"Subtle Is the Lord—": The Science and the Life of Albert Einstein.* Oxford: Oxford University Press, 1982.

Peebles, James. *Cosmology's Century: An Inside History of Our Modern Understanding of the Universe.* Princeton: Princeton University Press, 2020.

Pross, Addy. *What Is Life?* Oxford: Oxford University Press, 2012.

Rees, Martin. *If Science Is to Save Us.* Cambridge: Polity Press, 2022.

Rees, Martin, *Our Cosmic Habitat.* Princeton: Princeton University Press, 2001.

Rovelli, Carlo. *The First Scientist: Anaximander and His Legacy.* Translated by Marion Lignana Rosenberg. Yardley, Pa: Westholme, 2011.

Smolin, Lee. *The Trouble with Physics: The Rise of String Theory, the Fall of Science and What Comes Next.* Boston: Mariner Books, 2007.

Susskind, Leonard. *The Cosmic Landscape: String Theory and the Illusion of Intelligent Design.* New York: Little, Brown, 2006.

Susskind, Leonard. *The Black Hole War.* New York: Little, Brown, 2008.

Turok, Neil. *The Universe Within: From Quantum to Cosmos.* Toronto: House of Anansi Press, 2012.

Weinberg, Steven. *To Explain the World: The Discovery of Modern Science.* New York: Harper, 2015.

Wheeler, John Archibald, and Kenneth Ford. *Geons, Black Holes, and Quantum Foam: A Life in Physics.* London: Norton, 1998.

注释

序

1. 史蒂芬去世后，这块黑板与霍金在剑桥大学的办公室里的其他纪念品一起，被伦敦科学博物馆集团购为国有。后来人们发现，这些涂鸦并非出自史蒂芬之手，而是这一长达数月的会议的参会者们创作的。这其中包括会议的共同组织者、霍金当时的博士后马丁·罗切克（Martin Roček），可以看到他的脸被轻轻地画在右边靠中间的位置。
2. Christopher B. Collins and Stephen W. Hawking, "Why Is the Universe Isotropic?" *Astrophysical Journal* 180 (1973): 317–34.
3. 史蒂芬偶尔也会出借自己的声音，即别人会拟一份陈述稿，通过他的演讲软件运行后向外界广播。然而，跟他关系亲密的人很容易就能将假霍金的用词和真霍金区分开来——后者在简洁性、清晰度和他标志性的幽默感方面都更胜一筹。这么做尽管是出于一些不得已而为之的原因，但也很令人遗憾，因为这意味着霍金的公众形象和他真人逐渐分离了。

第1章

1. Fred Hoyle, "The Universe: Past and Present Reflections," *Annual Review of Astronomy and Astrophysics* 20 (1982): 1–36.
2. Steven Weinberg, "Anthropic Bound on the Cosmological Constant," *Physical*

Review Letters 59 (1987): 2607.

3. Paul Davies, *The Goldilocks Enigma: Why Is the Universe Just Right for Life?* (London: Allen Lane, 2006), 3.
4. 这个片段是通过西里西亚的辛普利修斯传给我们的，他在他对亚里士多德《物理学》的评论中引用了它。
5. Galileo Galilei, *Il Saggiatore* (Rome: Appresso Giacomo Mascardi, 1623).
6. 此话出自弗朗索瓦 · 阿拉戈。
7. 保罗 · 狄拉克，引自 Graham Farmelo, *The Strangest Man: The Hidden Life of Paul Dirac, Mystic of the Atom* (New York: Basic Books, 2009), 435.
8. William Paley, *Natural Theology; or, Evidences of the Existence and Attributes of the Deity, Collected from the Appearances of Nature* (London: Printed for R. Faulder, 1802).
9. Charles Darwin, *On the Origin of Species*, manuscript, 1859.
10. Stephen Jay Gould, *Wonderful Life: The Burgess Shale and the Nature of History* (New York: Norton, 1989).
11. 查尔斯 · 达尔文，引自 Charles Henshaw Ward, *Charles Darwin: The Man and His Warfare* (Indianapolis: Bobbs-Merrill, 1927), 297。
12. Leonard Susskind, *The Cosmic Landscape: String Theory and the Illusion of Intelligent Design* (New York: Little, Brown, 2006).
13. 不管人择原理这个名字意味着什么，卡特抑或其他人都不会认为它仅仅适用于人类。它关注的是更普遍的生存条件。关于这一想法的详细综述 见 John Barrow and Frank Tipler, *The Anthropic Cosmological Principle* (Oxford: Oxford University Press, 1986)。
14. Andrei Linde, “Universe, Life, Consciousness” (lecture, Physics and Cosmology Group of the “Science and Spiritual Quest” program of the Center for Theology and the Natural Sciences [CTNS], Berkeley, Calif., 1998).
15. 史蒂文 · 温伯格，Living in the Multiverse，2005 年 9 月在剑桥大学三一学院举行的“终极理论之期”研讨会上的演讲，并发表于 *Universe or Multiverse?*, ed. B. Carr (Cambridge: Cambridge University Press, 2007)。

16. Nima Arkani-Hamed, "Prospects for Contact of String Theory with Experiments" (lecture, Strings 2019, Flagey, Brussels, July 9–13, 2019).
17. 霍金在他的演讲"自上而下的宇宙学"中重复了这一点（lecture, Davis Meeting on Cosmic Inflation, University of California, Davis, March 22–25, 2003）。
18. 美国科学哲学家托马斯·库恩在《科学革命的结构》一书中解释说，当现有科学运作所依托的主要范式与新的现象无法相容时，就会出现范式的转变。人们可能会想知道，在21世纪初出现，让人们呼吁宇宙学变革的"新现象"到底是什么。我相信，其中主要是20世纪90年代末天文学观测到的加速膨胀现象。这些观测与弦论中的新理论思想相结合，印证了物理定律适宜生命存在的巧合性。
19. 20世纪70年代中期，霍金与他的学生伯纳德·卡尔合作，推测紧跟在热大爆炸后，可能有小黑洞存在。这种*原初黑洞*将会更热，辐射速度也会更快。事实上，那些大约10^{15}克的黑洞——就好比把一座山的质量集中在一个质子的大小上——的数量会在当前的宇宙中激增。令史蒂芬非常失望的是，人们还没有探测到这样的增长。

第2章

1. Georges Lemaître, "Rencontres avec Einstein," in *Revue des Questions scientifiques* (Bruxelles: Société scientifique de Bruxelles, January 20, 1958), 129.
2. 1963年，乔治·勒梅特做了最后一次公开演讲，主题为"宇宙与原子"，该演讲的听众是当时鲁汶大学的学生们。这里的措辞比他通常表达立场时所用的要强烈一些，这无疑反映了他因反对者的态度而感到了挫败。对于勒梅特在科学和宗教关系方面（时有变化）的观点的深入阐述，以及对这次演讲的分析，见多米尼克·朗贝尔的*L'itinéraire spirituel de Georges Lemaître* (Bruxelles: Lessius, 2007)。
3. 1892年，汤姆森被授予第一任拉格斯的开尔文勋爵。这个头衔是以流经他在格拉斯哥大学的实验室附近的开尔文河命名的。今天我们得知开尔文勋爵，主要是因为他的名字被用于绝对温标。开尔文确定了绝对零度温度的值约为零下 273.15 摄氏度。他还主持了一项史诗般的工程，在爱尔兰和纽芬兰之间铺设了第一条跨大西洋的电报电缆。这里开尔文的话引自 Lord Kelvin, "Nineteenth Century Clouds over the Dynamical Theory of Heat and Light," *Philosophical Magazine* 6, no. 2 (1901):1–40。

4. Hermann Minkowski, "Raum und Zeit" (lecture, 80th General Meeting of the Society of Natural Scientists and Physicians, Cologne, September 1908).
5. 引自 Abraham Pais, *"Subtle Is the Lord—": The Science and the Life of Albert Einstein* (Oxford: Oxford University Press, 1982)。
6. 爱因斯坦所采用的弯曲几何语言是卡尔·弗里德里希·高斯和伯恩哈德·黎曼等 19 世纪数学家所开发的。高斯和黎曼发现，我们在学校学过的普通几何定理，如以毕达哥拉斯命名的著名定理，或认为三角形内角和为 180 度的定理，在弯曲的表面上不再适用。例如，在一个橙子（或地球表面）上，三角形的内角和就超过 180 度。在高斯和黎曼之前，弯曲的表面一直被认为是嵌套在正常的三维欧几里得空间中的。但是高斯证明，二维弯曲表面的几何属性，如直线和角度的概念，可以内禀地定义，而不必参考它们之外的任何东西。这启发了黎曼想象，与之类似，三维空间也可以弯曲，并且不同于欧几里得空间。爱因斯坦正是想到了这一点，并且更进一步，用四维的弯曲时空几何来描述物理世界。弯曲时空服从四维非欧几何的规律，而不必引入其外部或超出其范围的任何东西。在物理上，这意味着宇宙不需要存在于某种更大的盒子中，也不需要在其中膨胀。
7. John Archibald Wheeler and Kenneth Ford, *Geons, Black Holes, and Quantum Foam: A Life in Physics* (London: Norton, 1998), 235.
8. Pais, "*Subtle Is the Lord.*"
9. 《纽约时报》特别电报，1919 年 11 月 10 日。
10. 这不是这个半径第一次出现在物理学中。早在 18 世纪，约翰·米歇尔和皮埃尔–西蒙·拉普拉斯就利用牛顿力学发现，一个被压缩在该半径内、质量为M的球体，其逃逸速度将等于光速。这种假想的物体将无法辐射光粒子，这可以被看作黑洞的前身。

11. 可参见Georges Lemaître, “L’univers en expansion,” *Annales de la Société Scientifique de Bruxelles* A53 (1933): 51–85。英译版为“The Expanding Universe,” *General Relativity and Gravitation* 29, no. 55 (1997): 641–80。
12. 一个普通恒星在其一生的大部分时间里，会通过将氢转化为氦的核聚变产生的热压力来对抗自身的引力。然而，恒星最终将耗尽其核燃料并坍缩。如果最初的恒星质量不太大，电子之间（或中子和质子之间）的排斥压力最终将阻止坍缩，恒星也将稳定下来，成为白矮星（或中子星）。然而，印裔美国天体物理学家苏布拉马尼扬·钱德拉塞卡在1930年证明白矮星具有最大质量，并因此获得了诺贝尔奖。接下来，在1939年，罗伯特·奥本海默和乔治·沃尔科夫表明中子星也有最大质量。最后，对于质量足够大的恒星，已经没有任何已知的物质状态能够阻止其引力坍缩，人们认为它们会继续坍缩，形成黑洞。
13. Roger Penrose, “Gravitational Collapse: The Role of General Relativity,” *La Rivista Del Nuovo Cimento* 1 (1969): 252–76.
14. Roger Penrose, “Gravitational Collapse and Space-time Singularities,” *Physical Review Letters* 14, no. 3 (1965): 57–59.
15. 第48页的爱因斯坦方程式包含一个量：$8\pi G/c^4$，它乘在了方程右边物质的质量和能量部分上。这个量的数值非常小，这意味着我们需要巨大的质量或能量才能稍微弯曲一点点方程左边的时空场。为了让你有个概念，我要指出，整个地球的质量使其邻域内空间形状弯曲的相对程度，相比于正常的欧氏空间来说，大约只有10^{-9}。
16. 爱因斯坦1917年3月12日致威廉·德西特的信，见*Collected Papers*, vol. 8, eds. Albert Einstein, Martin J. Klein, and John J. Stachel (Princeton University Press, 1998): Doc. 311。
17. 如果想要更详细地了解宇宙膨胀的发现历史，我推荐阅读哈里·努斯鲍默和莉迪娅·比厄里的*Discovering the Expanding Universe* (Cambridge: Cambridge University Press, 2009)。

18. 我强烈推荐这本乔治·勒梅特传记：*The Atom of the Universe,* by Dominique Lambert (Kraków: Copernicus Center Press, 2015)。
19. 在这里勒梅特引用了托马斯·阿奎那的话："没有任何智慧不是先存在于感觉之中的。"
20. 乔治·勒梅特于1960年在罗马圆桌会议上发表的演讲"L'Etrangeté de l'Univers"，收录于*Pontificiae Academiae Scientiarum Scripta Varia* 36 (1972): 239。
21. 造父变星是一类脉动的恒星，其亮度呈周期性变化，周期从数月到仅一天时间不等。现代最早的女性天文学家之一亨丽埃塔·莱维特注意到了造父变星的脉动周期和其亮度之间的奇妙关系：亮度更暗的造父变星脉动周期更短。这意味着我们可以通过观测造父变星亮度的周期性变化来测量宇宙学中的距离。于是，造父变星成了天文学家对宇宙中遥远物体的第一把可靠的测量尺，后来哈勃巧妙地利用它测量了星云的距离。
22. 洛厄尔天文台由珀西瓦尔·洛厄尔于1894年创立，致力于研究火星上的神秘"河道"。1930年，冥王星正是由天文学家在这里发现的。
23. 光谱指不同颜色的光的分布方式。通过将天体光谱中某个具有可识别特征的波长与在地球实验室里所测的同一特征的波长相比较，可以确定天体光谱的偏移。
24. Vesto M. Slipher, "Nebulae," *Proceedings of the American Philosophical Society* 56 (1917): 403–9.
25. 他的论文是用法语写成的，发表在不太知名的*Annales de la Société Scientifique de Bruxelles* (Série A. 47 [1927]: 49–59)上。其标题《一个质量恒定、半径增大的均匀宇宙，及其对河外星云径向速度的解释》已经明确表明了勒梅特的意图。事实上，在编辑手稿的最后阶段，勒梅特对标题稍微进行了修改，将"变化"改为"增大"，这可能是为了强化他的模型与天文观测结果之间的联系。天文观测结果表示，星系正在远离我们。
26. Lambert, *Atom of the Universe.*
27. 由于距离测量存在较大的不确定性，在哈勃发表的用于测距的星系样本基础上，勒梅特将速度的平均值除以距离的平均值。取平均值有助于把每个样本单独测距时产生的较大的不确定性给平均掉。

28. 为了继续与爱因斯坦交谈，勒梅特坐上了爱因斯坦前往其在柏林任教时的学生奥古斯特·皮卡德的实验室的出租车。在出租车上，勒梅特谈起了天文台观测到星系远离的现象，并提出这提供了宇宙正在膨胀的证据。然而，根据他的回忆，他的印象是爱因斯坦对最新的天文观测既不了解，也没有兴趣。
29. 弗里德曼的专业知识范围广得惊人，从相对论的纯数学工作到高海拔气球飞行，他研究了高海拔效应对人体的影响。他在 1925 年曾创造了世界最高海拔气球飞行纪录，达到了 7 400 米的高度，比俄罗斯最高的山还要高。但他在数月后不幸去世，据说是死于伤寒，年仅 37 岁。
30. 像爱因斯坦一样，勒梅特在哲学上也更倾向于一个空间上有限的宇宙。
31. 2018 年，国际天文学联合会通过了一项决议，将这个关系称为“哈勃–勒梅特定律”。

    哈勃基于对 24 个星系观测的改进，得出了 63 页的速度–距离关系中比例常数的值：每隔 300 万光年的距离，星系远离我们的速度约增加 513 千米/秒，与勒梅特早期发现的数值并没有太大的不同。哈勃和赫马森根据通常的多普勒效应解释了他们的观测结果。

33. Einstein, letter to Tolman, 1931, in Albert Einstein Archives, Archivnummer 23–030.
34. Arthur Stanley Eddington, *The Expanding Universe* (Cambridge: Cambridge University Press, 1933), 24.
35. Georges Lemaître, Evolution of the expanding universe, *Proceedings of the National Academy of Sciences*, 20, 12–17.
36. Einstein, letter to Lemaître, 1947, in Archives Georges Lemaître, Université catholique de Louvain, Louvain-la Neuve, A4006.
37. 哈勃和赫马森对红移的观测只让我们退回了几百万光年，因此他们的测量仅确定了相对近的时期的宇宙膨胀速率，而没有说明膨胀速率在宇宙历史中是如何发展演化的。在 20 世纪 90 年代这个黄金时代，对亮度极高、数十亿光年以外依然可见的超新星爆发的光谱观测，让我们得以追溯到数十亿年前并重建宇宙的膨胀过程。这一观测揭示出，我们的宇宙在大约 50 亿年前就由减速膨胀变成了加速膨胀。

38. Georges Lemaître, *Discussion sur l'évolution de l'univers*, (Paris: Gauthier-Villars, 1933), p 15–22.
39. 勒梅特属于新派数学天文学家，他认为天文学的未来不仅要用到纯分析，还要用到计算机编程。他的计算研究紧跟着计算技术的发展进程。在 20 世纪 20 年代初期，他协助麻省理工学院的瓦内瓦尔 · 布什尝试利用微分分析仪解决施特默问题。随后，他在计算宇宙射线轨道时也不再使用对数表，转而使用手摇加法器，再后来又用上了电动桌面计算机以及机械式自动会计机。20 世纪 50 年代，道格拉斯 · 哈特里允许他使用剑桥大学正在研发的真空管计算机，也使他最终如愿以偿。
40. Arthur S. Eddington, "The End of the World: from the Standpoint of Mathematical Physics," *Nature* 127, no. 2130 (March 21, 1931): 447–53.
41. Lemaître, *Revue des Questions scientifiques*.
42. Lemaître, "L'univers en expansion."
43. Georges Lemaître, "The Beginning of the World from the Point of View of Quantum Theory," *Nature* 127, no. 2130 (May 9, 1931): 706.
44. P. A. M. 狄拉克在 1939 年 2 月 6 日发表了演讲《关于数学和物理学之间的关系》，作为他获得詹姆斯 · 斯科特奖的获奖感言。这篇演讲发表于 *Proceedings of the Royal Society of Edinburgh* 59 (1938–39, Part II): 122–29。
45. Fred Hoyle, "The Universe: Past and Present Reflections," *Annual Review of Astronomy and Astrophysics* 20 (1982): 1–36.
46. Fred Hoyle, *The Origin of the Universe and the Origin of Religion* (Wakefield, R.I.: Moyer Bell, 1993).
47. 更多关于伽莫夫多彩人生中的逸事见伽莫夫的自传 *My World Line: An Informal Autobiography* (New York: Viking Press, 1970)。
48. 更重的化学元素，比如碳，是很久之后在恒星内的核聚变过程中形成的。在铁元素之后的更重的元素则形成得更晚，要么在超新星的突然加热时，要么在中子星的剧烈合并中。这些以及其他过程铸就了当今宇宙中丰富的化学环境。实际上，那些最奇异的元素现在也正在地球上（也许还有其他地方）物理学家的实验室里被合成了。

49. Lambert, *Atom of the Universe*.
50. 引自 Duncan Aikman, "Lemaitre Follows Two Paths to Truth," *The New York Times Magazine,* February 19, 1933（见插页彩图 5）。
51. Georges Lemaître, "The Primaeval Atom Hypothesis and the Problem of the Clusters of Galaxies"，收录于 *La structure et l'evolution de l'univers: onzieme conseil de physique tenu a l'Universite de Bruxelles du 9 au 13 juin 1958,* ed. R. Stoops (Bruxelles: Institut International de Physique Solvay, 1958): 1–30。以赛亚所谓的"隐藏的上帝"概念，是勒梅特思想中持续存在的一个背景主题。例如，在勒梅特 1931 年发表于《自然》杂志的大爆炸宣言原本的手稿中，在结尾处有一小段——在出版前又被划掉——写道："我认为，每个人只要信奉最高神明的存在，并认为最高神明是支持每个生命和每个行为的，那他也会相信上帝本质上是隐秘的，并且也乐于见到当今物理学如何提供了一条遮掩造物主的面纱。"
52. Lemaître, "The Primaeval Atom Hypothesis and the Problem of the Clusters of Galaxies."

第 3 章

1. Stephen Hawking, *My Brief History* (New York: Bantam Books, 2013), 29.
2. 比如说，压力的来源之一就是对辐射源的探测结果。这些辐射源后来被称为类星体，观测结果显示它们在天空中的分布相当均匀，这意味着它们很可能在我们的银河系之外。但是有太多微弱的信号源，表明它们在遥远的过去有着更高的密度，这不是我们期望会在一个一成不变的稳态宇宙里观察到的情况。
3. 与彭罗斯一样，史蒂芬确定了无法回头的位置，即反陷俘面的形成点，光线从这里向各个方向散射。史蒂芬表明，如果曾经有一个反陷俘面的话，那么在更早一些的时候必然存在一个奇点。

4. George F. R. Ellis, "Relativistic Cosmology," in *Proceedings of the International School of Physics "Enrico Fermi," Course 47: General Relativity and Cosmology,* ed. R. K. Sachs (New York and London: Academic Press, 1971), 104–82.
5. 引自 *General Relativity and Gravitation: A Centennial Perspective,* A. Ashtekar, B. Berger, J. Isenberg, M. Maccallum, eds. (Cambridge: Cambridge University Press, 2015), 19。
6. Hendrik A. Lorentz, "La théorie du rayonnement et les quanta," : in *Proceedings of the First Solvay Council, Oct 30–Nov 3, 1911,* eds. P. Langevin and M. de Broglie (Paris: Gauthier-Villars, 1912), 6–9.
7. 海森堡的不确定性原理和普朗克的量子假设是紧密关联的。假设你想要测量一个粒子的位置，为此，你必须观察这个粒子，例如通过将光照射在它上面。为了更精确地测量它的位置，你可以使用波长较短的光。然而，根据普朗克的量子假设，你必须至少使用一个光量子。这个光量子会轻微地干扰粒子，使其速度以无法预测的方式改变。光的波长越短，单个光量子的能量越高，粒子速度变化的不确定性就越大。海森堡的不确定性原理量化了这一过程，它规定，粒子位置的不确定性乘以其动量的不确定性不能小于一个特定量，该量被称为普朗克常数，用h表示。普朗克常数的值可以通过实验确定。它是自然界的基本常数之一，除此之外还有光速c和牛顿引力常数G，这二者出现在第 48 页的爱因斯坦方程中。普朗克量子常数显然没有在这个经典（而非量子）方程中出现！
8. 薛定谔以概率波的形式描述粒子，这也解释了早期关于原子的量子实验。例如，考虑一个绕着原子核运动的电子。如果我们把电子看作一个波动实体，那么只有在某些特定轨道上，轨道长度才对应于电子波长的整数倍。在这些轨道上，波峰每次都会到达相同的位置，因此波将叠加并彼此加强。这些轨道正是玻尔的量子化轨道。
9. Erwin Schrödinger, *Science and Humanism: Physics in Our Time* (Cambridge: Cambridge University Press, 1951), 25.
10. 关于理查德 · 费曼和约翰 · 惠勒科学与私人互动的生动叙述，我强烈推荐保罗·哈尔彭所著的《量子迷宫》。

11. 弗里曼·J. 戴森在1980年引用费曼的话，引自Nick Herbert, *Quantum Reality: Beyond the New Physics* (Garden City, N.Y.: Anchor Press, 1987)。

12. 假设有人作弊，在其中一个狭缝附近安装一个装置来测量电子到底走了哪条路径。有了这样一个额外的探测器，你确实会看到每个电子通过哪条狭缝。然而，你也会发现屏幕上的干涉图案消失了。这是因为有了新装置以后，我们问的就是一个不同的问题了，并因此选择了不同的历史集合。通过添加新的装置，我们问出了"电子走了哪条路径？"这一问题，为了回答这个问题，费曼的历史求和方案指示我们把电子通过给定狭缝的所有路径加起来。显然，这会给出通过该狭缝的总概率，即50%。但是，通过强迫电子揭露这些信息，我们也消除了电子通过另一个狭缝的所有历史，因此消除了通向屏幕的这两组轨迹之间干涉的可能性。只有当实验者不去试图确定任何一个电子通过哪个狭缝时，干涉图案才会出现。

13. James B. Hartle and S. W. Hawking, "Path-Integral Derivation of Black-Hole Radiance," *Physical Review D* 13 (1976): 2188–203.

14. 我们得以更多地了解无边界假说的产生过程，多亏了加州大学圣巴巴拉分校档案馆中有一个大的蓝色活页夹，上面标有"81–82波函数"的标签，吉姆·哈特尔在里面细致地收录了关键的那两年中与史蒂芬的通信内容。

15. 来自与吉姆·哈特尔的私下交流。

16. 雪茄的直径给定了由远距离观察者测量的黑洞的温度。雪茄的直径越大，黑洞的温度就越低。在欧几里得几何框架中，对于给定的质量，通过要求尖端的几何是光滑的，即像个球面而不是锥面，就可以确定其直径了。这就是黑洞的欧几里得几何为其量子行为加密的方式。

17. Gary W. Gibbons and S. W. Hawking, eds., *Euclidean Quantum Gravity* (Singapore; River Edge, N.J.: World Scientific, 1993), 74.

18. Sidney Coleman, "Why There Is Nothing Rather Than Something: A Theory of the Cosmological Constant," *Nuclear Physics B* 310, nos. 3–4 (1988): 643.

19. 这种专题讨论会议是由时任宗座科学院院长的勒梅特蒙席在 20 世纪 60 年代创立的。
20. 尊敬的若望·保禄二世教皇陛下圣谕，发表于*Astrophysical Cosmology: Proceedings of the Study Week on Cosmology and Fundamental Physics,* eds. H. A. Brück, G. V. Coyne, and M. S. Longair (Città del Vaticano: Pontificia Academia Scientiarum: Distributed by Specola Vaticana, 1982)。

第 4 章

1. 热大爆炸理论还预测了宇宙中微子背景（CNB），甚至还有宇宙引力子背景。CNB 如果被观测到，它将给出宇宙在诞生之后几秒钟的快照。
2. Georges Lemaître, *L'hypothèse de l'atome primitif: Essai de cosmogonie* (Neuchâtel: Editions du Griffon, 1946).
3. Bernard J. Carr et al., *Biographical Memoirs of Fellows of the Royal Society: Stephen William Hawking CH CBE, 8 January 1942–14 March 2018* (London: Royal Society, 2019).
4. 在牛顿的理论中，引力纯粹是由物体的质量和能量引起的。但在广义相对论中，压力也会影响物体的引力，以及它弯曲时空的方式。而且，与始终为正的质量不同，压力也可以是负的。一个熟悉的负压力的例子就是你拉伸橡皮筋时所感受到的向内拉力。在爱因斯坦的理论中，正压力像正质量一样，对引力产生正向的贡献，而负压力则会导致排斥性的“引力”，或称反引力。
5. 这些理论预言背后的主要参与者包括在苏联工作的詹纳迪·奇比索夫、维亚切斯拉夫·穆哈诺夫和阿列克谢·斯塔罗宾斯基，还有在西方工作的詹姆斯·巴丁、阿兰·古斯、史蒂芬·霍金、皮瑞英、保罗·斯坦哈特和迈克尔·特纳。
6. G. W. Gibbons, S. W. Hawking, and S. T. C. Siklos, eds., *The Very Early Universe: Proceedings of the Nuffield Workshop, Cambridge, 21 June to 9 July, 1982* (Cambridge; New York: Cambridge University Press, 1983).

7. 一对虚粒子中，一个具有正能量，另一个具有负能量。负能量粒子在普通时空中不能持续存在，必须寻找其正能量伴侣并与之一同湮灭。然而黑洞包含着负能态，因此如果虚粒子对中负能量的那个掉入黑洞中，它便可以持续存在，无须与其伴侣一同湮灭，因而伴侣便可自由逃逸。掉入黑洞的负能量粒子会略微降低黑洞的质量，这解释了为什么霍金辐射会让黑洞缩小并最终消失。
8. 表明宇宙中的物质比看起来更多的最初迹象，可以追溯到20世纪30年代瑞士天文学家弗里茨·茨维基对星系团的观测。茨维基观察到一些星系以惊人的高速围绕其他星系旋转。这意味着必然存在比可见星体多得多的物质，让这样的星系一直集结在一起。20世纪70年代，美国天文学家薇拉·鲁宾在单个星系的外围也观测到了类似的效应。她的观测结果表明，旋涡星系的旋臂必定也嵌入一个暗物质云中，以保持其整体团结在一起。
9. 两支天文学家团队，即由亚当·里斯和布赖恩·施密特共同领导的“高红移超新星计划”以及由索尔·珀尔马特领导的“超新星宇宙学计划”，测量了名为超新星的爆炸恒星发出的光的亮度和红移。这些超新星非常明亮，即使身在遥远的星系中，也能被我们看得到。由于这些超新星的亮度是已知且固定的，研究人员便能够将这些星体作为宇宙深处的远距离基准。结合这两个团队的红移观测，他们得以建立起哈勃–勒梅特定律，将远至数十亿光年范围内星体的距离和退行速度联系起来，从而重建数十亿年前宇宙的膨胀过程。令他们惊讶的是，他们的测量结果表明，宇宙膨胀在大约50亿年前就开始加速。这一发现使珀尔马特、里斯和施密特共同获得了2011年的诺贝尔物理学奖。
10. 宇宙当前的加速膨胀是由恒定的宇宙学常数驱动，还是与变化非常缓慢的标量场（类似于残余的暴胀场）有关，学界目前对此尚存在疑虑。对于前一种情况，压强和能量密度的比值严格等于–1，而对于后一种情况，该比值将大于–1。这种差异看起来可能并不太重要，但它会影响（非常）长时间内的加速速率，因此可能会改变宇宙的最终命运。目前人们正在努力，想要把这个比值定得尽可能精确一些。

11. 后来又出现了一朵小乌云。超新星光谱观测这样相对局域性的天文观测指出，每百万秒差距[①]的宇宙膨胀速率为每秒 73 千米。相比之下，依托广义相对论并通过宇宙微波背景观测得到的膨胀速率为每秒 67 千米，这一差别被称为“哈勃常数争议”，不过实际上应该被称为“哈勃–勒梅特常数争议”。宇宙学家正在急切地寻找解释。这会不会类似于只有广义相对论能解释的水星进动反常现象，需要对理论进行一些调整呢？敬请关注！
12. 在不含引力的普通量子力学中，波函数遵循薛定谔方程，该方程规定了波函数随时间演化的方式。在普通量子力学中，时间是唯一不会与其他任何事物发生干扰的实体。对于某一个精确给定的时刻的观测结果，物理学家可以在量子力学中计算其概率，这没有任何问题。然而，这一切之所以成为可能，是因为普通量子力学假设存在一个固定、明确的时空背景，而粒子的波函数在其中随时间演化。相反，在量子宇宙学中，时空本身就是量子的，且在不断地涨落。其结果就是，再也没有任何东西可以作为一个统一的时钟了。因此，在宇宙整体的量子描述中，时间被排除在外，这也不足为奇。当然，宇宙的波函数还遵循一个抽象版的薛定谔方程，该方程由约翰·惠勒和布赖斯·德威特首次写出，但它不是一个动力学定律。它更像是对波函数总体上的一个永恒的约束。
13. S. W. Hawking and N. Turok, “Open Inflation without False Vacua,” *Physics Letters B* 425 (1998): 25–32.
14. 据我所知，“永恒暴胀”的想法最早是由林德在其论文“新暴胀宇宙图像”中提及的。论文收录于 *The Very Early Universe: Proceedings of the Nuffield Workshop, Cambridge, 21 June to 9 July, 1982,* eds. G. W. Gibbons, S. W. Hawking, and S. T. C. Siklos (Cambridge; New York: Cambridge University Press, 1983), 205–49。
15. Linde, “Universe, Life, Consciousness.”
16. 你可能会好奇，永恒膨胀和多元宇宙是如何绕过霍金定理，即宇宙必然

① 秒差距为天文学中的长度单位，1 秒差距约为 3.261 6 光年。——译者注

存在一个奇点的。正如古斯、维连金和阿尔温德·博尔德所说，永恒暴胀理论并没有完全绕过该定理，而只是将奇点推到了更远的过去。但关于永恒暴胀是否真正永恒，人们仍然存疑。

第 5 章

1. 反质子是质子的反粒子。它的电荷量是–1，与质子的电荷+1 相反。保罗·狄拉克在他 1933 年的诺贝尔奖演讲中，根据以他的名字命名的方程预测了反质子的存在。在实验上，反质子于 1955 年在伯克利的十亿电子伏特质子加速器中首次被发现。现如今，反质子经常可以在宇宙射线中被探测到。
2. 这是因为希格斯玻色子应该也要与尚未发现的更重的粒子相互作用。这种相互作用会使希格斯粒子质量增加，由此也会使其他所有粒子的质量增加。然而，事实并非如此，这是粒子物理学中的一个谜题，被称为级列问题：标准模型中基本粒子的相对较低的质量和能量与自然界中更高的能标（一直到普朗克能标，这是物理学家们认为微观的量子引力效应变得显著的标度）之间存在着明显的层级之分，能量相差千里。理论学家曾猜想，有一种叫作超对称的奇特对称性可能是使希格斯玻色子保持轻质量的原因。超对称假说认为每个粒子都有一个超对称伴子，因此它实际上使基本粒子的种类翻了一倍。这种超对称引起的翻倍会使得对希格斯粒子质量的各种贡献相互抵消，因此会使其保持轻质量。然而，大型强子对撞机一直在寻找超对称所预言的伴子，却一无所获，这导致有的人怀疑它们压根儿就不存在。
3. 引自他的斯科特奖获奖报告。实际上，狄拉克有一个具体的提案。他注意到自然界物理常数有三种不同的组合都会形成同一个超大数值：10^{39}。他推断这不可能是一种巧合，并猜想有一种深层次的定律将这些量联系在一起。狄拉克提案的激进之处在于，在他所考虑的某些组合中，他将宇宙现在的年龄也作为“常数”之一。当然，宇宙的年龄会随着时间的推移而改变，因此通过将这些数字上的巧合赋予一个基本的含义，他迫使传统的自然常数也随着时间的推移而改变。为了让他的计算成立，他还牺牲了最古老的“常数”——牛顿万有引力常数G，让它与宇宙年龄成反比。结果证明这是错误的：在一个引力常数随着时间减小的宇宙中，在不太久的过去，太阳的能量输出会比现在高得多，使得在前寒武纪时期地球上的海洋就会沸腾起来。若是这样的话，生命不可能像我们所知道的那样进化。

4. 有关额外空间维度可能与力的统一有关的想法可以追溯到20世纪20年代德国数学家特奥多尔·卡鲁扎和瑞典物理学家奥斯卡·克莱因的工作。卡鲁扎发现，爱因斯坦方程若应用于带有一个时间维度和四个空间维度的宇宙的话，其所描述的不仅有我们熟悉的四维时空中的引力，还包括麦克斯韦的电磁学方程。在卡鲁扎的设定中，电磁学演生自沿第四个空间维度传播的涟漪。克莱因随后建议，如果这个额外的维度非常小，就可以完全将其隐藏在我们的感知之外。卡鲁扎和克莱因的方案共同提供了一个早期的案例，显示出了额外维度的统一威力。
5. Leonard Susskind, “The Anthropic Landscape of String Theory,” in *Universe or Multiverse?,* ed. B. Carr (Cambridge: Cambridge University Press, 2007), 247–66.
6. 此外，宇宙学常数也不能小于零太多，因为这将导致额外的引力作用，让（岛）宇宙在星系得以形成之前再次坍缩，形成“大挤压”。
7. 原因是，如果（岛）宇宙在经历暴胀之后以更大的原初密度差异开始膨胀的话，那么大尺度结构在增长过程中就可以更好地抵抗宇宙学常数向外的推动力。这样会将容许星系存在的值范围扩大好几个数量级。
8. 举个例子，考虑在宇宙景观中有两种不同的岛宇宙，它们同样适合生命居住，但其组成暗物质的粒子不同（暗物质总量相同）。假设在一个宇宙中，弦论中被卷起的额外维度会产生非常重的暗物质粒子，这些粒子无法在地球上的粒子加速器中产生。而在另一个宇宙中，暗物质粒子更轻，可以被LHC的下一代检测到。那么，当我们启动下一代粒子对撞机时，我们可以期待发现暗物质粒子吗？这是一个非常合理的问题，肯定会引发实验粒子物理学家（更不用说支持物理研究的政府和公众）去寻找答案。显然，人择原理帮不上忙，因为从人择的角度来看，这两种类型的岛宇宙同样好。相反，我们就需要一种先验的理论，来衡量这两种类型的岛宇宙的相对可能性，而不是依赖人类的随机选择。我们将在下一章回到这个问题，在那里，我会说明：这种理论先验正是由一个合适的量子宇宙观提供的。

9. 对于宇宙学中随机选择的批判性说法，见James B. Hartle and Mark Srednicki, "Are We Typical?," *Physical Review D* 75 (2007): 123523。
10. 宇宙学创始人中的一部分也认识到，在考虑单独的一个系统时，先验概率或代表性的概念没有多大用处。勒梅特在思考宇宙的量子起源时说："原始原子的分裂可能有许多种方式，而真正实现的或许是可能性非常小的那种。"狄拉克在写给伽莫夫的一封信中也表达了类似的观点。伽莫夫批判了狄拉克提出的描述太阳系形成过程的时变引力理论，批判理由是该理论要求太阳经历一个可能性非常低的演化史。狄拉克回应说，他同意，他的理论中太阳的演化轨迹确实可能性低，但这种低可能性并不重要。"如果我们考虑所有有行星的恒星，则只有很小的一部分会穿过密度合适的星云……然而，目前已经有一个了，因此足以符合事实。所以，我们假设太阳拥有一个非常独特、可能性不大的演化史，是没有问题的。"
11. 来自私下交流。

第 6 章

1. 本章第一部分的对话要点以出版物的形式出现在：S. W. Hawking and Thomas Hertog, "Populating the Landscape: A Top-Down Approach," *Physical Review D* 73 (2006): 123527；S. W. Hawking, "Cosmology from the Top Down," *Universe or Multiverse?*, ed. Bernard Carr (Cambridge: Cambridge University Press, 2007), 91–99。另见Amanda Gefter's report "Mr. Hawking's Flexiverse," *New Scientist* 189, no. 2548 (April 22, 2006): 28。
2. 哥白尼提出的日心说模型，依据的是数学上的简单性，而不是日心说能更好地符合天文观测。哥白尼太阳系模型的第一个版本假设行星轨道为圆形，并对太阳和行星的视运动做出了与托勒密地心说模型几乎相同的预测。1609 年，约翰内斯·开普勒为了将哥白尼的新理论与自己在布拉格的前辈第谷·布拉赫所改进的天文数据协调一致，在他的《新天文学》一书中提出行星不是沿正圆运动，而是沿椭圆运动的观点，这一观点与数千年来的思想大相径庭。但是，哪怕是开普勒对日心说模型的这种改进，也可以由托勒密系统通过添加更多的本轮模拟出来。第一个明确支持日心说的证据直到伽利略用望远镜观测天空才出现。伽利略发现金星有金星相，就像月亮有月相一样，这是托勒密的任何理论都无法解释的。

3. 哥白尼自己其实并不情愿成为革命者。1543 年，就在他去世前不久，他的《天体运行论》付梓，但这本书一开始并未产生影响。此外，似乎是要安慰读者，哥白尼指出在他的日心说模型中，地球“几乎”是在中心的。他写道：“虽然地球不是世界的中心，但它与中心的距离跟固定的恒星相比是微不足道的。”
4. 该词也被用在了另一种完全不同的语境中，见 Thomas Nagel, *The View from Nowhere* (Oxford: Clarendon Press, 1986)。
5. Sheldon Glashow, “The Death of Science!?” in *The End of Science? Attack and Defense*, Richard J. Elvee, ed., (Lanham, Md.: University Press of America, 1992).
6. Hannah Arendt, *The Human Condition* (Chicago: University of Chicago Press, 1958).
7. 大约在同一时间，在剑桥大学（英国）的“弦论 2002”研讨会上，史蒂芬在他题为“哥德尔与物理学之终结”的演讲中公开发表了类似的观点。
8. 事实上，索尔维会议今天仍然存在，并继续由索尔维家族慷慨支持。
9. Otto Stern, 引自 Abraham Pais, *“Subtle Is the Lord—”: The Science and the Life of Albert Einstein* (Oxford: Oxford University Press, 1982)。
10. Albert Einstein, “Autobiographical Notes,” in *Albert Einstein, Philosopher-Scientist*, ed. Paul Arthur Schilpp (Evanston, Ill.: Library of Living Philosophers, 1949).

11. Einstein, letter to Max Born, December 4, 1926, in *The Born-Einstein Letters,* A. Einstein, M. Born, and H. Born, (New York: Macmillan, 1971), 90.
12. 引自 J. W. N. Sullivan, *The Limitations of Science* (New York: New American Library, 1949), 141。
13. Hugh Everett III, "The Many-Worlds Interpretation of Quantum Mechanics" (PhD diss., Princeton University, 1957).
14. Bruno de Finetti, *Theory of Probability*, vol. 1 (New York: John Wiley and Sons, 1974).
15. John A. Wheeler, "Assessment of Everett's 'Relative State' Formulation of Quantum Theory," *Reviews of Modern Physics* 29, no. 3 (1957): 463–65.
16. John A. Wheeler, "Genesis and Observership," in *Foundational Problems in the Special Sciences*, eds. Robert E. Butts and Jaakkob Hintikka (Dordrecht; Boston: D. Reidel, 1977).
17. John A. Wheeler, "Frontiers of Time," in *Problems in the Foundations of Physics, Proceedings of the International School of Physics "Enrico Fermi,"* ed. G. Toraldo di Francia (Amsterdam; New York: North-Holland Pub. Co., 1979), 1–222.
18. Wheeler, "Frontiers of Time."
19. 我认为这篇文章代表着自上而下宇宙学第一发展阶段的完成：S. W. Hawking and Thomas Hertog, "Populating the Landscape: A Top-Down Approach" in *Physical Review D* 73 (2006): 123527。我们首次提出"自上而下宇宙学"这一名词是在以下文章中，但这离我们有条不紊地把这一想法落实下来还有段距离：S. W. Hawking and Thomas Hertog, "Why Does Inflation Start at the Top of the Hill?" *Physical Review D* 66 (2002): 123509。
20. 在这一点上，自上而下宇宙学呼应了狄拉克的观点。见第 5 章中的脚注 10，又见下文中很快将要提到的勒梅特的观点。
21. James B. Hartle, S. W. Hawking, and Thomas Hertog, "The No-Boundary Measure of the Universe," *Physical Review Letters* 100, no. 20 (2008): 201301.

22. 有意思的是，达尔文似乎不愿意讨论生命的起源。1863 年，他在写给朋友约瑟夫·道尔顿·胡克（Joseph Dalton Hooker）的一封信中表示，思考生命的起源“纯粹是垃圾思维”，“人们还不如思考物质的起源”。当然，今天我们就在这么做。
23. 自上而下宇宙学绕过了多元宇宙不可预测的悖论，因为该理论预测了不同波片段的相对概率，这得益于它的量子根源。量子宇宙学家说宇宙的两种性质是相关的，是指在宇宙演化中，同时带有这两种性质的波片段出现概率是很高的。我们对自上而下的预言的详细阐述参见：“Local Observations in Eternal Inflation,” in: James B. Hartle, S. W. Hawking, and Thomas Hertog, *Physical Review Letters* 106 (2021): 141302。我记得当《物理评论快报》杂志编辑要求我们换一个论文标题时，史蒂芬非常生气。他很得意于一开始投稿时所用的“不包含形而上学的永恒暴胀”（Eternal Inflation without Metaphysics）这个标题，这是我们投稿时所拟定的题目，它反映了史蒂芬日益坚信的观点：在正确的量子宇宙观中，永恒暴胀的多元宇宙不会存在。
24. 对埃弗里特量子力学的进一步发展做出重要贡献的物理学家包括罗伯特·格里菲思、罗兰·翁内斯、埃里克·约斯、迪特尔·泽和沃伊切赫·楚雷克。
25. 对于一个系统来说，量子力学的退相干历史有细粒历史和粗粒历史之分。细粒历史以极其精细的追踪形式描述了一个系统——无论是单个粒子，一个活的有机体，还是整个宇宙——的所有可能的路径。但是如此之高的细化程度也意味着，细粒历史不会彼此退相干，因此它们本身没有什么意义。这也是我们引入粗粒历史的原因。粗粒历史就是将很多个细粒历史捆绑在一起，形成单个（粗粒的）历史。粗粒历史忽略了系统进化中足够多的细节，从而各自退相干，具有独立的存在，并有意义明确的概率概念。但是，哪些细粒历史应该被捆绑在一起呢？换句话说，我们应该保留哪些粗粒历史的集合？这取决于人们想描述或预言这个系统的哪些性质。也就是说，粗粒度的级别与人们对系统提出的问题密切相关。这也就是退相干历史量子力学把观测整合到它的框架中的方式。

26. Lemaître, "Primaeval Atom Hypothesis."
27. Charles W. Misner, Kip S. Thorne, and Wojciech H. Zurek, "John Wheeler, Relativity, and Quantum Information," *Physics Today* (April 2009): 40–50.

第 7 章

1. 1999 年春天的某个时候，史蒂芬从美国回到剑桥后，便开始了《膜的新世界》的撰写。他坐着轮椅来到我们办公室宣布要写一篇文章，还借用莎士比亚名剧《暴风雨》中米兰达的话，说这篇文章应该起名为"膜的新世界"，我们当时都没反应过来文章的内容到底是什么。那个时候的一个关键问题就是含有不可见第四维的、像膜一样的宇宙能否从一种大爆炸的起源中产生。《膜的新世界》一文最后被我们发表在《物理评论 D》[*Physical Review D* 62 (2000) 043501] 上，它指出在史蒂芬对于宇宙起源的无边界提案中，膜世界可以通过量子过程从虚无中产生。此外我们发现，那个垂直于膜的额外维度即使不能被直接观测，也能在膜上的微波背景辐射涨落中留下印记，使得我们未来有望间接地检验我们是否活在膜世界中。
2. 史蒂芬的书中确实经常包含他的一些最新研究。他 1983 年提出的无边界理论就是《时间简史》这本书的重点，而我们自上而下的最初想法是2010年的《大设计》这本书的主题。"膜的新世界"则是《果壳中的宇宙》中最后一章的灵感来源。在这本书中，史蒂芬把膜宇宙的诞生比作开水中气泡的产生。在研究和科普之间的来回往复是他学术实践与思考的核心，我想这也反映了他的坚定信念：科学，包括最前沿的科学，若是真想要改造世界，就应该融入我们的通俗文化。鉴于以上对他的了解，当他辞世前不久告诉我是时候再写一本书——也就是这本书——时，我完全不感到意外。
3. S. W. Hawking and Thomas Hertog, "A Smooth Exit from Eternal Inflation?" *Journal of High Energy Physics* 4 (2018): 147.
4. S. W. Hawking, "Breakdown of Predictability in Gravitational Collapse,"

Physical Review D 14 (1976): 2460.

5. 当然，有人可能会认为霍金的半经典方法不适合分析信息到底是怎样从蒸发的黑洞中逃逸的，毕竟黑洞内存在奇点，而半经典理论在奇点处会失效。不过阿尔伯塔大学的唐·佩奇澄清，虽说在黑洞生命结束时奇点肯定会起作用，但信息之谜所关乎的主要并不是黑洞终结那一刻发生的事，而是在它走向终结的过程中发生的事。佩奇做了个思想实验，研究黑洞内部和外部的霍金辐射之间量子纠缠态的总量。这可以由一个叫作“纠缠熵”的量来描述。“纠缠熵”是数学家约翰·冯·诺伊曼给出的熵的量子版本定义，用来衡量观察者对一个量子系统中精确波函数信息的缺失程度。在蒸发过程开始时，纠缠熵显然为零，因为黑洞还没有发射出任何辐射以供纠缠。随着霍金辐射的释出，黑洞和辐射之间的纠缠熵会增加，因为发射出的粒子会与它留在视界内的伙伴粒子纠缠在一起。佩奇推断，若要信息能被保存，这种趋势最好在某一时刻逆转，使得当黑洞消失时，纠缠熵再次为零。故随着时间的推移，纠缠熵应该遵循一个倒V形的曲线，转折点大概位于蒸发过程的中间。由于在这一时间点，黑洞仍然很大，史蒂芬的半经典框架应该依然成立，因为在大黑洞视界附近这样一个曲率相对较低的环境中它不可能失效。然而，在霍金的半经典计算中，没有任何因素使得纠缠熵曲线往回拐。根据霍金的理论，纠缠熵只会一直上升，这使得矛盾变得更尖锐了。之前的假设认为，推定的量子引力效应会在黑洞消失之前突然把所有信息都释放出来，现在看来就更加不可信。佩奇对霍金思想实验的改进表明，黑洞信息问题是半经典引力框架内的一个悖论。佩奇将这一分析过程撰文并发表，详见“Average entropy of a subsystem”, *Physical Review Letters* 71 (1993): 1291。
6. S. W. Hawking, “Black Holes Ain’t as Black as They Are Painted,” The Reith Lectures, BBC, 2015.
7. Edward Witten, “Duality, Spacetime and Quantum Mechanics,” *Physics Today* 50, 5, 28 (1997).
8. 马尔达塞纳通过从两个不同的角度去考虑一堆紧叠在一起的三维膜的性

质，得到了全息对偶理论。早些时候，仍然神志清醒的理论学家乔·波尔钦斯基已经意识到，M理论中的这种膜是一个特殊的地方，构成物质“粒子”的弦的端点即附着于其上。弦可以在膜上自由穿行，但不能离开膜。这个规则的唯一例外是与引力相关的弦，因为它们是没有端点的闭环，所以膜无法困住它们。在物理层面上，这意味着在弦论中，引力必然会从膜上泄漏出去，传播到所有空间维度中，而物质则会被限制在膜上。马尔达塞纳从内在角度观察在膜上移动的弦的动力学，发现三维膜的堆叠是由三维空间（构成三维膜的那三维空间）中的量子场论描述的。接下来，马尔达塞纳又从外在的角度同样考虑这些三维膜，看看它们作为一个整体是如何影响环境的。这时，他发现它基本上就是一个引力系统。膜具有质量和能量，可以让它们附近的时空变得弯曲。此外，由膜产生的弯曲时空还延伸到了一个与膜正交的外加方向，形成了AdS空间的形状。这两种视角看上去大相径庭，不过马尔达塞纳推断，既然它们描述的是同一个物理系统，那么它们本质上应该是相同的，也就是说它们应该是互相对偶的。因此，马尔达塞纳得到了一个全息对偶，将弯曲AdS空间中的引力和弦论与边界表面上的量子场论（QFT）联系了起来。马尔达塞纳对这一令人震撼的发现的发表见“The Large N limit of superconformal field theories and supergravity”, *Advances in Theoretical and Mathematical Physics* 2 (1998), 231–52。

9. 全息对偶的引力这一边与内部几何之和有关，这一总体想法可以追溯到对偶理论的早期。当威滕第一次提出AdS宇宙中的黑洞有一个对偶表述，也就是在其边界世界里运动的夸克和胶子形成的热浴时，他还注意到，在他的计算中还有第二种内部几何，在该几何中并没有黑洞存在。当“夸克汤”很热的时候，没有黑洞的内部几何处于概率较低的状态，它的波函数的振幅小到可以忽略不计。但当威滕在这一思想实验中降低夸克汤的温度时，他注意到，汤的成分发生了变化：夸克聚集在一起，形成紧密结合的复合粒子，如质子或中子。而在引力方面，从热到冷的转变对应于不含黑洞的内部几何在概率上超过含黑洞的内部几何的过程。因此，通过改变边界面上粒子汤的温度，就可以改变内部的几何类型，这是费曼时空叠加理论的生动例证。威滕对这一分析的发表见“Anti-de Sitter space, thermal phase transition, and confinement in gauge theories”, *Advances in Theoretical and Mathematical Physics* 2 (1998), 253。

10. S. W. Hawking, “Information Loss in Black Holes,” *Physical Review D* 72 (2005): 084013.

11. Geoffrey Penington, “Entanglement Wedge Reconstruction and the Information Paradox,” *Journal of High-Energy Physics* 09 (2020) 002；Geoff Penington, Stephen H. Shenker, Douglas Stanford, “Replica wormholes and the black hole interior,” *JHEP* 03 (2022) 205；Ahmed Almheiri, Netta Engelhardt, Donald Marolf, Henry Maxfield, The entropy of bulk quantum fields and the entanglement wedge of an evaporating black hole,” *JHEP* 12 (2019) 063.

12. 图片来源：John Archibald Wheeler, “Geons,” *Physical Review* 97 (1955): 511–36。

13. 多年来，许多理论学家致力于膨胀宇宙（如德西特空间）的全息对偶的发展，他们的集体努力至今仍在继续。最早发表的关于dS–QFT对偶性的思考可以追溯到21世纪初，包括安德鲁·斯特罗明格、维贾伊·巴拉苏布拉马尼亚、扬·德波尔和乔尔杰·米尼奇发表的文章。一些研究论文首创了对于这种对偶性的统一波函数观点，如Maldacena, “Non-Gaussian features of primordial fluctuations in single field inflationary models”, *Journal of High-Energy Physics* 05 (2003): 013；Hartle and Hertog, “Holographic No-Boundary Measure”, *Journal of High-Energy Physics* 05 (2012): 095，以及Dionysios Anninos, Frederik Denef and Daniel Harlow, “Wave function of Vasiliev’s universe: A few slices thereof”, *Physical Review D* 88 (2013) 084049 等。

14. Georges Lemaître, “The Beginning of the World from the Point of View of Quantum Theory.”

15. John Archibald Wheeler, “Information, Physics, Quantum: The Search for Links,” in *Proceedings of the 3rd International Symposium on Foundations of Quantum Mechanics*, ed. Shun’ichi Kobayashi (Tokyo: Physical Society of Japan, 1990), 354–58.

16. 在描述宇宙起源的碗状几何图形的底部，无边界波趋于零。吉姆和史蒂芬第一次提出这个理论时将此作为一个定义性质，而全息理论则对这一特征给出了信息论的解释。
17. S. W. Hawking, “The Origin of the Universe,” in P*roceedings of the Plenary Session*, 25–29 November 2016, eds. W. Arber, J. von Braun, and M. Sánchez Sorondo, (Vatican City, 2020), Acta 24.

第 8 章

1. 阿伦特的文章和她所著的《人的境况》一书中的序言及后半部分的内容遥相呼应。经过一些小修改后，该文章也被收录于*Between Past and Future: Eight Exercises on Political Thought* (New York: Viking Press, 1968)的第二版中。
2. 阿伦特推断出：一方面，人类来到尘世间，生来就要处理宿命、运气等概率事件，以及一些不可控的因素；另一方面，人类又是创造者，可以在一定程度上改造世界。她认为，人类自由的种子就蕴含在这一对矛盾的结合中。
3. Werner Heisenberg, *The Physicist's Conception of Nature*, 1st American ed. (New York: Harcourt, Brace, 1958).
4. 仅从狄拉克和勒梅特这两位先驱关于这个话题留下的作品看，很难判断他们是否也已经设想过，宇宙的起源就是一种人类认知上的极限。然而，当本书手稿完成后不久，佛兰德公共广播公司VRT就在其档案库中找到了遗失很久的对勒梅特的采访，该采访于1964年由耶罗默·费尔哈格组织。在该采访中勒梅特回顾了他在1931年提出的原始原子假设，并对此进行了详尽的阐述。勒梅特清晰地回忆起这一想法：他所设想的这个“原子”绝不仅仅代表了时间的起点，而是一种更加深刻、人类思想无法触及的起源，“它是一种不可被理解的起源，它出现在物理学之前”。
5. 利用算法，我们可以将数据压缩并存储为一条简短的信息。以行星运动的轨道为例：这些轨道可以通过确定一系列时刻中所有行星的位置和动量来描述，但这一信息可以被压缩成某一个时刻行星的位置和动量，再加上牛顿运动定律。不仅如此，各种各样的引力系统数据也可以被压缩成包含同样运动方程的信息。正是这赋予了牛顿方程普适的、类似定律般的特性。但是，这绝不同于使牛顿方程替代宇宙，作为一种独立客体而存在。

6. 在量子宇宙学的大框架下，不同演化层级间的差别不是一个基本问题，差别在于人们观察统一宇宙波函数的细致程度不同。较高层次的演化所考虑的问题不仅受制于波函数，还受制于导致该层次分支过程的特定结果。比如，为了研究 40 亿年前地球上生命的出现，人们就会去探寻宇宙波函数在化学方面的问题，因此就会聚焦于和这一阶段有关的分支。为此，人们除了要考虑波函数模型本身之外，还必须补充低层次的宇宙学、天文学和早期地质学的演化结果。
7. S. W. Hawking, “Gödel and the End of Physics.”
8. Robbert Dijkgraaf, “Contemplating the End of Physics,” *Quanta Magazine* (November 2020).
9. 从乐观的角度讲，人类的诞生必然经历了一些可能性很低的演化步骤。恒星形成的速率和环绕其他恒星运转的系外行星丰度表明，这些物理条件极有可能未表现为主要的瓶颈，这又是物理定律有利于生命诞生的一大特征。但是有一些与生命进化有关的阶段却极其难以预料。演化生物学家确认了大概 7 个试错步骤，这些步骤可能就是形成长期存在的生命过程中主要的瓶颈阶段。该阶段包括了生命自然发生、复杂真核生物形成、有性生殖、多细胞生物形成直到智慧生命的出现。在接下来的 10 年左右，我们将从火星任务和对系外行星大气的观测中研究这些转变发生的可能性。如果科学家在火星上发现了自然进化的多细胞生命（假设它是独立进化出来的），或者在系外行星大气的化学成分中发现原始生命的痕迹，那么这些发现便可以排除一些可能性低的演化步骤的候选者，从而让费米悖论变得更加突出。

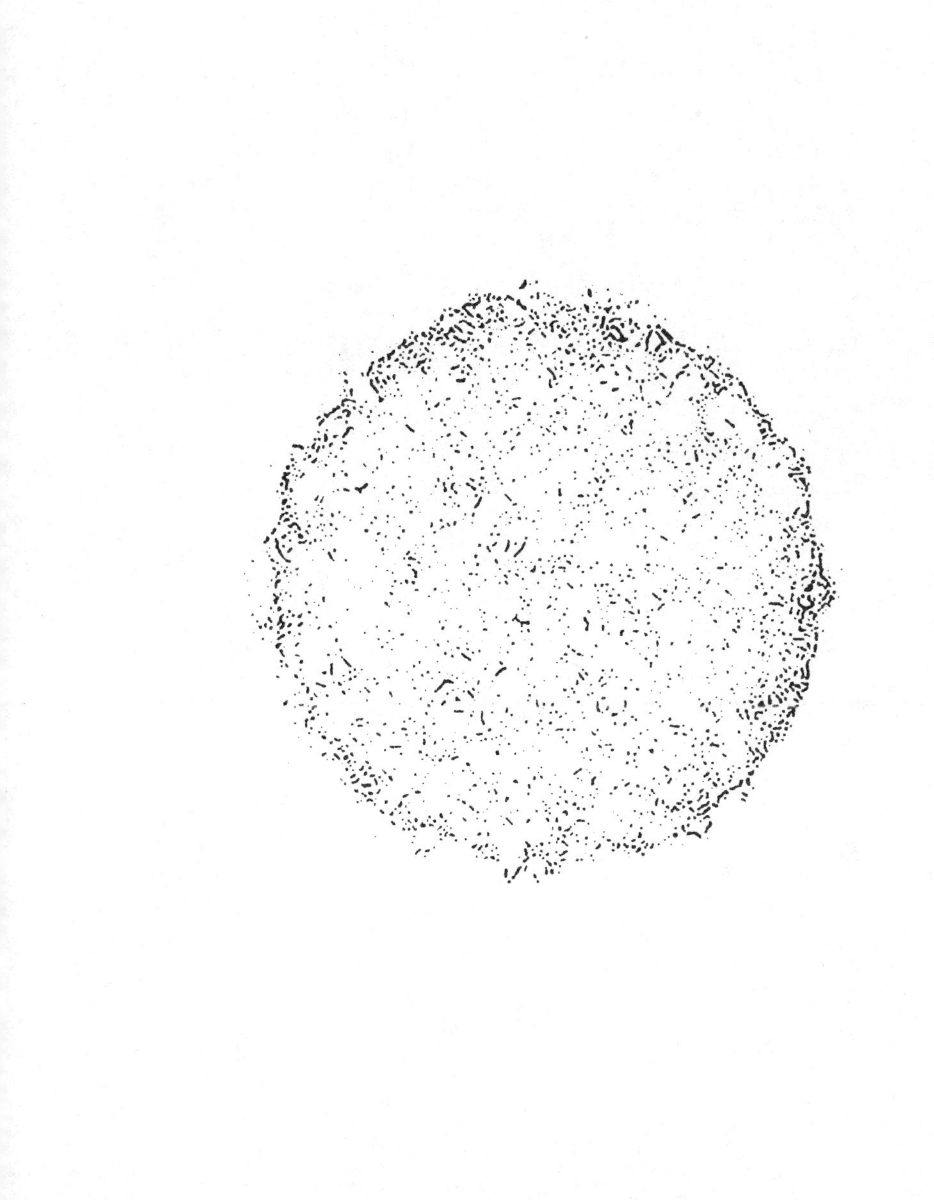

我改变主意了。《时间简史》的视角错了。

我认为，（对宇宙的）正确量子观将带来一种不同的宇宙学哲学，在这种哲学中，我们自上而下，在时间上往回演化，从观测所及的表面上开始工作。

宇宙的历史取决于你问的问题。

史蒂芬 · 霍金

让我们把观测表面一直回放到接近暴胀结束的时候，也就是宇宙只膨胀了远不到一秒的时候。让我们从那里开始再往回看。

史蒂芬·霍金

面对悖论

- 是什么使得宇宙恰好适合生命？物理学为理解这一问题而进行的探索，把我们带到了一个关键的岔路口。因为它的核心是一个比科学更重要的人文主义问题，即关于我们的起源问题。在这个对生命体友好的宇宙中，作为地球管理者的人类究竟意味着什么，史蒂芬对这一问题有着独特而影响深远的考量，其核心就包含在他关于宇宙的最终理论中。

- 多元宇宙理论假设某种永恒的元法则支配着整个宇宙，但这些元法则并没有指明我们应该位于众多宇宙中的哪一个之中。这是一个问题，因为如果没有一条规则将多元宇宙的元法则与我们岛宇宙中的局域法则联系起来，这个理论就会陷入一个悖论的螺旋中，使我们根本无法进行可验证的预测。多元宇宙的宇宙学从根本上是不确定、不明晰的。

- 人择原理的本意是在浩瀚的宇宙拼图中确定“我们是谁”，并以此作为桥梁，将抽象的多元宇宙理论和我们作为这一宇宙的观察者所获得的经验相连接。然而，它未能在维护科学实践的基本原则的情况下做到这一点，这使得多元宇宙学不具有任何解释能力。

- 一个关于黑洞的悖论：量子过程导致黑洞辐射并丢失信息，但量子理论认为这是不可能的。

解决方案

- 霍金想要通过发展对宇宙的完全量子视角来重新认识这一关系，而多元宇宙悖论成了他的灯塔。他的最终宇宙理论是一种彻底的量子理论，它重新描绘了宇宙学的基础，是霍金对物理学的第四大贡献。这个理论背后的宏大思想实验在某种意义上已经进行了 5 个世纪。

- 在宇宙演化的早期阶段，随机变化和定向选择会交互作用。这是一种达尔文式的偶然与必然交织的过程，它在物理学定律的底层发挥着作用。

- 量子宇宙学探究的是物理环境的起源。它一直下沉到量子观测的层面，不仅如此，在遥远的大爆炸那里，它也试图这么做。在那里，观测参与了物理定律的产生：在叠加态的幽灵世界中，混合是至关重要的。它把逆时间推理从一个用于研究这段历史的回顾性元素，提升为创造了这段历史的追溯性组成部分。

- 惠勒在谈到量子粒子时说道：“没有问题，就没有答案！”而霍金在谈到量子宇宙时说道：“没有问题，就没有历史！”

- 自上而下的宇宙学优先考虑的是一切事物的历史性质，而不是一个绝对的背景。该理论追溯宇宙对生命的适应性后得到这样一个事实，即在量子的深层次上，有形的宇宙和观测者是联系在一起的。在自上而下的宇宙学中，人择原理已经过时，因为前者避开了自下而上思维的裂痕，这种裂痕将我们的宇宙理论与虫眼视角割裂开来。这就是自上而下宇宙学的用处，而史蒂芬认为，这也是它革命性的潜力所在。

- 在史蒂芬的量子宇宙中，观测者是整个行为的中心。

- 后来的霍金认为，宇宙开端的虚无与真空的空虚完全不同，宇宙可能从真空中诞生，也可能不从真空中诞生，但宇宙虚无的开端是一个更深刻的认识上的边界，没有空间，也没有时间，更重要的是没有物理定律。

- 史蒂芬最终理论中的“时间的起源”是关于我们对过去认识的极限，而不仅仅是一切的开始。这一观点尤其得到了该理论的全息形式的佐证，在全息形式中，时间的维度以及宇宙演化的基本概念作为典型的还原论概念，被视为宇宙中演生出来的性质。从全息的角度来看，回到过去就像对全息图进行越来越模糊的观察。该全息图会释放出越来越多它的编码信息，直到耗尽量子比特。这就是宇宙的开端。

新的世界观

- 自上而下的宇宙学摆脱了对绝对真理的任何主张，为从艺术到科学的多个思想领域提供了空间，每个领域都有不同的目标，可以激发出互补的见解。如果说我们自上而下的思维确实孕育了一种新的世界观的话，这就是一种完全多元化的世界观。

- 史蒂芬的最终理论通过推翻“天外之眼”，为人类的希望提供了一个强大的内核。我们进入大爆炸的旅程是关于我们的起源，而不仅仅是从大爆炸开始的宇宙的起源。这是其中非常关键的一部分。

- 和爱因斯坦一样，史蒂芬认为人类的长远未来最终取决于我们对自己最深层根源的理解程度。这就是驱使他去研究宇宙大爆炸的原因。他关于宇宙的最终理论不仅仅是科学意义上的宇宙学理论，还是人文意义上的宇宙学理论，在这个理论中，宇宙被视为我们的家（虽然这个家很大），而它的物理学原理植根于它和我们的关系中。

- 我们提问的勇气以及答案的深度能让我们安全、明智地驾驭地球走向未来。

专家推荐

（推荐人按姓氏笔画顺序排列）

打开时间这本书，你能找到第一页吗？昨天是否还有昨天？今天如何定义？时间的本质究竟是什么？这本书讲述了多元宇宙带给我们的新启示，相信读完之后，你将从全新的角度看待这个世界。

马勇

中国社会科学院近代史研究所研究员

⁂

霍金已逝，《时间简史》却未成绝响。霍金去世前不久，曾说他的研究“是时候写一本新（科普）书了”。赫托格写的就是那一本。本书娓娓道来地回顾了支配宇宙学的关键物理定律，最终，各种线索交汇于霍金与赫托格关于量子宇宙学的独到见解，其思辨之深，相信会让喜欢思考的朋友，无论赞同与否，皆掩卷而思。

王一

香港科技大学副教授

史蒂芬·霍金也许是科学史上最后一位集物理学家、宇宙学家、哲学家于一身的“半人半神”的巨人。虽然大半生被上帝牢牢捆缚在轮椅上，但他几近神话的生命张力和思想张力却超越了我们这个时代几乎所有的人，他那接近“上帝”智慧的大脑一生遨游在宇宙边缘，进行着一个接一个壮丽恢宏的思想实验：破解宇宙起源的“时间密码”和宇宙最终的“上帝密码”；他的黑洞辐射理论和大爆炸奇点定理、宇宙起源的无边界设想不仅改变了自亚里士多德以来人类关于宇宙的一系列想象、探索和发现，而且也在改变和塑造着人类新的世界观、价值观、宗教观和生命意识。

《时间起源》这部霍金在生命终点所规划的、由他的合作者托马斯·赫托格所著述的巨著，其思想体系之宏阔、逻辑之严谨缜密、语言之瑰丽生动，令我卷难释手，思绪飞驰于浩瀚无边之广宇。这本集科学与哲学于一体的科普著作，一定会带给每一位非专业读者与我相近的阅读快感：脑洞大开的同时，你也许会对生命、对人生有一些豁达清朗的顿悟。

田涛
华为公司管理顾问

✳

时间是什么？时间有起点和终点吗？宇宙是怎么起源的？它有开端和终点吗？如果时间和宇宙有起点和终点，那么时间和宇宙开始之前是什么？终结之后又会是什么？我们耳熟能详的物理学定律是永恒和必然的规律，还是一种暂时和不断变化的法则？为什么在茫茫宇宙里微不足道的星球——地球——上，竟然会出现人类这样的生命？它是完全偶然的巧合还是宇宙演变规律的必然结果？人究竟是上帝的创造，还是自然演变和进化的产物？

即使你对物理学一窍不通，你依然会对上述问题产生兴趣，当我们仰望苍茫浩瀚的宇宙星河之时，好奇心会驱使我们情不自禁地去思考，去幻想。当然，如果希望对上述问题有深入理解，那就需要阅读大量物理学和哲学著作。

好在许多杰出科学家为门外汉提供了精彩的科普读物，至少可以满足一下我们的好奇心。霍金的《时间简史》曾经风靡世界，激发无数人去探求宇宙和时间的奥秘。他的弟子赫托格继承恩师宏愿，出版了《时间起源》，全面介绍了霍金对宇宙和时间起源的最后思考和理论。相信凡是对宇宙和生命的奥秘感兴趣的人，都会迫不及待地阅读本书。

向松祚

《新经济学》和《新资本论》作者

⁜

这是一本用通俗方式讲解宇宙学的著作，虽然它和霍金的《时间简史》一样并不容易让人真正读懂，但它至少比《时间简史》提供了更多的信息和相关背景知识，而且发展了霍金先前的想法（这一点在本书中有时是以霍金晚年思想的名义陈述的）。有兴趣的读者如果愿意将本书与霍金的《时间简史》参照阅读，相信会获益匪浅。

江晓原

上海交通大学讲席教授

科学史与科学文化研究院首任院长

*

科学能够带给人类最伟大的时空想象，建构人类未来的任务也必须在理解时空之谜的基础上完成。霍金作为一个伟大的科学家和思想家尤其明白这一点。本书借助霍金理论引导出的时空线索，正确阐述了我们跟宇宙之间的关系。希望这本著作能拓展你的宇宙观和人生观，并把你从对当前的焦虑中解放出来。

吴岩

科幻作家，南方科技大学科学与人类想象力研究中心教授

*

你是谁？从哪里来？要到哪里去？在人类关心的这三个终极问

题之下的底层问题涉及对时间起源的思考。作者托马斯·赫托格清晰介绍了史蒂芬·霍金的最终宇宙理论，让读者领略了霍金在其生命晚期对时间起源的全新思考——人类生存在一个量子宇宙中，只能依靠观测来认识空间和时间，当人们朝着宇宙开端回溯的时候，物理学定律会发生改变乃至消失，时间也随之改变乃至成为虚幻。也就是说，时间以及时间之演化源于观测，都根植于人类与宇宙之关系。

吴家睿

中国科学院生物化学与细胞生物学研究所研究员

著有《生物学是什么》

⁂

宇宙的“秩序之美”与其起源时的混沌形成了鲜明对比，从混沌到秩序的演化是宇宙学的“达尔文革命”。从《时间简史》到《时间起源》，霍金与他的学生赫托格试图解构这一“悖论”。

陈达飞

博士，国金证券宏观分析师

《时间起源》无疑是一本讲述科学探索的读物。这本书深入探讨了时间的本质，让我们跟随霍金的脚步，透过科学的窗口看向未知的宇宙。这不仅是一本科学著作，也是一本能启发人们思考生命、宇宙与万物的哲学读物。无论你是对科学充满热情的探索者，还是对生命和宇宙充满好奇的读者，此书都将为你打开一扇通往新知的大门。强烈推荐此书，让我们一起在霍金的引导下，探索时间的起源，感受科学的魅力。

苟利军

中国科学院国家天文台研究员，中国科学院大学岗位教授

⁜

这本书讲述了霍金最后的传奇。它将颠覆我们对宇宙、时间和人类自我的认识，帮助我们理解宇宙是如何起源的、为何我们的宇宙对生命来说刚刚好。在这本书中，我们不但可以读到宇宙学的起源与前沿研究，还可以看到霍金是如何培养学生的，更可以进一步理解宣称“哲学死了”的人是如何理解科学与哲学关系的。任何对霍金着迷、对当代宇宙学发展感兴趣、对科学与哲学的关系感到困惑的人，都不应该错过这本在最硬核科学中内含人文主义精神的佳作。

周理乾

上海交通大学哲学系副教授

就像他的导师和同事史蒂芬·霍金一样，托马斯·赫托格从不回避构建宇宙理论的雄心壮志。这本包罗万象的书提供了一个通俗易懂的概览，既包括我们对宇宙学的了解，也包括一些进入未知领域的大胆想法。这是对霍金最终理论的介绍，也是对未来宏大理论的一瞥。

肖恩·卡罗尔

美国理论物理学家

加州理工学院物理系教授

著有《大图景》

※

为什么我们的宇宙是这个样子？一切是怎么开始的？它会如何结束？托马斯·赫托格与史蒂芬·霍金一起探讨了这些重要的问题，试图以一种独特的视角来看待霍金被禁锢的思想是如何在晚年与越发受限的身体条件做斗争，产生惊人的见解的。这本书讲述了一个不同寻常的人的故事，他的创作经历，以及我们目前对宇宙的理解范围和局限性。

马丁·里斯勋爵

英国皇家学会前任主席

剑桥大学宇宙学和天体物理学名誉教授

这是一本文笔优美、发人深省的书，讲述了霍金为理解宇宙而进行的富有远见的探索。托马斯·赫托格以局内人的身份，提供了一个引人入胜的观点。

尼尔·图罗克

加拿大前沿理论物理研究所所长

曾任普林斯顿大学物理教授和剑桥大学数学物理系主任

*

史蒂芬·霍金的最终理论在这本非常通俗易懂的书中得到了清晰的解释。作者托马斯·赫托格是霍金最亲密的合作者之一，他生动地向我们展示了霍金既是一位杰出的物理学家，又是一个异常坚定的人。

格雷厄姆·保罗·法梅洛

剑桥大学丘吉尔学院院士

著有《量子怪才：保罗·狄拉克传》

去往时空边界的旅程

尹传红

中国科普作家协会副理事长

“世界上哪样东西是最长的又是最短的，最快的又是最慢的，最能分割的又是最广大的，最不受人重视的又是最受人们惋惜的；没有它，什么事情都做不成；它使一切渺小的东西归于消失，使一切伟大的东西永世长存？”这是法国18世纪著名思想家和哲学家伏尔泰在一部文学作品中写下的一则谜语，其答案由作品中的一位智者查第格给出。

他是这样说的：“最长的莫过于时间，因为它永无穷尽；最短的也莫过于时间，因为人们所有的计划都来不及完成；在等待的人眼中，时间是最慢的；在作乐的人眼中，时间是最快的；它可以扩展到无穷大，也可以分割到无穷小；当时，谁都不加重视；过后，谁都表示惋惜；没有它，什么事情都做不成；不值得后世纪念的，它会使人忘却；伟大的，它会使之永垂不朽。”

然而，迄今仍旧有着许多谜团的时间，似乎又不是一种单独的存在，它一直困扰着世界上许许多多聪慧的大脑。公元5世纪的古罗马哲学家奥古斯丁在其著作《忏悔录》中就曾感慨：“什么是时间？如果没人问我，我很明白；当我想去解释的时候，我自己却不明白了。”在奥古斯丁看来，对于人类，没有过去或未来，只有三种

“现实”：“对过去的事物的记忆、对现存事物的视觉感知以及对未来事物的展望。”他又道：“我的灵魂渴望解开这最棘手的谜题。”

确实，时间绝非一个单纯的科学问题。甚至，可以说，时间长期以来就是横在人类认识道路上的一个知识盲点，揭示时间的秘密是一项极富挑战性的前沿科学课题。事实上，物理学自诞生以来，其发展历程中的几个最重要的成就，都或多或少地跟人类对时间和空间的认识的进步有着不可分割的关系。特别明显的一个特征是：物理学所研究的量，如重量、动量、能量、电量，都是作为研究对象的物体所具有的特性，唯独时间是人类与自然现象共有的属性，而且似乎只能沿着一定的方向经过；如果不经历事件，则时间将失去意义。时间与事件，似乎是一条不断的链。

当今世界，人们对于时间问题的关注和了解，或许更多地源自史蒂芬·霍金在 1988 年出版的超级畅销书《时间简史》。30 多年后，霍金生前的主要合作对象——比利时鲁汶大学教授托马斯·赫托格，又推出了《时间起源》。在这部新著中，作者提出并探讨了一系列有关时间起源的“大”问题，并以独特的视角阐释了自己的新观点。

霍金和赫托格研究发现，大爆炸不仅是时间的开始，也是物理定律的起源。他们的宇宙起源学的核心，是关于起源的一个新的物理理论，他们后来认识到，它同时也包括了理论的起源。“当我们追溯到宇宙最早的时候，我们会遇到宇宙演化的更深层次，在这个层次上，物理规律本身会发生变化，并以某种元演化的方式进行演化。在原始宇宙中，物理学的规则处在一个随机变化和选择的过程中，类似于达尔文的进化论，而各种粒子、相互作用力，甚至我们认为连时间都会逐渐消失在大爆炸中。”

这当中不乏有趣的话题。譬如：物理学为时间的起源提供了神圣的基础吗？我们需要这样的基础吗？还有宇宙学中的设计之谜：物理学的基本定律似乎是专门为促进生命的出现而设计的，就好像有一个隐藏的密谋，它将我们的存在与宇宙运行的基本规则编织在一起。这看起来不可思议，然而事实就是这样！可这个密谋究竟是什么呢？

这本书对关于宇宙开端、时间零点、生命起源等的研究进展，以及迄今为止人类对宇宙中自然法则或自然规律的认识，也做了细致的梳理、深入的剖析。它也没有回避那些至今仍争议多多、让人非常摸不着头脑的推论：如果时间本身是从大爆炸开始的，那么关于在此之前发生了什么的所有问题都将显得毫无意义。哪怕猜测是什么造成了大爆炸也没有意义，因为原因先于影响，并且需要一个时间的概念。在时间起源处，基本因果关系看起来似乎瓦解了。

延伸思考下去，线索越来越多，思路也越来越广：如果我们从时空的角度来思考宇宙，为什么宇宙只能在空间上扩张呢？为什么不同时包括时间？也许对时间流动更准确的理解，应该是将其视作新时间的创生。我们不要把大爆炸看作是三维空间的爆炸，而是四维大爆炸，它不断创造出新的空间和新的时间。再则，如果大爆炸不是世间万物的开端，而仅仅是时常发生的事件，也许它就更容易被理解……其他类似的想法不断涌现，越来越多的物理学家和宇宙学家也已开始研究时间反演，并认真考虑时间箭头所提出的问题。而可观测宇宙令人印象深刻的时间不对称性，似乎给他们提供了一条揭露时空终极运作机制的线索。他们的任务，就是要利用这样那样的线索，拼凑出一幅令人信服的完整画卷。

此书中难能可贵的是，赫托格还饱含深情地记述了与霍金日常相处、合作研究的点点滴滴，写实的霍金形象跃然纸上。

20 多年前我曾看到过一幅照片，画面上仅有三个人，其中一位是当时世界上最有权势的人之一——美国总统克林顿，一位是科学界的泰斗级人物——坐在轮椅上的霍金。克林顿侧脸站在霍金身旁，向他鼓掌致意。照片旁有这样一句注释："一时的政客与永恒的学者"。我不禁联想到，即便这位智慧的偶像曾经"被荣誉冲昏了头"（霍金前妻语），他内心深处那种探求宇宙奥秘的强烈的使命感和意志力也未曾有过消减；而且，正是它们支撑着身患绝症的他活了更长的时间，并且取得了令世界瞩目的辉煌成就。正如霍金自己所言："如果你的身体有残疾，那么就不可能再让你的精神也残疾了。"

赫托格称，与霍金一起工作不仅是去往时空边界的旅程，也是进入他内心深处——叩问霍金何以成为霍金的旅程。霍金让研究团队成员觉得，我们是在写自己的创世故事。共同的追求，让研究者之间的关系越来越亲密。在《时间起源》一书中，赫托格以这样一段意味深长的话语作结："从史蒂芬·霍金那里，我们可以学会热爱这个世界，爱之至深，以至于渴望重新想象它，永不放弃。做一个真正的人。尽管史蒂芬几乎无法动弹，但他是我所认识的最自由的人。"

诚哉斯言！

时间之前

吴飙

北京大学物理学院教授

宇宙似乎是为了生命的存在而精心设计的。原子核内的强相互作用若与实际情况有很小的偏差，恒星内部的核聚变将难以产生碳，而碳是生命的基础；另外，空间正好是对生命非常友好的三维；各种物理参数的大小也是恰到好处。“为什么宇宙是这个样子的？”1998 年 6 月中旬，托马斯 · 赫托格受邀第一次来到霍金的办公室时，霍金向他提出了这个问题。自此，赫托格开始与霍金共同研究量子宇宙论，探寻时间之源。

可以试着提一个小一点儿的问题：为什么地球上有生命？通过和太阳系中其他行星的比较，我们发现地球正好处于一个恰当的位置，其质量大小也正合适。通过和银河系中其他恒星比较，我们发现太阳的大小也正好合适。这一切似乎是有人为了生物的存在精心设计的。很多人确实是这样认为的：一个超自然的主宰精心设计了太阳的质量、地球的质量以及它们之间的相对距离以保证地球有生命。但科学现在已经给出了更合理的解释：宇宙中有很多个恒星（保守估计大约 10^{22} 个），这些恒星和它们的行星各不相同，其中有适合生命的行星存在是非常合理的。事实上，现代天文观测已经在太阳系之外发现了很多适合生命居住的行星。

如果有很多个不同的宇宙存在，那么其中有少数几个适合生物生存的宇宙就不足为奇了。这就是多元宇宙论。霍金对多元宇宙论并不满意，这不难理解。我们知道恒星是由星际尘埃在引力的作用下聚集形成的。尘埃的分布是不均匀的，于是形成了大小不同的恒星以及它们的行星。而相对于恒星与行星的形成，我们对宇宙的了解则非常有限。根据暴胀理论和多世界理论，多元宇宙是可能的，但是我们并不知道多元宇宙中的宇宙是如何形成的，为什么不同的宇宙会有不同的基本相互作用。如果想彻底回答这些问题，我们必须知道如何描述大爆炸发生那一刻的一切。关于大爆炸以后发生的事情，我们已经大致了解，但是对于大爆炸本身，我们迄今一无所知。霍金的目标是建立关于大爆炸的量子理论，告诉我们时间之前发生了什么，以及为什么我们的宇宙对生物这么友好。

1998 年的那次会面之后，托马斯和霍金开始了一段共同探寻宇宙和时间之源的旅程。他们的探索持续了大约 20 年，直到霍金于 2018 年去世。托马斯探望了临终前的霍金，进行了最后一次交谈。霍金（通过电子器件）费力地说道："是时候写一本新书了……"于是就有了这本《时间起源》，它记录了霍金在他人生最后 20 年对宇宙和时间的思考和探索。

托马斯的书生动地记录了霍金的思考和探索，同时作为背景资料也描述了现代宇宙学的发展，特别是详细介绍了勒梅特对大爆炸理论的贡献。托马斯在书中深入浅出地介绍了与宇宙学相关的物理和数学知识，比如量子干涉、量子测量、多世界理论和超弦理论。他的写作风格通俗易懂，经常使用类比的方法以及图表来更加清晰地解释复杂和微妙的概念。书中穿插的霍金的小故事，让读者在了解厚重的宇宙学过程中得以小憩。

现在有很多关于统一引力和量子力学的理论，但是我们不知道哪一个是对的。甚至所有现存的量子引力理论都可能是错的，包括得到霍金支持的超弦理论。这是因为我们还没有足够的实验数据来验证这些理论。正因为这个原因，我们现在不可能准确地描述宇宙最初的大爆炸，也无从知道时间是如何从中涌现出来的，适合生物进化的物理规律是如何形成的。然而，这并不意味着我们应该放弃探索。我们应该继续努力，寻找真理。霍金就是这样做的。他知道自己可能不会找到答案，但他仍然坚定地走上了探索之路。他认为“哲学已死”，和时间之源相关的问题都是科学问题，不是哲学问题。科学家应该勇敢地去思考和探索。霍金在自己生命的最后阶段正是这样做的，他的精神、勇气和智慧将永远被人铭记。他是一个真正的榜样，他将激励着一代又一代的科学家继续前行。

霍金认为，宇宙的起点是没有时间的。无论将来量子引力理论的具体形式如何，这结论可能都是对的。在物理学中，已经有类似的现象。宏观物质都有体积，但是组成宏观物质的基本粒子，比如电子、夸克，都没有体积。宏观物质的体积来自原子中电子的波函数，电子的一个量子状态。中国古人曾说，一尺之棰，日取其半，万世不竭。根据现代科学，这是不对的。每日取一半，大概一个月后就只剩分子了；继续下去，剩下的将是原子，棰已经不再存在，这时的体积只是电子的一个量子状态。宇宙的寿命大约是 10^{18} 秒，如果宇宙突然开始坍缩，每日年轻一半，那么大约 210 天之后，宇宙将回到大爆炸后的 10^{-44} 秒，即普朗克时间。这时候时间已经不存在了，剩下的只是宇宙最初的某种量子状态，就像体积源自电子的量子状态一样。按照多元宇宙理论，不同宇宙的普朗克时间可能还不一样，所以 10^{-44} 秒可能还不是最小的时间。关于宇宙还有太多的问题没有回答，我们将继续霍金的探索。

托马斯·赫托格的《时间起源》是一部关于宇宙和时间的科普书，记录了霍金在人生最后阶段对这些问题的思考和探索。作者用通俗易懂的语言介绍了与宇宙学相关的各个科学领域，包括量子力学、黑洞、弦理论等，带领读者踏上了一段有趣的科学旅程。对于任何有兴趣思考和探索时间和宇宙的人来说，《时间起源》都是一本非常好的读物。它不仅能让读者了解宇宙的奥秘，还能激发读者对科学的兴趣和热情。

幸运的宇宙，幸运的我们

陈佳君

剑桥大学物理学博士，公众号“原理”联合创始人

假如质子要比中子重一点点，假如四种自然基本力中的任何一种都再强一些或再弱一些，假如空间是四维的而不是三维的……假如以上的任何一件事情真的发生了，或者说宇宙中的这些基本属性的值出现了哪怕只是轻微的变化，生命所必需的组成部分都将可能无法形成。

宇宙是如何创造出如此完美的适宜生命生存的环境的？这也许是物理学家史蒂芬·霍金终其一生都在试图回答的问题，同时也是托马斯·赫托格在《时间起源》一书中所探讨的主题。尽管对于大多数人而言，宇宙精细调节问题听起来太过于虚无缥缈，但我仍然推荐大家阅读这本书。

在这趟探索之旅中，赫托格并不是一个被动的观察者，而是一个积极的参与者。1998 年 6 月中旬，赫托格走进霍金位于剑桥大学应用数学与理论物理系（DAMTP）的办公室，霍金说道：“安德烈声称有无限多的宇宙。这太离谱了。”赫托格问：“为什么我们要操心其他宇宙呢？”霍金答：“因为我们观察到的宇宙似乎是被设计好的。为什么宇宙是这个样子的？我们为什么会在这里？”

这样一个独特的开场白，“后来演变成了一场奇妙而密切的合

作”。我相信，能够翻开这本书的人，大多都可能读过或者收藏过霍金的《时间简史》。在那本书中，霍金带领我们思考了时间的本质、黑洞的属性、宇宙的起源。但《时间简史》中的内容并不是霍金思考的终点，这不仅是因为宇宙学在它出版之后迎来了重大发现，也是因为霍金开始用全新的视角去看待宇宙。

为了理解霍金最后的思考，赫托格将我们带回了 1917 年。那一年，爱因斯坦将他刚发表不久的广义相对论应用于整个宇宙上，从而为现代宇宙学打下了坚实的理论基础。可以说，如果你想要了解过去 100 年宇宙学的发展，那么读完这本书，你的宇宙观至少将经历几次天翻地覆的改变：

第一，对于生活在地球上的我们而言，银河系是非常巨大的。离太阳系最近的一颗恒星，光都要耗时 4 年多才能抵达。而我们的银河系有上千亿颗恒星，无怪乎在 100 年前，几乎所有人都认为银河系便是宇宙中唯一的星系。1925 年，天文学家针对“银河系是不是唯一的星系”展开了一场“世纪大辩论”。最终，哈勃用他的观测为这场争论画上了句点，他确认了银河系只是众多星系的一员。不仅如此，后续对星系的观测还表明，宇宙正在膨胀得越来越大！

第二，既然宇宙在膨胀，那么一个自然的推测便是，在遥远的过去，它有一个更小、更炽热、更致密的开端。事实上，弗里德曼和勒梅特在 20 世纪 20 年代初就通过求解广义相对论的核心方程，发现宇宙并不像爱因斯坦所认为的那样是静止的。而现代卫星对宇宙微波背景的探测，也使天文学家最终得出一个令人惊奇的结论：宇宙始于约 138 亿年前的大爆炸。

第三，在过去的几十年中，诸多天文观测都指向了一个令人惊讶的事实：我们熟悉的恒星、星系、气体等所有普通物质，仅占据宇宙的物质和能量的5%，还有95%是由神秘的暗物质和暗能量构成的。尽管我们对它们的本质一无所知，但天文观测表明，它们对整个宇宙的形成和演化都至关重要。

第四，在宇宙的极早期阶段，它曾经历了一次令人难以想象的指数级暴胀。这个大胆的想法解决了许多传统大爆炸模型无法解释的问题，但暴胀理论也同样预示着一个富有争议的结论：我们的宇宙只是无数个宇宙中的一个，每一个独立的宇宙都遵循不同的物理定律，其中大多数都不适合已知生命的发展。

有意思的是，多元宇宙可以解决精细调节问题：我们只是恰好生活在一切都适合生命发展的宇宙中。然而，这种多元宇宙的思考很快就陷入了各种悖论的旋涡，它也没有给出可验证的预测。

在赫托格与霍金合作的岁月中，他们提出了一个激进的理论，颠覆了物理学家通常思考宇宙的方式。大多数宇宙学模型都是从宇宙大爆炸时的初始条件出发，然后思考如今的宇宙是如何从这些初始条件演化而来的。而霍金和赫托格则是从我们现在看到的情况出发，向过去推演。“这就是为什么霍金将他的最终理论称为自上而下的宇宙学：我们是在倒着阅读宇宙历史的基本原理——这就叫自上而下。”

逆着时间反向推演听起来简单，但霍金和赫托格在他们的思考中加入了量子理论。我们知道，量子力学是一种支配微小物理系统的行为的理论，它有许多独特的特征，“叠加”便是其中一个。如果一个量子物体处于叠加态，那么在它被测量之前，它可以同时具有多个不同的值。

在他们的模型中，大爆炸发生之时，宇宙处于所有可能世界的叠加态。但是因为我们是在某个特定的时间点上观测宇宙的，这个特定的时间点上必然有恒星、星系和人类存在，当我们观测过去时，我们就把可能进化出我们的历史，以及有利于人类生存的初始条件和参数确定了下来。

读完整本书，我们确实应该感到幸运。因为我们今天之所以能够遇到如此多的美好事物，都应该感谢那些存在于宇宙中的“幸福巧合”。

献给宇宙与我们最宝贵的好奇

林群

中国科学院院士、中国科学院数学与系统科学研究院研究员

作为一个常年在我国科普工作一线奔走的“退休老人”，史蒂芬·霍金是我在多个场合和多次采访中都会提到的科学家，也是我多年来一直敬佩的物理学家。

霍金的贡献不仅在于物理学领域，更在于公众范围的科学传播。霍金著述颇丰，除了家喻户晓，几乎在每个欧洲家庭的书架上都有一本的《时间简史》，他在科研的同时还出版了《果壳中的宇宙》《霍金讲演录——黑洞、婴儿宇宙及其他》《大设计》等作品。2018 年 3 月，霍金去世后，依然有《十问：霍金沉思录》问世。

而此时此刻，你我正在阅读的《时间起源》，它的作者本来也应当写上史蒂芬·霍金的名字。比利时鲁汶大学物理学家托马斯·赫托格自跟随霍金读博起，就成了霍金合作密切的学术伙伴。他是霍金的弟子，是霍金的同事，也是霍金的朋友。在这本书里，赫托格详细地阐述了霍金生前最后关于时间起源的理论思考。

自上而下的宇宙学的发展，是霍金与赫托格的合作中最为紧张也最富有成果的阶段。曾经参与撰写《大设计》部分书稿内容的赫托格，在霍金去世后明白，自己要独立承担起向这个世界系统性地展示霍金最后的理论的工作了。霍金最后的理论，是自上而下的宇

宙学观念，是晚年霍金对于更早期的自己——写作《时间简史》那个时候的秉持自下而上观点的霍金——的颠覆。

这本书中，除了理论上的详尽阐释，更有各种合作细节的娓娓道来。霍金特殊的身体情况和沟通方式世人皆知，而在赫托格细致的回忆视角下，我们能够看到，在这样的不便下，一位科学巨人是如何以其对科学的热爱做出了不凡的事业的。他的风趣幽默，他的活跃与好奇，全都跃然纸上。

科普教育需要科学家，科学家作为科学知识的生产者，有责任和义务承担起向大众普及科学的重任。他们能使真理露出海面，还能把原创性的东西告诉大众。科普对科学家本人也有益，它能使科学家更好地消化和理解自身的专业。

不仅如此，科普教育也依赖大科学家。当年华罗庚做讲座，全国有百万人在听，我做讲座就只有几十个人，这就是差距。同时，大科学家对问题的理解最透，因而能以最浅显易懂的方式传授给公众。霍金当年在撰写《时间简史》时，就非常注重如何在尽量不引入公式的情况下让公众明白其中的概念。令人遗憾的是，在我国，长久以来，致力于科普教育的科学家并不多，这可能是受“从事科普是不务正业，没有创新性，科研搞不下去了才去做科普”的观念影响，近年来情况才稍微有些好转。事实上，科普与创新不但不矛盾，还能相互促进，霍金就证明了这一点。

《时间起源》是霍金最后的理论，也和《时间简史》构成了呼应，仅仅从书名结构上就能看出来，《时间起源》是回到最终问题的答案，在某种程度上也是对《时间简史》的致敬。用赫托格的话来说，霍金是一个渴望我们所有人都能更多地从宇宙的角度看待我们的存在，并从深层次的角度思考问题的人。这不仅是一本关于宇宙学的科普图书，更是让我们得以一窥伟大科学家最后的精神世界的佳作。推荐给对我们的宇宙怀有好奇的每一个人。

问鼎宇宙勘妙理　穿越时空逐本源

邱涛涛

华中科技大学物理学院天文学系副教授

2023年年初，我收到中信出版社的来函，邀请我翻译这本《时间起源》，我欣然接受。一方面，中信出版社与我是多年合作的老朋友，盛邀之下义不容辞；另一方面则是因为该书的作者是著名理论物理学家、霍金的前学生托马斯·赫托格先生，该书的内容也是读者们关注度极高的引力与宇宙学这一神奇的领域。作为同样从事这一领域的科技工作者，能够将这部作品分享给广大的中国读者，我也感到万分荣幸。

借着翻译的机会读罢此书，我的感觉是此书既可以作为一部精彩的科普著作，又可以作为一部详实的人物传记。在这本书里，作者以广博的知识、细腻的笔法，将现代物理学发展的壮丽史诗如画卷般展开，将个中滋味娓娓道来。它以不大的篇幅，承载了以霍金、赫托格等人为代表的理论物理学家们大胆前卫的科学乃至哲学思想，给予读者们一次又一次思想上的洗涤。它同时也不惜重墨描写了霍金的生平及奋斗历程：青年时初露锋芒，中年时光芒四射，晚年离世时却显得有些凄婉。然而这本书与一般的人物传记又有些不同。作为霍金的学生、毕生的合作者和密友，作者以自己与霍金的亲身接触为第一手资料，将自己的经历融入了霍金的一生中，也让我感受到了他们浓浓的师生之情和战斗情谊。

宇宙的本源是什么？无数物理学大家对这个问题都有着深深的执念。爱因斯坦与勒梅特，霍金与林德……这一段段终其一生的争论也成为宇宙学历史上的佳话。爱因斯坦笃信宇宙是静止的、亘古不变的，而同时身为神父的天才物理学家勒梅特则认为宇宙有一个开始，在这个开始之前，时空无法定义。“我们可以把时空比作一个开口的圆锥形杯子。……如果我们想象着回到过去，我们就到达了杯底。这里是第一个时间点，它没有‘昨天’，因为已经没有空间留给它的‘昨天’了。”(乔治·勒梅特,《原始原子的假设》，见第 2 章)。这是 20 世纪连宇宙学观测都还很匮乏的年代，理论物理学家们对宇宙开端的朴素理解。虽然后来星系退行、宇宙微波背景等一系列发现似乎支持了勒梅特的观点，但对于宇宙的开端到底是什么样子，勒梅特的解释似乎仍然不尽如人意。

然而历史总是向前发展的。半个多世纪后，霍金和林德等人开始重新审视这个问题。霍金将宇宙的开端问题视为宇宙学理论的“边界条件”：“一个完整的理论，除了要包含一个动力学的理论之外，还要包含一组边界条件。”(见第 3 章。) 因此，他创造性地提出了他的“无边界理论”，认为宇宙的开端就像羽毛球的顶端一样，是黏合在一起的，如果沿着时间往回追溯，就像一只小虫沿着羽毛球的骨架爬向顶端一样，最终会爬到羽毛球的另一面。而这种强大的黏合剂就是量子效应。“问大爆炸之前发生了什么，就像问南极以南是什么一样”，霍金这句话似乎点醒了大家：宇宙的开端是什么样，也许本身就是一个伪问题。他跳出了前人预设“宇宙有一个开端”

的桎梏，指出宇宙实际上“并不存在边界”。当然，林德、萨斯坎德等人的多元宇宙论也不遑多让。他们认为，宇宙是处在一片无限的暴胀之海中的一座座孤岛，形成这些孤岛的边界条件完全是随机的，之所以我们生活在这个宇宙中，是因为这里的边界条件恰好适合我们。这似乎一劳永逸地解决了边界条件问题，但霍金认为，这样的解决方式并不具有可证伪性。直到今天，霍金去世之后，这一争论仍在持续。其实物理学，乃至整个科学，就是这样在不断争辩中发展起来的。玻尔与爱因斯坦之争促进了量子论的发展，霍伊尔与伽莫夫之争催生了大爆炸宇宙学，甚至在霍金去世前的 2017 年，他与斯坦哈特等人还在为了暴胀是否存在而争论不休。真理的宝藏往往是藏在自然深处的，只有善于思考、勇于争辩的大脑才能冲破重重艰难险阻，最终获得大自然的馈赠。不是吗？

早年的霍金认为，宇宙的边界条件无论为何，总是凌驾于宇宙之外的，是“大自然的设计者”强加于斯的，这在霍金的名著《时间简史》中也有所体现。即使他的无边界理论宣称不需要边界条件，也只能说明设计者在创世之初将其隐藏起来了而已。但在时隔 10 余年后，霍金却再度推翻了自己的观点。正如赫托格在本书中披露，有一次霍金急急地把他叫进办公室，然后对他说：“《时间简史》的视角错了。”（见第 6 章。）

无边界理论巧妙地规避了宇宙开端的问题，却引发了另一个问题，即无边界理论表明我们这个宜居的宇宙产生的概率很小。“从表面上看，霍金的无边界波函数的形状是由经历过一次较小的暴胀，后又迅速坍缩的宇宙主导的。那些经过剧烈暴胀、形成星系并变得宜居的宇宙并没有完全被理论排除，但它们位于波函数的尾端，在该理论中我们几乎找不到它们的存在。”（见第 4 章。）这和多元宇宙学一样，又使霍金陷入深深的泥潭之中。在进行了长期深入的思考后，他终于意识到，我们不应该用上帝视角从外部观察和揣摩我们身处其中的宇宙，而是应该从内部看待它。更为甚者，他向世人抛出了他的又一惊人观点："过去在某种意义上取决于现在"（见第 7 章）。

他的这一观点，很大程度上得益于弦论的第二次革命，特别是马尔达塞纳全息对偶的发现。马尔达塞纳发现了一个时空区域内的引力及其边界上的场论之间的联系，这促使霍金将宇宙的过去与现在联系起来。这种联系不是单向的联系，而是双向的联系，即宇宙的现在也可以影响甚至决定过去，而联系的纽带则是我们的观测，正如量子观测决定了波函数坍缩后物质的状态一样。"通过一层层地剥离全息图中的信息，直至只剩下几个远距离纠缠的量子比特，我们一步步进入过去"，而当纠缠的量子比特全部用完时，我们也走到了时间的尽头（见第 7 章）。这就是霍金对时间之源问题的最新解释。这一观点听起来似乎荒诞离奇，有违我们一直以来信奉的科学观——世界是客观的，是与观察者无关的存在，科学家的作用只是去发现它而已。但在量子论诞生之前，谁又会想到，人类的一次窥探会决定一只无辜的猫的生死？或许真的正如海森堡所言："人类在寻找客观现实的过程中会突然发现，他处处遭逢的是他本人。"（见第 7 章）。

难怪霍金说："是时候再写一本书了。"这便是本书的由来。

通过这本书，我也有幸重新“认识”了霍金。霍金不仅是一位物理学家，更是一位哲学家，一位人生导师。他并不满足于提出一个理论、解释一种现象，而是试图用他天才的物理直觉、无尽的想象力和敏锐的洞察力感染着我们——他身边的人和他所有的读者，企图颠覆我们对整个世界、整个历史的看法。

当然，至于是非对错，留与后人评说。

本书的翻译工作自2023年农历年初起，至五一假期时止，历时四月有余，几易其稿。译者虽水平有限，仍尽己之力在保留作者原意的同时，力求语言通俗易懂，能为一般读者所接受。考虑到书中难免出现一些专有名词和当地俗语，为确保读者能知晓其意，因此我自作主张加了不少注释；有些词语因其特定的语境，和日常的意义有所偏离，因此不得不反复斟酌，以求词能达意；还有些哲学、生物学等其他领域的术语，超出我的知识范围，还需要求助于网络、相关书籍或我认识的专业人士。如hesitating universe一词，hesitate通常翻译成“犹豫”，但犹豫一般是指人的思想活动，这里指缓慢膨胀的宇宙，因此译成“踌躇”，我认为更能反映其行为特征（当然还有一个词“彳亍”，但考虑用的人较少，不够通俗，故弃之）。再如retroactive与retrospective本是近义词，很难区分，但我在查阅资料及斟酌上下文之后，发现前者指可以改变过去，后者指不能改变过去，故分别翻译成“可追溯性”和“回顾性”。顾者，看也；溯者，则有追究之意。如此这般，不胜枚举。当然，这些只是我个人的粗浅理解，一定有理解不到位甚至谬误的地方，也敬候广大读者的批评指正。

本书在翻译过程中，得到了华中科技大学生命科学与技术学院付春华教授、物理学院龙江教授等同人的指点，以及我的研究生虞志远、杨承睿等同学的帮助。本书的翻译工作得到了科技部重点研发项目（项目号：2021YFC2203100）的资助，在此特表谢意。

也希望广大读者能够喜欢这本书。

在量子宇宙——我们的宇宙——中，我们正在了解着自己。自上而下的宇宙学，无论是否以全息形式存在，都根植于我们与宇宙的关系。它有微妙的人性化的一面。在很多场合，我都有一种强烈的感觉，对我们的宇宙从上帝视角转变到虫眼视角，就像是回到了史蒂芬 · 霍金的身旁。

托马斯 · 赫托格

从史蒂芬·霍金那里，我们可以学会热爱这个世界，爱之至深，以至于渴望重新想象它，永不放弃。做一个真正的人。尽管史蒂芬几乎无法动弹，但他是我所认识的最自由的人。

托马斯·赫托格